"十三五"国家重点出版物出版规划
现代机械工程系列精品教材
浙江省普通高校"十三五"新形态教材

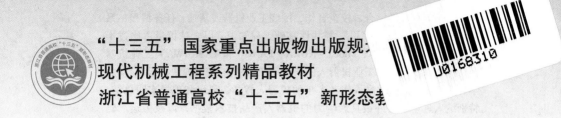

工业机器人技术及应用

第 2 版

主　编　兰　虎　鄂世举
副主编　马成国　刘　洋　吴明晖
参　编　鲁德才　张璞乐　陶祖伟
　　　　邵金均　封佳诚　陶守成
主　审　张华军

机械工业出版社

本书立足产教融合、校企合作，围绕工业机器人基础、任务编程、系统集成、引"智"入"机"等共性基础工程知识，以全球销量占比过半的"四大家族"（ABB、Midea-KUKA、FANUC 和 YASKAWA）工业机器人为阐述对象，介绍工业机器人的产业现状、机构/控制模块、运动/动力学、任务编程等，并融入作者多年的机器人教学、科研和现场实践总结，特别纳入近年国内外最具影响力的机器人产品技术数据，以及搬运、码垛、焊接、涂装和装配生产应用的最新成果，便于读者深入了解前沿动态，达到触类旁通的目的。

为方便"教"和"学"，本书配备有多媒体课件、习题答案和微视频动画（采用二维码技术呈现，扫描二维码可直接观看视频内容）资源包，凡选用本书作为教材的教师均可登录机械工业出版社教育服务网（http://www.cmpedu.com）注册后下载。

全书内容丰富，结构清晰，叙述简洁，术语规范，既可作为普通高等工科院校机器人工程、智能制造工程等（近）自动化类专业的教材，又可作为独立学院、高职高专和成人教育等同类专业教材及机器人联盟、培训机构用书，还可供从事智能制造领域的相关技术人员参考。

图书在版编目（CIP）数据

工业机器人技术及应用/兰虎，鄂世举主编.—2 版.—北京：机械工业出版社，2019.12（2024.6 重印）

"十三五"国家重点出版物出版规划项目　现代机械工程系列精品教材

ISBN 978-7-111-64070-7

Ⅰ.①工… Ⅱ.①兰… ②鄂… Ⅲ.①工业机器人–高等学校–教材

Ⅳ.①TP242.2

中国版本图书馆 CIP 数据核字（2019）第 230163 号

机械工业出版社（北京市百万庄大街22号　邮政编码100037）

策划编辑：余　瞳　责任编辑：余　瞳　赵　帅

责任校对：肖　琳　封面设计：张　静

责任印制：张　博

三河市宏达印刷有限公司印刷

2024 年 6 月第 2 版第 11 次印刷

184mm×260mm · 15 印张 · 371 千字

标准书号：ISBN 978-7-111-64070-7

定价：49.80 元

电话服务　　　　　　　　网络服务

客服电话：010-88361066　　机　工　官　网：www.cmpbook.com

　　　　　010-88379833　　机　工　官　博：weibo.com/cmp1952

　　　　　010-68326294　　金　书　网：www.golden-book.com

封底无防伪标均为盗版　机工教育服务网：www.cmpedu.com

前　言

当前，新一轮科技革命和产业变革正在重塑世界经济结构和竞争格局。机器人作为先进制造业和现代服务业的关键支撑装备，是提振实体经济高质量发展的重要突破口和全球各主要国家战略布局的前沿焦点，已成为兼具前瞻性和实用性的朝阳科技产业。

伴随产业转型升级和企业降本增效的巨大需求，自2013年以来，全球机器人市场规模持续扩大，中国更是连续六年蝉联全球第一大工业机器人应用市场。不过，以机器人与智能制造为突出代表，生产实际中采用的新技术、新工艺、新标准和新装备，并未在以往的机器人教材中得到充分展现和及时更新，教育链、人才链（供给侧）与产业链、创新链（需求侧）的严重脱节，急需一批反映当今机器人与智能制造产业发展的"新工科"教材。

"教学改革改到深处是课程，改到痛处是教师，改到实处是教材"。立足产教融合、校企合作和工学结合，根据教育部高等学校自动化类专业教学指导委员会新颁布的教学标准，并参照国家和机械行业颁布的工业机器人系列标准，围绕机器人工程、智能制造工程等高素质创新人才和技术技能人才培养，以读者和从业人员了解机器人与智能制造及相关技术发展的共性工程基础知识为出发点，全书的主要特点及其现代性表现如下：一是及时加入了作者多年的教学、科研经验，且多数是作者对于机器人工程应用的实践总结；二是及时将国内外具有影响力的工业机器人制造商、系统集成商的产品和技术数据写出来，为读者和从业人员便捷、深入了解产业动向提供方便；三是及时将国内外工业机器人及相关技术的最新动向告诉读者，而且经过作者消化、吸收并系统写出来，条理性强，参考价值大。

本书基于党的二十大报告中关于"深入实施人才强国战略""坚持尊重劳动、尊重知识、尊重人才、尊重创造"的要求，在详细讲授基础理论知识的同时融入探索性实践内容，以增强学生的自信心和创造力，即用学科理论知识促进学生活跃思维、敢于创新，尽可能地将新思路在实践中进行创造性的转化，推动科学技术实现创新性发展。全书共分9章，前4章为导学篇，侧重机器人技术的知识宽度，由浅入深介绍技术基础、任务编程、智能感知和系统集成等共性基础理论知识；后5章是应用篇，侧重机器人技术的应用广度，重点介绍机器人在物料搬运/码垛、产品焊接/涂装以及成品装配等典型制造流程中的应用知识。全书由浙江师范大学联合国内兄弟高校（上海工程技术大学和哈尔滨理工大学）和众多产业知名企业（如上海振华重工、上海发那科机器人、上海景格科技、浙江摩科机器人等）通力合作而成。在论述深度上深入浅出，偏重于基本概念和基本规律，既不停留在表观现象上，也不追求繁琐的操作细节，说明问题即可；在结构编排上循序渐进，遵循读者认知规律，坚持趣味导学原则，通过典型实例剖析，达到学、思、践、悟、政融通。

本书自2014年9月出版发行以来，先后被百余所高校以及浙江师范大学全国职教师资培训基地、指南车、哈工海渡等社会培训机构作为指定教材，并通过"雨课堂"实现成果在翻转课堂中的信息化教学支撑，媒介宣其为"万余未来工程师选择的工业机器人入门绝佳教材"，荣获2018年度中国机械工业科学技术奖（图书奖）三等奖和浙江师范大学第十届教学成果一等奖。

特别感谢国家工信部智能制造综合标准化与新模式应用专项"大型海洋工程起重装备智能制造新模式应用"、国家发改委"十三五"应用型本科产教融合发展工程规划项目"浙江师范大学轨道交通、智能制造及现代物流产教融合实训基地"和浙江省普通高校"十三五"新形态教材建设项目"工业机器人技术及应用（第2版）"等给予的支持！感谢ABB（中国）有限公司、库卡机器人（上海）有限公司、上海发那科机器人有限公司、安川电机（中国）有限公司、华数机器人有限公司、唐山开元电器集团有限公司、上海景格科技有限公司、浙江摩科机器人科技有限公司等为本书编写提供了机器人工程应用案例和数字教学资源方面的宝贵资料！感谢马可儿、陈瑞发、陈浩杰、伍春毅、沈添淇、罗文炜等研究生和本科生仔细审阅本书校样和制作多媒体课件！同时，在编写过程中，作者参阅了较多同类教材、期刊和网络资料，并引用了多家工业机器人制造商、系统集成商的产品方案和技术数据，使得本书在内容层面上能够跟踪国内外的技术前沿，在此一并表示衷心的感谢！

由于编者水平有限，书中难免有不当之处，恳请读者批评指正。可将意见和建议反馈至E‑mail：lanhu@ zjnu. edu. cn。

编　者

目　录

第 1 章
Chapter

绪 论

自第一次工业革命以来，人力劳动已逐渐被机器所取代，这种变革提高了生产效率，创造了巨大的社会财富，也推动了人类社会不断进步。在人力成本、原材料成本快速上涨的今天，作为第三次工业革命⊖的继续，自动化、智能化已成为一种趋势。工业机器人有望成为第三次工业革命的一个切入点和重要增长点，它将改变工业生产的模式并影响全球制造业的战略格局。

 【学习目标】

知识目标

1. 了解什么是工业机器人。
2. 了解发展工业机器人的原因。
3. 熟悉工业机器人的分类和发展趋势。
4. 掌握机器人的应用及发展现状。

能力目标

1. 能够识别不同种类的工业机器人。
2. 能够说明各种工业机器人的应用。

情感目标

1. 增长见识、激发兴趣。
2. 了解行情、明确担当。

 【导入案例】

美的成功要约收购德国机器人巨头库卡，助其"双智"战略布局

近年来，不仅中国游客在国外"买买买"引起广泛关注，中国企业的各种大手笔并购

⊖ 第三次工业革命是人类文明史上继蒸汽技术革命（机械化）和电力技术革命（电气化）之后科技领域里的又一次重大飞跃，它以原子能、电子计算机、空间技术和生物工程的发明和应用为主要标志，涉及信息技术、新能源技术、新材料技术、生物技术、空间技术和海洋技术等诸多领域。

2

更是影响力巨大。2016 年，备受全球瞩目的家电企业"跨国联姻"，无疑是中国白色家电巨头美的集团对德国"工业明珠"、欧洲机器人行业"贵族小姐"、全球工业机器人"四大家族[⊖]"之一的库卡集团（KUKA）的公开要约收购。这笔交易陆续通过了中国、德国、墨西哥、俄罗斯、巴西、欧盟、美国等反垄断审查，标志着中国企业国际并购的"一个崭新的开始"——从"捡漏"心态转向对优质企业的强攻。

KUKA 是全球领先的机器人及自动化生产设备和解决方案的供应商之一，曾被德国总理默克尔誉为"德国工业的未来"，掌握德国"工业 4.0"的精髓。目前，该国宝级企业在全球拥有 20 多个子公司，主营机器人（Robotics）、系统（Systems）和瑞仕格（Swisslog）三大业务板块；美的集团则是一家以白色家电制造业为主的大型综合性企业（集团）。随着劳动力价格的上涨，推动技术红利替代人口红利，成为中国制造产业优化升级和经济持续增长的必然之选。对于美的来说，KUKA 的核心优势在于机器人综合

制造实力强、下游应用经验丰富，美的希望通过此次收购，布局机器人领域的中游总装环节，并积累下游应用经验，其作为推进"双智"战略的关键；而对于 KUKA 来讲，美的不仅可以成为 KUKA 机器人在中国一般工业领域应用的典型范例，还可以利用其在中国市场的品牌影响力、销售渠道等各方面资源，帮助 KUKA 加快在中国市场的业务扩张。中国有"中国制造 2025"，德国有"工业 4.0"，两者如何协同发力将是此次"跨国联姻"最让人期待之处。

在机器人产业"第二条跑道"布局上，美的其实早有行动。2015 年 8 月，美的与同为全球工业机器人"四大家族"之一的日本安川（YASKAWA）签约成立工业机器人及服务机器人合资公司，同时参股国内机器人企业安徽埃夫特智能装备有限公司。外界好奇的是，为什么收购全球工业机器人"四大家族"的是美的而非其他中国白色家电巨头。显然，中国三大白色家电企业海尔、格力、美的在"中国制造 2025"转型升级中的思路各不相同，路径略有差异。海尔致力成为互联网公司，为消费者提供智慧家居解决方案，重在形成新的生产方式、商业模式，实现大规模个性化定制；格力从单纯的家电制造企业向新能源行业及装备制造产业拓展，重在打破核心技术与高端装备对外依存度高的瓶颈；美的则推行"智能家居＋智能制造"的"双智"战略，以"智能家居＋服务机器人"推动公司智慧家居快速发展和生态构建，以"智能制造＋工业机器人"全面提高公司的制造水平和生产效率，通过并购手段加快国际化和多元化的进程，进而提升在全球产业分工和价值链中的地位。

——资料来源：搜狐网、南方日报、OFweek 工控网

在世界工业机器人领域，以瑞士的 ABB（截至 2015 年全球机器人累计销量突破 30 万台）、中国的 Midea - KUKA（原德国 KUKA）、日本的 FANUC（截至 2017 年 11 月全球机器人累计销量突破 50 万台）和日本的 YASKAWA（截至 2014 年 9 月全球机器人累计销量突破 30 万台）最为著名，并称工业机器人"四大家族"。

1.1　什么是工业机器人

机器人目前已经渗透到生活的方方面面，它们或单独工作，或成群工作。有的机器人比一粒米还小，而有的机器人或许比草原上的粮仓还要大。它们或棱角分明，或圆润如球；或又短又粗，或又瘦又长。如今，机器人已可以完成一些以前认为是不可能通过机器完成的事情。例如，机器人可以清洗地毯，可以整理仓库，可以制作饮料，可以喷涂油漆，可以在学校体育馆跳华尔兹，也可以像受伤的动物一样蹒跚而行，甚至可以自主创作故事，绘制抽象画，清理核废料等。说到这里，想必大家脑海里会跳出一个疑问：这些真的都是机器人吗？或者说，究竟什么才是机器人？现在，这个问题已经越来越难以回答，却非常关键的问题。通常在科技界，科学家会给每一个科技术语一个明确的定义，但对于机器人的定义尚未达成一致。究其原因在于机器人涉及"机器"和"人"两要素，其内涵、功能仍在快速发展和不断创新之中，成为一个暂时难以回答的哲学问题。国家标准 GB/T 12643—2013《机器人与机器人装备　词汇》将机器人定义为："具有两个或两个以上可编程的轴，以及一定程度的自主能力，可在其环境内运动以执行预期任务的执行机构"。按照预期的用途，机器人可划分为工业机器人和服务机器人[⊖]。本书主要关注的是前者，即在工业环境下作业的机器人——工业机器人。GB/T 12643—2013 将其定义为："工业机器人是一种自动控制的、可重复编程、多用途的操作机，可对三个或三个以上轴进行编程"。

作为先进制造业的关键支撑装备，工业机器人除了拥有机械和人的两大属性外，还具有三个基本特征：一是结构化，工业机器人是在二维或三维空间模仿人体肢体动作（主要是上肢操作和下肢移动）的多功能执行机构，具有形式多样的机械结构，并非一定"仿人型"；二是通用性，工业机器人可根据生产工作需要灵活改变程序，控制"身体"完成一定的动作，具有执行不同任务的实际能力；三是智能化，工业机器人在执行任务时基本不依赖于人的干预，具有不同程度的环境自适应能力，包括感知环境变化的能力、分析任务空间的能力和执行操作规划的能力等。

1.2　为何发展工业机器人

对机器人范畴有所了解后，大家会情不自禁地问：人类为什么需要机器人？那是因为，当今世界依然存在着许多仅靠人类自身力量无法解决的问题。首先，人工成本越来越高，而制造业追求的是低生产成本，企业需要采用机器人改变传统制造业依赖密集型廉价劳动力的生产模式；其次，人类社会老龄化问题越来越严重，而能够提供老龄化服务的人力资源却越来越少，人类需要使用智能机器提供优质服务，机器人则是首选；最后，人类探索深海、太空等极端环境的活动越来越频繁，并且核事故、自然灾害、危险品爆炸以及战争等突发情况屡屡发生，而人类在此类环境中的生存能力低且代价高，需要机器人替代人类"上刀山""下火海"，完成人力难以完成的任务。诸如此类，科技取代人力已在各行各业有所体现，

⊖　国际机器人联合会（IFR）对服务机器人的定义：一种半自主或全自主工作的机器人，它能够为人类健康或设备良好状态提供有帮助的服务，但不包含工业性操作。

4

机器人的出现与高速发展终要惠及人类。发展工业机器人的主要目的是在不违背"机器人三原则⊖"的前提下，让机器人协助或替代人类干那些不愿干、干不了、干不好的工作，把人类从劳动强度大、工作环境恶劣、危险性高的低水平工作中解放出来，实现生产自动化和柔性化。

从国家层面说，制造业是实体经济的主体，也是国民经济的脊梁，更是国家安全和人民幸福安康的物质基础。近年来，发达国家纷纷实施"再工业化"和"制造业回归"战略，不论是德国的"工业4.0"还是美国的"工业互联网"，它们都尝试着通过发展工业机器人升级整个工业经济平台来重新获得对制造业的控制权。而中国制造业大而不强，正面临着从"中国制造"向"中国智造""中国创造"的转变，企业要想在激烈的竞争中抢夺更大的市场份额，摆脱产品的同质化竞争，提升装备的先进制造能力，大力引进机器人已成为实现我国制造业转型升级的战略选择。另一方面，我国机器人产业正处于爆发的临界点，人力成本的逐年上升，机器人购置与维护成本的逐年下降，人口老龄化的越来越严重等，都将给以机器人为代表的"数字化劳动力"带来广阔的市场发展空间，使用机器人与普通工人的年均成本比较如图1-1所示。

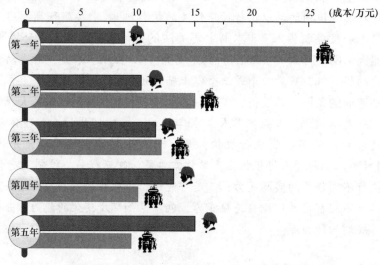

图 1-1　使用机器人与普通工人的年均成本比较

站在企业角度看，他们最关心的问题莫过于购买机器人会有哪些好处。对此，瑞士ABB机器人公司给出了十大投资机器人的理由：第一，降低运营成本；第二，提升产品质量与一致性；第三，改善员工的工作环境；第四，扩大产能；第五，增强生产的柔性；第六，减少原料浪费，提高成品率；第七，满足安全法规，改善生产安全条件；第八，减少人员流动，缓解"人才荒""招工难"的压力；第九，降低投资成本，提高生产效率；第十，节约宝贵的生产空间。比如，富士康提出的"百万机器人计划⊜"，其目的在于减缓劳动力

⊖　"机器人三原则"是由美国科幻与科普作家艾萨克·阿西莫夫（Isaac Asimov）于1940年提出的机器人伦理纲领：第一，机器人不得伤害人类，也不得见人类受到伤害而袖手旁观；第二，机器人应服从人类的一切命令，但不得违反第一原则；第三，机器人应保护自身的安全，但不得违反第一、第二原则。

⊜　2011年，世界最大电子代工企业富士康科技集团董事长郭台铭公开表示，富士康将以日产千台的速度制造30万台机器人，用于单调、危险性高的工作，提高公司的自动化水平和生产效率。在设立基地进行研发和生产机器人的同时，希望到2014年装配100万台机械臂，在5到10年内看到首批完全自动化的工厂。

成本不断增加所带来的压力，弥补用工短缺，提升生产自动化水平，增强企业国际竞争力。

可以预计，不久的将来，现在"以人类劳动力为主导"的生产模式，将转变成"以数字化、智能化、网络化为主导"的制造新模式，"机器人大军"正向我们走来。

1.3　工业机器人发展概况

机器人是 20 世纪最重要的发明之一，现在它已成为世界上很多国家争相发展的战略性高新技术。放眼全球，机器人到目前为止发展到什么程度？遇到了什么问题？中国机器人产业的水准如何？围绕这些问题，下面对机器人的发展历程做一个简要梳理。

1.3.1　工业机器人的诞生

"机器人"（Robot）这一术语是 1920 年捷克著名剧作家、科幻文学家、童话寓言家卡雷尔·恰佩克首创的，它成了机器人的起源，此后一直沿用至今。不过，人类对于机器人的梦想却已延续了数千年之久，如古希腊、古罗马神话中冶炼之神用黄金打造的"机械仆人"、古希腊神话《阿鲁哥探险船》中的青铜巨人"泰洛斯"、犹太传说中的"泥土巨人"、我国西周时期能歌善舞的木偶"倡者"和三国时期诸葛亮的"木牛流马"传说等。到了现代，人类对于机器人的向往，从机器人频繁出现在科幻小说和影视屏幕中已不难看出。如今，科技的进步让机器人不再停留在科幻想象之中，它正快速走进平常人的生活。1954 年，美国人乔治·德沃尔（G. C. Devol）申请了"通用机器人"专利。两年后，美国发明家约瑟夫·恩格尔伯格（J. F. Engelberger）利用乔治·德沃尔的专利技术创立了美国万能自动化公司（Unimation），并于 1959 年研制出世界上首台真正意义上的工业机器人"Unimate"（图 1-2）。该机器人外形酷似"坦克炮塔"，采用液压驱动的球面坐标轴控制，

图 1-2　世界首台数字化可编程工业机器人 Unimate

具有水平回转、上下俯仰和手臂伸缩 3 个自由度，可用于点对点搬运工作。1961 年，美国通用汽车公司首次将 Unimate 应用于生产线，机器人承担了压铸件叠放等部分工序，这标志着第一代可编程控制再现型工业机器人的诞生。此后，机器人技术不断进步，产品不断更新换代，新的机型、新的功能不断涌现并活跃在不同领域。

1.3.2　工业机器人的发展现状

自 1959 年问世以来，历经半个多世纪的发展，机器人技术取得了长足进步，在性能和用途等方面都有了很大的变化，其结构越来越合理、控制越来越先进、功能越来越强大、应用越来越广泛。悉数国际主流的工业机器人产品，其发展方向无外乎两类：一是负载、精度、速度做到极致的"超级机器人"；二是以柔性臂、双臂、人机协作等为代表的"灵巧机

器人"。下面通过历年荣获世界三大设计奖[⊖]的"四大家族"机器人创意产品展示工业机器人的发展水平。

(1) 超级机器人 在汽车工业、铸造工业、玻璃工业以及建筑材料工业等重工业中，经常会遇到诸如浇注件、混凝土预制件、发动机缸体、大理石石块等一些重型部件或组件的搬运作业，中国 Midea – KUKA 和日本 FANUC 两家机器人制造商针对这一需求研制出了各自的"明星级"重载型机器人。KR 1000 Titan（图 1-3a）是世界上第一款 6 轴重载型机器人，额定负载为 1300kg（负载/自重比约为 0.2），位姿重复性为 ±0.1mm，最大水平运动范围为 3200mm，最大垂直运动范围为 4200mm，工作空间达 $79.8m^3$，已被载入吉尼斯世界纪录。以往需要多台机器人和昂贵的动力机械或起重机械才能完成的重物搬运工作，现在都可以由"橙色大力士"KR 1000 Titan 精确、快速、安全地完成。另一款额定负载超过 1000kg 的机器人非"FANUC M – 2000iA"莫属，用户可以根据用途从 4 种机型（M – 2000iA/900L、M – 2000iA/1200、M – 2000iA/1700L、M – 2000iA/2300）中选择最合适的机器人。其中，M – 2000iA/2300（图 1-3b）是当今世界上最大、最强壮的机器人，额定负载为 2300kg（负载/自重比约为 0.2），位姿重复性为 ±0.3mm，最大水平运动范围为 3700mm，最大垂直运动范围为 4600mm。此款"黄色大力士"的手腕具有很好的环境耐受性（防尘、防水），即使在恶劣的环境下也可以安心使用。同时，通过与 iRVision（内置视觉功能）组合搭配，只要连接照相机或三维广域传感器，即可由内置硬件完成图像处理和二维（或三维）补偿，从而实现机器人运作的高可靠性。

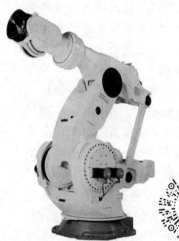

a) Midea–KUKA KR 1000 Titan F   b) FANUC M–2000iA/2300   视频资源

图 1-3　重载型工业机器人

除了像 KR 1000 Titan 这样的重载型地面固定式机器人外，中国 Midea – KUKA 还有 omniMove、KMP1500、Triple Lift 等重载型全向自主移动式机器人，主要用来实现船舶、航空航天、风力发电、轨道交通等领域大尺度产品的多品种、小批量灵活型生产。omniMove 移动

[⊖] 素有"产品设计界的奥斯卡奖"之称的世界三大设计奖：德国"红点奖"（Red Dot Award）、德国"iF 设计奖"和美国"IDEA 奖"（International Design Excellence Awards）。

平台（图1-4）的轮系采用麦克纳姆轮⊖设计，其装有的各个筒形滚轮可以相互独立移动，并使用激光雷达进行自主导航（无需地面人工标记），即使在狭窄的空间内也可以从静止状态瞬时沿任意方向灵活移动。omniMove 单台最大承载 45000kg（负载/自重比约为3.0），位姿准确度为 ±5mm，具有良好的模块扩展能力，其尺寸、宽度和长度可根据需要进行缩放调整，通过"车并车运载"互联技术构成一个更大的移动平台，以毫米级精度运送长约35m、宽约10m、重达90000kg的巨型部件。

图 1-4　重载型全向自主移动机器人 omniMove

工业机器人常常给人一种"威武"的感觉。不过，2015年世界上最小的工业机器人出现了。它就是由日本 YASKAWA 机器人公司开发的迷你型工业用6轴台式机器人 Motoman–MINI（暂称，图1-5a），质量仅为4.3kg，额定负载为0.5kg，位姿重复性为±0.02mm，最大水平运动范围为246mm。与该公司 2013 年推出的额定负载为 2kg 的 Motoman–MHJF 紧凑多功能型机器人（高 0.57m、重 15kg，图 1-5b）相比，Motoman–MINI 机器人大幅实现了小型轻量化，动作速度也提高到原来的2倍以上，同时将特定动作的节拍缩短了25%。由于结构尺寸小，便于灵活更换放置位置和作业分担，Motoman–MINI 机器人容易实现人机协同作业的自由性，满足计算机、通信和其他消费类电子产品对柔性生产和灵活制造的需求。

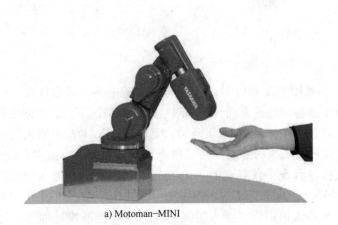

a) Motoman–MINI　　　　　　　　b) Motoman–MHJF

图 1-5　小型轻量级工业机器人

⊖　麦克纳姆轮（Mecanum wheel）是瑞典麦克纳姆公司的专利，由瑞典工程师 Bengt Ilon 于 1973 年提出。这种车轮与普通车轮不同，它由一系列的小辊子（类似于车轮的轮胎）以一定的角度均匀地排列在轮体周围，轮体的转动由电动机驱动，而辊子则是在地面摩擦力的作用下被动的旋转。

8

在农副食品加工业、食品制造业、医药制造业、电气机械和器材制造业以及3C（计算机、通信和其他电子设备）制造业中，普遍存在着分拣、拾取、装箱、装配等大量的重复性工作。此类工作在传统工厂里基本靠人工完成，具有劳动强度大、生产效率低、易造成污染等问题，并且会增加企业的成本。为此，以日本FANUC为代表的机器人公司推出了适合轻工业高速搬运、装配用并联连杆机器人 M-1iA（额定负载为0.5～1kg）、M-2iA（额定负载为3～6kg）和M-3iA（额定负载为6～12kg）。FANUC的"拳头机器人"不仅可以被安装在狭窄空间，还可以被安装在任意倾斜角度上，采用完全密封的构造（IP69K）能够应对高压喷流清洗，通过视觉传感器（内置视觉功能iRVision）、力觉传感器与机器人功能的联动，可以实现智能化控制，扩大了机器人在物流、装配、拾取及包装生产线的适用范围。此外，用户可以根据用途从每个系列的3～6种机型中选择适宜的手腕自由度和动作范围。例如，M-1iA/1H（图1-6a）机器人前端不使用旋转轴（机器人合计3轴），可在0.3s内完成1个往返的25mm-200mm-25mm搬运动作（每分钟拾取频率达200次），适用于高速搬运作业；M-1iA/0.5S（图1-6b）机器人前端装有1轴旋转手腕（机器人合计4轴），其手腕前端可以完成3000°/s的高速旋转，适用于拾取作业；M-1iA/0.5A（图1-6c）机器人前端装有复合3轴手腕（机器人合计6轴），可以自由变换手腕前端的姿势，位姿重复性达到±0.02mm，适用于装配作业。

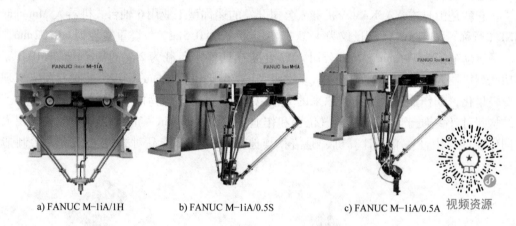

a) FANUC M-1iA/1H   b) FANUC M-1iA/0.5S   c) FANUC M-1iA/0.5A 视频资源

图1-6　高速并联式工业机器人

（2）灵巧机器人　尽管6轴通用型工业机器人在自动化制造中具有诸多优点，但其在空间分布性、任务并行性以及干涉容错性等方面存在局限性，在此情况下，自由度更高、行动更加灵活的7轴柔性机器人应运而生。自2005年开始，日本YASKAWA机器人公司陆续发布了SIA系列的八款7轴驱动再现人类肘部动作的"独臂"机器人产品，额定负载为5～50kg。此前的6轴工业机器人可以再现手臂具有的3个关节以及手腕具有的3个关节，而SIA系列机器人（Motoman-SIA30D，图1-7a）进一步增加了"肘部"具有的1个关节。由于多了肘部的回转，7轴工业机器人可以提供类人的灵活性，并且能够快速加速，轻松避免与夹具、工件、周边设备发生干涉或越过障碍物，实现多台机器人的高密度摆放，始终保持柔性的姿态完成圆周类工艺操作（6轴机器人需要配合变位机才能实现）。另外，为了节省移动空间以及延长使用寿命，所有的控制线缆包均被内藏于机器人本体中。在此基础上，YASKAWA机器人公司又开发出模仿人类双臂结构和交互行为的六款SDA系

列 "双臂协作" 机器人产品。Motoman－SDA10D（图 1-7b，机器人合计 15 轴）拥有一个类似于腰部的回转轴及在回转轴上具有 7 轴驱动的双臂，每支手臂可握持 10kg 的重物（负载/自重比约为 0.1），单臂最大水平运动范围为 700mm，最大垂直运动范围为1400mm，位姿重复性 ±0.1mm，可以灵活地完成较为复杂的单臂动作和双臂组合动作，实现单臂机器人难以完成的动作及应用，如在较远工位间传递工件、快速翻转、协同装配、测试等。

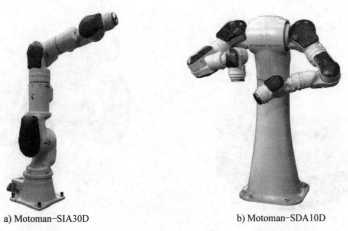

a) Motoman－SIA30D   b) Motoman－SDA10D

图 1-7 单/双臂 7 轴工业机器人

在追求绿色、高效、安全和生产多样化的今天，消费者对于产品独特性、个性化的需求将促使制造商在产品制造中重视人性化元素。在生产过程中，机器人只有与工人或操作人员频繁良性协作，其自动化才能更好地发挥潜能。新一代协作机器人能够直接与人类员工并肩工作，人与机器各尽所长、互补协作，它将掀起一场人机协作产业风暴。2014 年，原德国 KUKA 机器人公司发布了旗下第一款 7 轴轻型灵敏机器人 LBR iiwa[⊖]，自身重量不超过 30kg，但手腕部搬运的最大质量可达到 14kg，位姿重复性为 ±0.1mm。该机器人所有的轴均配备高性能碰撞检测功能和集成的关节力矩传感器，当遇到意外的阻碍后会以十分敏捷的动作瞬间撤回，这样可以减小损失并增加安全系数。LBR iiwa 极高的灵敏度、灵活度、精确度和安全性的产品特征，使它更接近人类的手臂，并能够与不同的机械系统组装到一起，特别适用于柔性、灵活度和精确度要求较高的行业（如电子、精密仪器等）。此外，与传统工业机器人本体普遍采用的铸铁材料不同，LBR iiwa 机器人本体选用的是铝制材料，超薄的设计与轻铝机身令其运转迅速，在保持整体高效率的同时还可做到节能降耗。为进一步提升产品在灵活度方面的强大优势，中国 Midea－KUKA机器人公司还推出了轻型移动式物流机器人 Mobile Robotics iiwa（图 1-8a）——自主移动平台（AGV）搭载轻型库卡机器人，能够实现按需抓取、分拣、运输任务，非常适合工作在空间狭窄、对机器人灵活性要求较高的场所，如拥挤的仓库、狭窄的走廊和船舱、设备密布的车间等。瑞士 ABB 机器人公司开发了集柔性机械手、进料系统、工件定位系统和高级运动控制系统于一体的协作型小件装配双臂机器人。作为全球首款真正实现人

⊖ LBR iiwa 荣获 2014 年度美国 "IDEA 金奖"；荣获 2014 年度德国 "红点奖"。

机协作的双臂机器人，YuMi⊖（IRB 14000 – 0.5/0.5，图 1-8b）拥有一副轻量化的刚性镁铝合金骨架和被软性材料包裹的塑料外壳，能够很好地吸收对外部的冲击，其接近人体尺寸的紧凑型"体格"设计和类人肢体的柔性协调动作，让其人类"伙伴"感到安全舒适。YuMi 的 7 轴双臂极其灵活，具备快速配置、视觉导引、碰撞检测等功能，最大水平运动范围为 1600mm，位姿重复性为 ±0.02mm，可以拾取质量在 0.5kg 以内的小物件，从机械手表的精密部件到手机、平板电脑以及台式电脑零件的处理，YuMi 将小件装配、测试等自动化应用带入一个全新时代。

a) Midea–KUKA Mobile Robotics iiwa   b) ABB IRB 14000–0.5/0.5

图 1-8　新一代人机协作机器人

1.3.3　工业机器人未来发展趋势

基于对"机器换人"市场浪潮的再思考以及人类工作对人的身体各部位的依赖程度，中国机器人产业联盟理事长、机器人产业创新联盟主席、机器人国家工程研究中心副主任、沈阳新松机器人自动化股份有限公司总裁曲道奎调查发现，人类以胳膊为主的工作约占 20%，以双手为主的工作约占 80%。富士康早在 2011 年就提出"百万机器人计划"，但目前并未实现目标，其重要原因在于有很多工作需要手部的灵巧性操作。而传统的工业机器人既没有环境感知系统，也没有灵巧机械手，按照人的标准来看，它们属于严重"残缺"的机器人，所能做的仅是一些程序化、规范性强的任务，强调的是速度、精度、负载和可靠性，侧重保质增效。未来在"数字化、智能化、网络化"制造大背景下，市场需求模式将会发生变革——定制化、个性化、灵巧性生产，这就需要通过技术的进步不断提升机器人的功能、性能和智能，使它能够完成复杂、高级的任务，适应环境和任务的变化，进而达到减人力、降成本和提高产品竞争力的目的。简言之，传统的工业机器人只是一个功能性的"机器"，而新一代工业机器人重点在"人"上，它具有智能性、易用性、安全性和交互性。要做到这一点，工业机器人发展将面临环境、任务、行为和交互方式等方面的挑战，重点研究的问题包括：

（1）环境理解问题　研究机器人在自然、不可预知、动态环境中的感知技术。

（2）行为方式及安全问题　研究机器人与人在紧密接触、密切配合行为过程中确保

⊖　YuMi 荣获 2015 年度德国"红点奖"。

人 – 机 – 物安全的技术。

(3) 交互问题 研究将机器人作为"人类助手",乃至与普通人生活相适应的自然、友好、智能人机交互技术。

(4) 学习与进化问题 研究基于深度学习的在线学习方法,通过不断的在线自主学习和吸收他人的观点,提高自身能力,实现协同进化,使其能够适应不断变化的外界环境和复杂多变的作业任务。

与此同时,随着人工智能、网络信息、微纳电子、先进平台等新兴技术的迅猛发展,"集群智能"作为一种改变制造业"游戏规则"的颠覆性技术,以集群替代机动、数量提升能力、成本创造优势的方式,将重新定义未来工业机器人运用的形态。大规模、低成本、多功能的机器人集群通过网络组建、自主控制、群"智"决策,进一步提升机器人在流程式生产和智能物流中的能力。

1.4 工业机器人的分类及应用

当前,机器人正处在由"机器"向"人"的进化关键期,人的形状、智慧、灵巧性等正被快速地集成在机器人身上。在智能性、易用性、安全性和交互性等方面的技术取得突破后,新一代机器人的内涵、功能将会发生翻天覆地的变化,其应用也将不再局限于制造业,而是会进入人类生活的各个领域。

1.4.1 工业机器人的分类

在 JB/T 8430—2014《机器人 分类及型号编制方法》中,工业机器人按应用领域可以分为搬运作业/上下料机器人、焊接(所有材料)机器人、涂装机器人、加工机器人、装配机器人、洁净机器人等,每一大类又包括若干小类,如图 1-9 所示。实际上,类似的国家和行业标准还有不少,比如 JB/T 5063—2014《搬运机器人 通用技术条件》、GB/T 26154—2010《装配机器人 通用技术条件》和 GB/T 20723—2006《弧焊机器人 通用技术条件》等。归纳起来,工业机器人的分类方法很多,有的按技术等级分类,有的按机械结构类型(坐标型式)进行产品分类,有的按驱动方式进行产品分类,有的按伺服方式进行产品分类,有的按负载能力进行产品分类,有的按重复位姿精度进行产品分类,有的按作业环境进行产品分类,有的按安装方式进行产品分类……。限于篇幅,本书仅从机器人"肢体"(机械结构类型)和"大脑"(智能程度)两个维度阐述机器人的分类及其应用情况。

(1) 按技术等级分类 按照机器人"大脑"智能的发展阶段,可以将工业机器人分为三代:第一代是计算智能机器人,以编程、微机计算为主;第二代是感知智能机器人,通过各种传感技术的应用,提高机器人对外部环境的适应性,即"情商"得到提升;第三代是认知智能机器人,除具备完善的感知能力,机器人"智商"也得到增强,可以自主规划任务和运动轨迹。

1) 计算智能机器人:第一代工业机器人的基本工作原理是"示教 – 再现",起源于 20 世纪 60 年代,如图 1-10 所示。由编程员事先将完成某项作业所需的运动轨迹、工艺条件和动作次序等信息通过直接或间接的方式对机器人进行"调教",在此过程中,机器人逐一记录每一步操作。编程结束后,机器人便可在一定的精度范围内重复"所学"动作。目前在

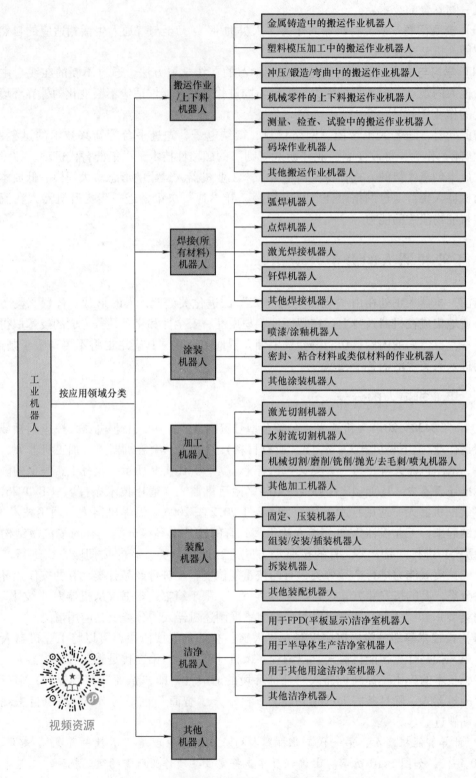

图 1-9 工业机器人的分类（按应用领域分类）

工业中大量应用的传统机器人多数属于此类，因无法补偿工件或环境变化所带来的加工、定位、磨损等误差，主要被应用在精度要求不高的搬运作业场合。

2）感知智能机器人：为克服第一代工业机器人在工业应用中暴露的编程繁琐、环境适应性差以及存在潜在危险等问题，第二代工业机器人配备有若干传感器（如视觉传感器、力传感器、触觉传感器等），能够获取周边环境、作业对象的变化信息，以及对行为过程的碰撞进行实时检测，然后经由计算机处理、分析并做出简单的逻辑推理，对自身状态进行及时调整，基本实现了人－机－物的闭环控制。例如，上文提及的协作机器人 LBR iiwa（图 1-11）使用力矩传感器实现编程员的牵引示教以及无安全围栏防护条件下的人机协同作业，基于视觉传感导引的零散件随机拾取，采用接触传感的焊接起始点寻位……，类似的感知智能技术是第二代工业机器人的重点突破方向。

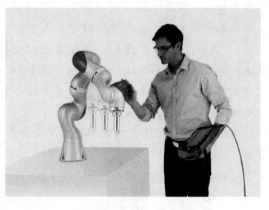

图 1-10　计算智能机器人　　　　图 1-11　感知智能机器人

3）认知智能机器人：第二代工业机器人虽具有一定的感知智能，但其未能实现对基于行为过程的传感器融合进行逻辑推理、自主决策和任务规划，对非结构化环境的自适应能力十分有限，"综合智力"提升是关键。作为发展目标，第三代工业机器人将借助人工智能技术和以物联网、大数据、云计算为代表的新一代物物相连、物物相通信息技术，通过不断深度学习和进化，能够在复杂变化的外部环境和作业任务中，自主决定自身的行为，具有良好的适应性和高度的自治能力。第三代工业机器人与第五代计算机⊖密切关联，内涵、功能仍处于研究开发阶段，目前全球仅日本本田（Honda）和软银旗下的波士顿动力（Boston Dynamics）两家公司研制出原型样机。相对于 Boston Dynamics 研发的仿人机器人（Atlas、Handle）而言，Honda 的仿人机器人 Asimo（图 1-12）更偏向于通过表演来展现技术特性，其最新款样机能够将人类的动作模仿得惟妙惟肖，能跑能走、能够上下阶梯，还会踢足球和开瓶倒茶倒水，动作十分灵巧。虽然这些产品都展现出"逆天"的技术，但造价高、难以量产，很难将技术成果转化为商业利益，这为其发展带来了诸多阻力。

（2）按机械结构类型分类　对于工业机器人而言，不论用于模仿人体的上肢动作，还是用于模仿人体的下肢移动，其"肢体"结构在应用推广中不断改进和完善，可配轴/轮数

⊖ 第五代计算机是把信息采集、存储、处理、通信同人工智能结合在一起的智能计算机系统。它能进行数值计算或处理一般的信息，主要能面向知识处理，具有形式化推理、联想、学习和解释的能力，能够帮助人们进行判断、决策、开拓未知领域和获得新的知识。

14

越来越多（如三轴/轮、四轴/轮、六轴/轮……），灵活性也越来越高。机器人的上述机构特征可以通过合适的坐标系加以描述，如三轴工业机器人可采用直角坐标、圆柱坐标、球坐标/极坐标，四轴及以上工业机器人可采用关节坐标。从全球机器人装机数量来看，直角坐标型机器人和关节型机器人应用更为普遍。

1) 直角坐标型机器人：也称为笛卡儿坐标机器人（Cartesian Robot，图1-13），具有空间上相互独立垂直的三个移动轴，可以实现机器人沿 x、y、z 三个方向调整手臂的空间位置（手臂升降和伸缩动作），但无法变换手臂的空间姿态。作为一种成本低廉、结构简单的自动化解决方案，直角坐标型机器人一般用于机械零件的搬运、上下料、码垛作业。

2) 圆柱坐标型机器人：与直角坐标型机器人相比，圆柱坐标型机器人（Cylindrical Robot，图1-14）同样具有空间上相互独立垂直的三个运动轴，但其中的一个移动轴（x 轴）

图1-12　认知智能机器人

被更换成转动轴，仅能实现机器人沿 θ、r、z 三个方向调整手臂的空间位置（手臂转动、升降和伸缩动作），无法实现空间姿态的变换。此种类型的机器人一般被用于生产线尾的码垛作业。

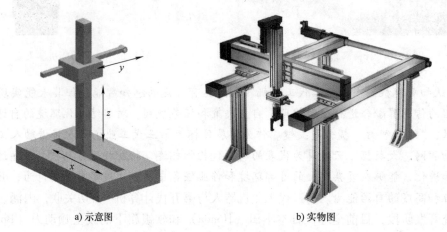

a) 示意图　　　　　　　　　　b) 实物图

图1-13　直角坐标型机器人

3) 球坐标型机器人：又称为极坐标型机器人（Polar Robot，图1-15），它具有空间上相互独立垂直的两个转动轴和一个移动轴，不仅可以实现机器人沿 θ、r 两个方向调整手臂的空间位置，还能够沿 β 轴变换手臂的空间姿态（手臂转动、俯仰和伸缩动作）。此种类型的机器人一般被用于金属铸造中的搬运作业。

4) 关节型机器人：上述三轴工业机器人仅模仿人手臂的转动、仰俯或（和）伸缩动作，而人类工作以臂部为主的仅占20%左右。也就是说，焊接、涂装、加工、装配等制造工序的替代需要（腕部、手部）灵活性更高的机器人。关节型机器人（Articulated Robot）通常具有三个以上运动轴，包括串联式机器人（平面关节型机器人、垂直关节型机器人）

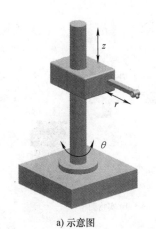

a) 示意图

b) 实物图

图 1-14　圆柱坐标型机器人

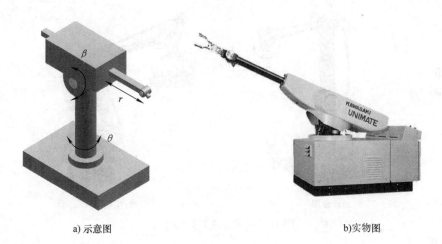

a) 示意图　　　　　　　　　　　　　　　　b)实物图

图 1-15　球坐标型机器人

和并联式机器人。

① 平面关节型机器人：又称 SCARA 机器人（Selective Compliance Assembly Robot Arm，图 1-16），它在结构上具有轴线相互平行的两个转动关节和一个圆柱关节（特殊类型的圆柱坐标型机器人），可以实现平面内定位和定向。此类机器人结构轻巧、响应快，水平方向具有柔顺性且垂直方向具有良好的刚性，比较适合3C 电子产品中小规格零件的快速拾取、压装和插装作业。

② 垂直关节型机器人：垂直关节型机器人（图 1-17）模拟了人的手臂功能，一般由四个以上的转动轴串联而成，通过臂部（3、4 个转动轴）和腕部（1~3 个转动轴）的转动、摆动，可以自由地实现三维空间的任一姿态，完成各种复杂的运动轨迹。垂直关节型机器人中，六轴垂直多关节机器人的结构紧凑、灵活性高，是通用型工业机器人的主流配置，比较适合焊接、涂装、加工、装配等柔性作业。

③ 并联式机器人：又称 Delta 机器人、"拳头" 机器人或 "蜘蛛手" 机器人（图 1-18），与串联式机器人不同的是，并联式机器人本体由数条（一般为 2~4 条）相同

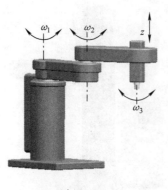

a) 示意图   b) 实物图

图 1-16　平面关节型机器人

a) 示意图   b) 实物图

图 1-17　垂直关节型机器人

的运动支链将终端动平台和固定平台（静平台）连接在一起，其任一支链的运动并不改变其他支链的坐标原点。由于具有低负载、高速度、高精度等优点，并联式机器人比较适合流水生产线上轻小产品或包装件的高速拣选、整列、装箱、装配等作业。

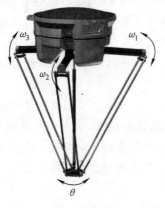

a) 示意图   b) 实物图

图 1-18　并联式机器人

在某些应用场合，为保证机器人动作的灵活性和可达性，机器人需同时实现人体四肢的功能——操作 + 移动。此时，选择合适的机器人安装方式就显得尤为重要。比较表 1-1 所列的关节型工业机器人的安装方式不难发现，相对于固定式安装，移动式安装通过将机械臂安装在某一移动平台（线性滑轨或自动导引车）上，不仅利于拓展机器人的工作空间，实现机器人在多台设备、多个系统单元甚至多条生产线间来回穿梭作业，还可以最大程度的提高机器人应用的灵活性和费效比（投入费用和产出效益的比值）。

1.4.2 工业机器人的应用

当前，全球制造业正在经历以自动化、数字化、智能化为核心的新一轮产业升级。工业机器人是制造业建设自动化生产线、数字化车间和智能工厂的基础核心装备之一，更是制造业通向"工业 4.0"的重要切入点之一。图 1-19 所示为 2008 ~ 2016 年全球工业机器人使用密度。2016 年全球正在使用的工业机器人数量达到 400 万台，平均每万名工人拥有机器人的数量为 75 台，韩国的机器人使用密度为 531 台/万人，而中国的机器人使用密度仅为 58 台/万人。较低的工业机器人使用密度（在制造业中的普及程度不足 10%），说明全球制造业的自动化水平提升空间很大，机器人的市场潜力亟待挖掘，也间接表明工业机器人的"智力"和"性能"与现实需求尚存差距。

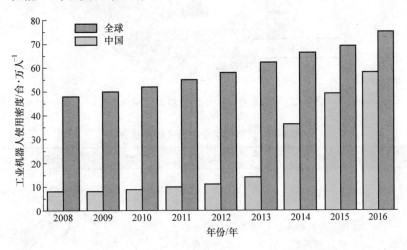

图 1-19　2008 ~ 2016 年全球工业机器人使用密度

从应用行业看，工业机器人正快速由点、线走向面，其应用行业分布（图 1-20）正由原来的汽车制造业"一家独大"逐渐演变为现在的汽车制造业、3C 制造业、电气机械和器材制造业"三足鼎立"的局势，并开始向橡胶和塑料制品业、金属制品业、烟草制品业、食品制造业、医药制造业、化学原料和化学制品制造业等一般工业拓展。根据中国机器人产业联盟（CRIA）的统计数据，2016 年国产工业机器人所服务的行业已经覆盖国民经济 34 个行业大类，91 个行业中类，行业分布趋向多元化发展。

从应用领域看，工业机器人正从知识密集型的高附加值产业逐渐延伸到劳动密集型的低附加值产业，包括处于危险、恶劣、有害环境下的作业（焊接、喷漆、涂釉、切割、抛光），劳动密集的工序（装配、包装），劳动强度大的工种（机加工、热加工、搬运），高精密、高清洁的常态制造（半导体分立器件制造、集成电路制造、光伏设备及元器件制造）

以及极高（低）温、极高压、强能场、强能束下的超常态制造（巨系统制造、微纳制造、超常环境制造、超精密加工、超常成形工艺）等。汽车曾经被誉为制造业的"皇冠"，而工业机器人被誉为"制造业皇冠上的明珠"，在汽车生产的四大工序（冲压、焊装、涂装和总装）中有着广泛的应用，平均每万名汽车产业工人使用的机器人数量近千台。为帮助企业在产业升级中摆脱能源、人力、场地以及资金方面的约束，以日本、德国、美国、韩国为代表的全球品牌汽车工厂均在其汽车流水生产线上引入工业机器人，比如在冲压车间使用机器人取放冲压成形的车身覆盖件，在焊装车间使用机器人把构成汽车车身的钣金覆盖件全部焊接起来，在涂装车间使用机器人为整个汽车白车身涂上数层均匀的漆面，在总装车间使用机

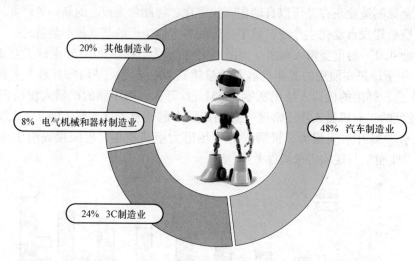

图1-20　2016年国产工业机器人应用行业分布

表1-1　关节型工业机器人的安装方式

安装方式		结构特点	适用场合	结构图示
固定式	落地式（地装式）	单体工业机器人的基本安装方式之一，将机器人本体直接安装在钢制底座上	面向通用设备制造业、汽车制造业、家电制造业等离散式生产自动化	
	悬挂式（侧挂式、倒挂式）	将机器人本体侧向悬挂在墙壁上或倒置悬挂在天花板及类似钢制悬梁上，节省了占地面积	面向食品、饮料、烟草、医药等行业的流程式生产自动化	

（续）

安装方式		结构特点	适用场合	结构图示
移动式	地装滑轨式（地轨式）	将工业机器人以正挂、侧挂或倒挂方式安装在1~3轴线性滑轨上，以此拓展机器人的工作空间并改善动作柔性	面向工程机械、矿山机械、建筑机械等中、小尺度产品及零部件的加工制造自动化	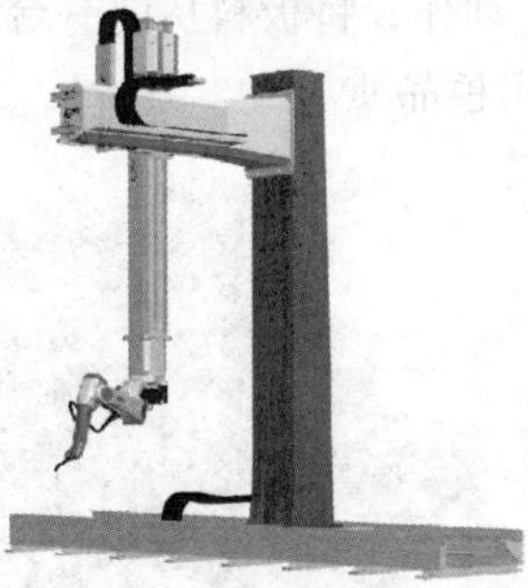 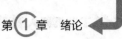
	天吊滑轨式（龙门式）	将工业机器人以正挂、侧挂或倒挂方式安装在固定或移动龙门架上，通过扩展的1~3个运动轴延伸机器人的工作空间，改善机器人应用的灵活性	面向海洋工程、建筑工程、铁路运输等设备制造业大、中尺度产品的柔性加工制造	
	轮式	将工业机器人安装在半自动或自动移动平台上，沿标记或外部引导命令指示的预设路径移动，便于延伸机器人的工作空间，改善机器人应用的灵活性	面向航空、船舶、风机等大尺度产品的柔性加工制造以及仓储物流自动化	

器人协助员工完成仪表板组装、发动机安装、座椅安装、风窗玻璃涂布防水框胶等。那么，现在主流的汽车工厂是如何将成捆的钢板（或铝板）变成大家熟悉的车身？又是如何实现一分钟生产一辆新车？下面我们将通过汽车生产的过程，了解工业机器人在生产制造中的应用。

（1）冲压车间　在这里，成捆的钢板（或铝板）由开卷机进入生产线，经过清洗、矫直、剪切、落料工序，变成一块块板料，然后堆垛转运至下一工序进行冲压作业，之后再经过拉延、修边、冲孔、翻边、整形等多道冲压工序最终形成造型各异的车身部件。作为生产汽车覆盖件的核心装备，多工位自动冲压生产线一般由上料拆垛单元、清洗机、涂油机、对中装置、压力机、送料单元和线尾单元组成。其中，冲压线自动化输送系统负责将金属板料在上料拆垛 - 压力机 - 线尾输出传送带之间传送并进行必要的翻转变位，是影响冲压设备生产能力和效率的关键因素之一。图 1-21 所示为用于串列式六序全封闭隔离静音自动冲压生产线的机器人输送系统，每小时可以完成上千个冲压件。位于线首的两台垂直关节型机器人以默契"配合"的方式完成金属板料的自动拆垛,并将其单片依次送入清洗、涂油工序,由对中装置进入首台压力机进行冲压,随后各工序间的搬运机器人通过简单的"拾取"和"摆放"动作,将板料从前一台压力机输送到后一台压力机,保障汽车覆盖件生产的高效、安全和出色品质。

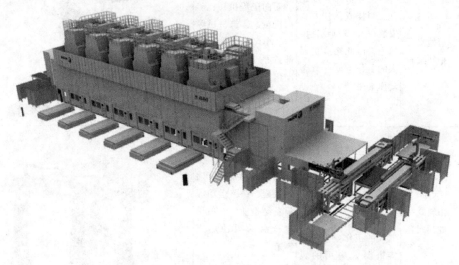

图 1-21   车身覆盖件全封闭自动冲压机器人输送系统

(2)焊装车间   冲压车间是将一块块钢板(或铝板)变成真正的车身部件,而将这些部件拼接起来并牢牢地结合在一起的工序便是焊接。简单来讲,冲压车间输送过来的成百上千件冲压件经车身下部总成焊装、车身骨架总成焊装以及白车身总成焊装等工序后,一辆车的主体结构初具雏形。据统计,焊装一辆汽车白车身大约需要 3000 ~ 6000 个焊点,其工作量之大显而易见。人工焊接时由于心理、生理以及周围环境等因素的干扰,难以较长时间保持焊接质量的稳定性和一致性,而焊接机器人的工作状态稳定,能够确保焊接质量,图 1-22 所示的车身机器人点焊生产线便是一个例子。目前全球每卖出五台工业机器人,就有三台机器人应用于汽车的生产制造,其中两台机器人应用于焊装车间。国际品牌汽车制造工厂的焊装车间自动化率基本达到 90% 以上,车身部件的抓取、定位、焊接等工作都是由机器人完成的,人工仅做特定部位的补焊等工作。

上述汽车车身各分总成及总成工序相当于是把二维部件组装成三维产品,这就要求各个部件的安装应"严丝合缝",否则将影响整个车身的强度和 NHV(噪声、振动和车辆行驶中的平顺性)水平,甚至无法进行后续部件的安装。尤其在批量生产模式下,在线检测车身制造这类大尺寸对象的关键尺寸(如定位孔位置、车门安装棱边位置、各分总成位置关系等)成为白车身焊装质量控制的重点,检测应达到非接触、高智能、高精度和高效率。图 1-23 所示为瑞典海克斯康计量(Hexagon Metrology)公司研制的一款汽车白车身机器人智能在线测量系统"360°SIMS"。结合先进的传感器、可靠的工业自动化平台和创新的测量分析软件,360°SIMS 能够完成 100% 的全曲面和关键特征检测,为大型汽车分总成测量提供快速、精确、灵活的解决方案,实现生产现场的高效 360° 全视角尺寸品质监控。同时,该系统也可用于监控焊装工艺装备的工作状况以及预报其可能故障,进而将白车身过程质量控制

图 1-22　汽车白车身分总成机器人焊接

水平提至空前的高度。

图 1-23　汽车白车身机器人智能在线测量系统

（3）涂装车间　经检验合格的成品白车身通过传输装置输送至涂装车间，进行车身漆面的喷涂作业。如此一来，车身便披上光鲜亮丽的"外衣"，开始拥有属于自己的个性。进入涂装车间后，车身的涂装工艺流程主要分为前处理（包括脱脂、水洗、表面调整、磷化、钝化以及去离子水洗）、电泳、涂胶/密封、中途喷涂、本色喷涂和清漆喷涂六个工序。如图 1-24 所示，在自动开关盖机器人和开关门机器人的协助下，即装即用的"ready2 - spray"涂装机器人可同时进行车身内外全自动油漆喷涂，确保高效流程以及获得高品质的油漆罩面，并且可使油漆利用率提高至 90% 以上。

（4）总装车间　经过上述三个车间，我们看到了从最原始的钢板（或铝板）"蜕变"

图 1-24 汽车车身机器人自动开关盖与喷漆

成车身以及涂装喷漆的过程。走进总装车间，大家可以看到车身与底盘的结合、车门和车身的"分分合合"以及最终一辆辆崭新的汽车通过层层工序和重重考验驶下生产线。总装车间不及前三个车间自动化率高，但 AGV（自动导引车，图 1-25）在动力总成与白车身合装、后悬架总成与白车身合装等工序的应用逐渐成熟起来，这有利于提升车间的物流自动化水平及缩短生产节拍。

图 1-25 汽车内饰组装机器人车身输送

综上所述，工业机器人在汽车生产中的应用不仅可以降低工人的劳动强度、提高生产效率和改善产品质量，还可以大大提升汽车制造水平，实现不同系列车型混流柔性生产，已成为汽车制造业不可逆转的趋势。与此同时，随着机器人技术的不断发展和日臻完善，工业机器人正在从传统制造业被推广到其他制造业，进而被推广到采矿业、建筑业、服务业、娱乐业等各种非制造行业，如机器人调酒（图 1-26）、机器人写稿（图 1-27）、机器人加油等。

未来，工业机器人会将更多看不见的创意变成看得见的创新。

图 1-26　机器人调酒

图 1-27　机器人写稿

1.5　工业机器人产业现状

　　无论是在制造环境下应用的工业机器人，还是在非制造环境下应用的服务机器人，其研发及产业化应用成为衡量一个国家科技创新、高端制造发展水平的重要标志。大力发展机器人产业，对于推动工业转型升级，加快制造强国建设，改善人民生活水平具有重要意义。那么，全球机器人产业现状如何？中国机器人产业的发展水准如何？针对以上问题，需要对近年来国内外机器人市场格局、发展模式以及产业政策进行梳理。

1.5.1　全球市场格局

　　据国际机器人联合会（IFR）统计的数据（图 1-28）显示，2015 年全球工业机器人销量约 25.4 万台，2016 年全球工业机器人销量继续保持高速增长，销量约 29 万台，同比增长 14%。目前，亚洲仍是工业机器人的最大市场，约占全球销量的 60%，而从 2013 年起，中国就成为全球最大的工业机器人市场。2016 年中国工业机器人销量达 9 万台，同比增长 31%，占全球销量的 31%，这意味着全球每卖出 3 台工业机器人，就有一台被卖到中国。不过，与机器人的"火热度"形成鲜明对比的是，在中国庞大的机器人消费市场中，以发那科（FANUC）、安川（YASKAWA）、松下（Panasonic）、欧地希（OTC）、川崎（Kawasa-ki）、不二越（Nachi）、爱普生（Epson）等为代表的日系机器人品牌和以瑞士艾波比（ABB）、瑞士史陶比尔（Stäubli）、原德国库卡（KUKA）、德国克鲁斯（Cloos）、意大利柯马（Comau）、奥地利艾捷默（IGM）等为代表的欧系机器人品牌占据了 90% 以上的市场份额，仅"四大家族"的市场份额就占了 65% 左右，而以沈阳新松、安徽埃夫特、南京埃斯顿、上海新时代、哈尔滨博实等为代表的国产品牌市场份额不足 10%。更令人警醒的是，国产工业机器人在核心技术、核心零部件和关键应用工艺方面都处于劣势地位，产品结构主要以 Cartesian、Delta 和 SCARA 等 3～4 轴低端机器人为主，而技术附加值较高类型产品（如垂直多关节机器人、重载机器人、洁净机器人）的比重偏低。根据中国机器人产业联盟统计，2016年上半年国产垂直多关节机器人累计销售6225台，同比增长67.2%，在工业机器人总销量中仅占32.3%。为何"四大家族"等国际一线、二线机器人品牌的市场垄断地位至今无法撼动？国产工业机器人的"短板"是什么？突围之道又在哪里？

从技术应用角度来看，机器人产业链主要由核心零部件生产、机器人本体制造、系统集成（含经销商、代理商、贸易商、工程商等）以及行业应用（终端用户）四大环节构成。机器人核心零部件生产企业处于产业链的上游，负责提供机器人制造所用的关键部件，包括高精密减速器（占工业机器人成本40%左右）、高性能机器人专用伺服电动机及驱动器（占工业机器人成本30%左右）、高速高性能控制器（占工业机器人成本5%左右）和机器人传感器等；中游是机器人本体制造企业，负责设计本体、编写软件，采购或自制零部件，以组装方式生产本体（占工业机器人成本20%~30%），然后通过经销商、代理商、贸易商等销售给系统集成商；下游是系统集成商，直接面向终端用户，国内企业主要集中在这个环节上。

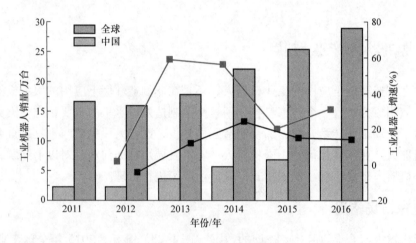

图1-28　工业机器人销量及增速

日本和欧洲作为全球工业机器人市场的两大主角，经过多年的产业链积累，已经打通上下游产业链。上游由于他们的采购批量大，更容易得到价格低廉的零部件；下游由于他们已经借助集成商的专业优势和服务进入众多的行业，形成"共生共荣"的产业链，合作关系相对紧密。相比之下，国产工业机器人的研发及产业化起步较晚，技术水平较低，虽有部分企业在核心零部件研制方面取得突破，但产品稳定性方面与国外先进水平差距较大，尚未实现批量化生产，导致国产机器人核心零部件主要依赖进口，利润空间受限，竞争力较弱。以高精密减速器为例，由于批量小，国产工业机器人制造商购买同一规格减速器的价格是国外机器人制造商的近5倍。令人欣慰的是，在一系列政策支持及市场需求的拉动下，国内机器人产业现已形成四大区域集群，即北部的环渤海地区、南部的珠三角地区、东部的长三角地区和中西部地区，均呈现出比较迅猛的发展势头。环渤海地区以北京、哈尔滨、沈阳为代表，科研实力较强，研究机构有中国科学院沈阳自动化研究所、哈尔滨工业大学、北京航空航天大学等，在机器人方面取得显著科研成果，具有人才培养优势；珠三角地区有规模庞大的制造业，生产线升级需求使得机器人应用有广阔的空间；长三角地区的优势在于电子信息技术产业基础雄厚，这是发展机器人产业的必要条件；而以武汉、长沙、重庆为代表的中西部集聚区，则依托外部的科技资源，衍生出众多行业龙头企业。值得注意的是，机器人产业是一个资金密集型、技术密集型和人才密集型"三位一体"的产业。中国机器人产业虽已初具规模，但却面临"技术空心化、应用低端化和市场边缘化"风险，当务之急是要提升技术水平、产品质量以及市场应用档次，从"大体量"向"优品质"转变，培育具有国际竞争力的龙头企业。

1.5.2 产业发展模式

工业机器人产业发展可以划分为五个阶段：技术准备期、产业孕育期、产业形成期、产业发展期和智能化时期。根据美、日、欧等发达国家工业机器人企业的成功经验，占据全球主导地位的工业机器人龙头企业最初均是起源于机器人产业链上下游的相关企业，并以本体业务为核心，同时兼做集成业务，甚至核心零部件业务，其机器人产业发展已经完成了前四个阶段并形成了各自的产业模式（表 1-2），美国的优势在于系统集成，日本强调产业链分工，欧洲更为重视本体加集成的整体方案。而中国的机器人产业应走什么道路？如何建立自己的发展模式？确实值得探讨。中国工程院在《我国制造业焊接生产现状与发展战略研究总结报告》中认为，中国机器人产业正处于产业发展期，应从"美国模式"着手，在条件成熟（真正突破机器人本体大规模国产化）后逐步向"日本模式"靠近。

表 1-2 发达国家机器人产业模式

国家	产业模式
美国	集成应用，采购与成套设计相结合。美国国内基本上不生产普通的工业机器人，企业需要机器人通常由工程公司进口，再自行设计、制造配套的外围设备，完成交钥匙工程
日本	产业链分工发展，分层面完成交钥匙工程。机器人制造厂商以开发新型机器人和批量生产优质产品为主要目标，并由其子公司或社会上的集成工程公司来设计制造各行业所需要的机器人成套系统，完成交钥匙工程
欧洲国家	一揽子交钥匙工程。机器人的生产和用户所需要的系统设计制造，全部由机器人制造厂商自己完成

1.5.3 产业政策环境

美国是工业机器人的诞生国，但受制于当时的技术发展水平和社会经济环境（去工业化），其工业机器人本体产业发展缓慢，并在 20 世纪 80 年代被日本反超。20 世纪 80 年代之后，面对日本在工业机器人的蓬勃发展势头，美国政府感到形势紧迫，制定并执行了相关政策，一方面鼓励工业界发展和应用工业机器人，另一方面制定计划增加工业机器人的研究经费，并将工业机器人视为美国"再工业化"的重要特征，这确保了美国机器人技术在国际上的领先地位（技术全面性、先进性和适应性）。

日本工业机器人的发展令世界瞩目，素有"机器人王国"之称。20 世纪 60 年代末，日本正处于经济高速发展时期（年均增长率达 11%），加之第二次世界大战结束不久，导致国内劳动力严重不足。而此时，美国研制成功的工业机器人无疑成为日本工业发展最大的福音。1967 年，日本 Kawasaki 公司从美国引进 Unimation 机器人及其技术，并在日本国内建立生产车间。此后，日本政府制定并实施了一系列扶持政策和法规，用于改善日本国内市场需求状况和刺激生产。尤其是政府对中、小企业的一系列经济优惠政策，如由政府银行提供优惠的低息资金，鼓励集资成立机器人长期租赁公司，公司出资购入机器人后长期租给用户，使用者每月只需上缴低廉的租金，大大减轻了企业购入机器人所需的资金负担。在政府的各种扶持政策刺激下，企业投资机器人的意愿持续增强，机器人产业迅速发展起来。到20世纪80年代中期，日本工业机器人的生产和出口已远超美国，位居世界榜首。

从美国、日本机器人产业的兴衰历程来看，世界工业发达国家纷纷将工业机器人发展上升为国家战略，如德国的"工业4.0"、美国的"先进制造"等。"中国制造2025"制造强国战略的核心是智能制造，代表高附加值的工业机器人将是我国实现创新发展、推动经济转型、实现"制造强国"的重要载体。为此，国家和各级地方政府不断推出优惠政策（表1-3），打造机器人产业的支撑平台（如研究开发平台、检验检测平台、标准平台等），引导扶持机器人产业良性发展。

表1-3　国家推动工业机器人产业发展的政策

发布时间	发布部门	政策规划	相关内容
2015年	国务院	中国制造2025	战略任务和重点之一就是大力推动高档数控机床和机器人突破发展。围绕汽车、机械、电子、危险品制造、国防军工、化工、轻工等工业机器人、特种机器人，以及医疗健康、家庭服务、教育娱乐等服务机器人应用需求，积极研发新产品，促进机器人标准化、模块化发展，扩大市场应用。突破减速器、伺服电动机、控制器、传感器与驱动器等关键零部件及系统集成设计制造等技术瓶颈
2016年	工业和信息化部、发展改革委、财政部	机器人产业发展规划（2016—2020年）	"十三五"期间聚焦"两突破""三提升"，即实现机器人关键零部件和高端产品的重大突破，实现机器人质量可靠性、市场占有率和龙头企业竞争力的大幅提升。2020年具体目标如下：自主品牌工业机器人年产量达到10万台，六轴及以上工业机器人年产量达到5万台以上；培育3家以上具有国际竞争力的龙头企业，打造5个以上机器人配套产业集群；工业机器人速度、载荷、精度、自重比等主要技术指标达到国外同类产品水平，平均无故障时间达到8万小时；机器人用精密减速器、伺服电动机及驱动器、控制器的性能、精度、可靠性达到国外同类产品水平，在六轴及以上工业机器人中实现批量应用，市场占有率达到50%以上；完成30个以上典型领域机器人综合应用解决方案，并形成相应的标准和规范，实现机器人在重点行业的规模化应用，机器人密度达到150台/万人以上
2016年	工业和信息化部	信息化和工业化融合发展规划（2016—2020年）	发展智能装备和产品，增强产业核心竞争力。做强智能制造关键技术装备，加快推动高档数控机床、工业机器人、增材制造装备、智能检测与装配装备、智能物流与仓储系统装备等关键技术装备的工程应用和产业化
2016年	工业和信息化部、财政部	智能制造发展规划（2016—2020年）	提出了十个重点任务：一是加快智能制造装备发展；二是加强关键共性技术创新；三是建设智能制造标准体系；四是构筑工业互联网基础；五是加大智能制造试点示范推广力度；六是推动重点领域智能转型；七是促进中小企业智能化改造；八是培育智能制造生态体系；九是推进区域智能制造协同发展；十是打造智能制造人才队伍

（续）

发布时间	发布部门	政策规划	相关内容
2016 年	国务院	"十三五"国家战略性新兴产业发展规划	加快推动新一代信息技术与制造技术的深度融合，探索构建贯穿生产制造全过程和产品全生命周期，具有信息深度自感知、智慧优化自决策、精准控制自执行等特征的智能制造系统，推动具有自主知识产权的机器人自动化生产线、数字化车间、智能工厂建设，提供重点行业整体解决方案，推进传统制造业智能化改造；构建工业机器人产业体系，全面突破高精度减速器、高性能控制器、精密测量等关键技术与核心零部件，重点发展高精度、高可靠性中高端工业机器人
2017 年	工业和信息化部	产业关键共性技术发展指南（2017 年）	产业关键共性技术是制造业创新发展的重要支撑，指南共提出优先发展的产业关键共性技术 174 项，其中装备制造业 33 项。先进热处理工艺及装备关键技术发展包括机器人的装载及送料、机器人的控制及定位系统、多台热处理设备之间的工艺控制等大型热处理生产线送料及运载用车型机器人及控制系统等
2017 年	工业和信息化部	高端智能再制造行动计划（2018—2020 年）	加强高端智能再制造关键技术创新与产业化应用。培育高端智能再制造技术研发中心，开展绿色再制造设计，进一步提升再制造产品综合性能。加快增材制造、特种材料、智能加工、无损检测等再制造关键共性技术创新与产业化应用。进一步突破航空发动机与燃气轮机、医疗影像设备关键件再制造技术，加强盾构机、重型机床、内燃机整机及关键件再制造技术推广应用，探索推进工业机器人、大型港口机械、计算机服务器等再制造

知 识 拓 展
——服务机器人

机器人既是先进制造业的关键支撑装备，也是改善人类生活方式的重要切入点。相比在工业领域使用较多的工业机器人，服务机器人则是机器人家族中的一个年轻成员。目前，全球有几十个国家在发展机器人，其中超半数的国家涉足服务机器人研发。通常，服务机器人是可移动的。在某些情况下，服务机器人包含一个可移动平台（轮式、腿式、足式、履带式等），上面安装有一条或数条"机械臂"，其操控模式与工业机器人相同。服务机器人按照用途可以分为个人/家庭服务机器人和专业服务机器人两类。其中，个人/家庭服务机器人主要面向家政服务、助老助残、健康护理、康复训练、教育娱乐等领域，如科沃斯机器人公司（Ecovacs）于 2016 年推出的以家庭服务为理念而研发、满足用户多样化需求的管家机器人 UNIBOT[一]（图 1-29）。UNIBOT 搭载有管家、安防、提醒、移动地面清洁等多种功能，同时支持"科沃斯机器人"App 远程操

图 1-29 管家机器人 UNIBOT

[一] 管家机器人 UNIBOT 荣获 2017 年度德国"红点奖"。

控，为用户带来一个全新的智能家居（Smart Home）解决方案。专业服务机器人则主要面向公共安全、救灾救援、科学考察、医疗手术、国防军事等领域，如美国直觉手术机器人公司（Intuitive Surgical）自行设计、生产的达芬奇手术机器人[⊖]（Da Vinci Robot - assisted Surgical System，图1-30）。作为代表当今手术机器人最高水平且全球应用最广泛的手术机器人，达芬奇手术机器人主要由三部分组成，主刀医生操作控制台、三维成像视频影像系统以及机械臂、摄像臂和手术器械组成的移动平台。实施手术时，主刀医生不与病人直接接触，而是通过三维视觉系统和动作标定系统操作控制，由机械臂以及手术器械模拟完成医生的技术动作和手术操作。截至2014年底，全球共安装3000余台达芬奇手术机器人，被广泛应用于普外科、泌尿科、心血管外科、胸外科、妇科等，其采用的可自由运动手腕部 Endo Wrist、三维高清影像技术、主控台的人机交互设计等先进机器人技术，将微创外科手术带入了一个新的时代。

图1-30 达芬奇手术机器人

本 章 小 结

2010年，中国成为世界第一制造业大国；2013年，中国成为世界工业机器人的最大市场；2016年，中国市场共销售9万台工业机器人，连续4年位居全球市场首位。制造业的转移、升级是一个追求低成本的过程，由于人工成本的逐年上涨推高了生产成本，工业机器人作为一种新型廉价的仿人脑感知和拟人动作的"数字劳动力"，将在现代制造业和公共服务业的各个领域发挥举足轻重的作用。

工业机器人是一种能自动控制并可重复编程的多功能操作机，在改进生产模式、优化工作环境、提高产品质量、降低运营成本等方面提供了可供选择的方式，赢得了企业的广泛关注。目前，工业机器人广泛应用于搬运、装配、焊接、打磨、涂装等领域，按技术发展等级，可将其划分为三代。第一代计算智能机器人和第二代感知智能机器人的基本工作原理是示教-再现，能够按照编程员预先调教的路径、条件和顺序在一定的精度范围内重复作业，已在汽车制造业、3C制造业、电气机械和器材制造业等行业广泛应用。与第一代工业机器人比较而言，第二代工业机器人配有触觉、视觉、距离等传感器，能够感知自身、外部环境以及作业对象的变化信息并进行实时反馈调整。最具代表性的协作机器人凭借显著的灵活

⊖ Da Vinci S Surgical System 荣获 2006 年度美国"IDEA 铜奖"；Da Vinci Xi Surgical System 荣获 2015 年度美国"IDEA金奖"。

性、可靠性和安全性，助力企业快速实现产线升级改造，满足客户定制化、个性化的增长需求。第三代属于认知智能机器人，通过行为过程的多信息传感进行逻辑推理、自主规划和运动控制，可在非结构化环境下自适应作业，尚处于试验研究阶段。

在市场和政策的双重推动下，工业机器人产业取得了长足发展。但中国机器人产业普遍存在"缺少核心技术、缺少关键零部件、缺少高端产品"的现象。国内工业机器人生产企业多以组装和代加工为主，获得突破的集中在系统集成领域。

思 考 练 习

1. 填空

（1）悉数国际主流的工业机器人产品，基本沿着两个方向在发展：一是模仿人的_____，实现多维灵活运动，在应用上比较典型的是焊接机器人、涂装机器人、加工机器人和装配机器人等；二是模仿人的_____，实现物料或工件的拾取、输送和传递，其典型应用包括搬运作业/上下料机器人。

（2）按照目前技术发展水平，可以将工业机器人分为三代，即_____机器人、_____机器人和_____机器人。

（3）自 2013 年开始，中国已连续多年成为世界工业机器人的最大市场。在如此庞大的机器人消费市场中，代表性的机器人品牌主要是_____、_____和_____三种。

2. 选择

（1）工业机器人一般具有的基本特征是（　　）。

①拟人化；②结构化；③智能化；④灵活性；⑤通用性

A. ①③④　　　　　B. ②③④　　　　　C. ①③⑤　　　　　D. ②③⑤

（2）按机械结构类型，工业机器人可划分为（　　）。

①直角坐标型机器人；②圆柱坐标型机器人；③球坐标型机器人；④关节型机器人；⑤平面关节型机器人；⑥垂直关节型机器人；⑦并联式机器人

A. ①②③④　　　B. ①②③④⑤　　　C. ①②③④⑥　　　D. ①②③④⑦

（3）全球工业机器人行业的"四大家族"企业指的是（　　）。

①日本 Panasonic；②日本 FANUC；③中国 Midea‑KUKA；④日本 OTC；

⑤日本 YASKAWA；⑥日本 Kawasaki；⑦日本 Nachi；⑧瑞士 ABB

A. ①②③⑥　　　B. ②③④⑧　　　C. ②③⑤⑦　　　D. ②③⑤⑧

3. 判断

（1）工业机器人是一种能自动控制，可重复编程，多功能、多自由度的操作机。

（　　）

（2）发展工业机器人的主要目的是在不违背"机器人三原则"前提下，用机器人协助或替代人类从事一些不适合人类甚至超越人类能力的工作，把人类从大量的、繁琐的、重复的、危险的岗位中解放出来，实现生产自动化、柔性化，避免工伤事故和提高生产效率。

（　　）

（3）受市场和政策双重推动，中国工业机器人产业正处于产业发展期，待国内工业机器人生产企业在核心技术、核心零部件等方面取得突破，再逐步由"美国模式"向"日本模式"过渡。

（　　）

第 2 章

Chapter

工业机器人的机械结构和运动控制

工业机器人是面向工业领域的多关节机械臂或多自由度机器，它能够依靠自身动力和控制能力执行多样化的任务。本章将采用工程图形、数据列表与文字融合的表达方式，简明扼要地阐述工业机器人的基本组成、本体结构、性能指标和运动控制等关键性基础知识，旨在为工业机器人的选型、设计、集成以及接下来的任务编程做好铺垫。

【学习目标】

知识目标

1. 熟悉工业机器人的常见技术指标。
2. 掌握工业机器人的机构组成及各部分的功能
3. 了解工业机器人的运动控制。

能力目标

1. 能够正确认识工业机器人的基本组成。
2. 能够正确判别工业机器人的点位运动和连续路径运动。

情感目标

1. 增长见识、激发兴趣。
2. 了解行情、明确担当。

【导入案例】

问诊热情升温的中国机器人产业，治"痛点"需"踏实"良方

"智能制造"大潮下，中国已连续多年稳坐世界最大工业机器人消费国宝座，机器人产业正迎来"百舸争流"时代。据统计，目前国内重点发展机器人产业的省份达 28 个，机器人产业园区达 40 多个，而涉及机器人生产的企业更是超过 800 家，形成了东北、华北、华南以及西南四大自然机器人分布区域。机器人产业在我国迅速发展，大踏步地进入到产业发

展期，在带来进步和荣誉的同时，也带来了一系列"发展中的问题"，首先就是核心技术和核心零部件。以高精密减速器、高性能机器人专用伺服电动机及驱动器、高速高性能控制器为核心的关键部件基本占到工业机器人总成本的 70% ~ 80%，是制约机器人成本降低的主要因素。但目前国内机器人生产企业多是在重复着机器人低级组装和集成业务，处于产业链低端。

目前全球能够提供规模化且性能可靠的高精度机器人减速器的生产企业不多，日本在这方面具有绝对的领先优势。纳博特斯克（Nabtesco）、哈默纳科（Harmonic Drive）以及住友重工（Sumitomo）三家生产的 RV 摆线针轮减速器和谐波齿轮减速器在全球市场占有率超过70%，包括 ABB、Midea - KUKA、FANUC、YASKAWA 等国际一线品牌工业机器人制造商均由它们供货。由于谐波齿轮减速器的结构相对简单，国产谐波齿轮减速器与国外的差距正在缩小，如江苏绿的生产的谐波齿轮减速器已在国产机器人上批量试用。而 RV 摆线针轮减速器的核心难点在于基础工业和工艺，日本纳博特斯克公司从 1980 年初提出 RV 型设计到1986 年 RV 摆线针轮减速器研究才获得实质性突破，共花费了 6 ~ 7 年，国内率先取得研制突破的南通振康和浙江恒丰泰同样花费了 6 ~ 8 年。可见，关键核心技术是买不来且无捷径可走的。

伺服电动机及驱动器（伺服系统）是工业机器人的动力系统，一般安装在机器人的"关节"处。2016 年，国内超过 80% 的机器人专用伺服电动机及驱动器市场被外资品牌占据，主要包括日系的 Panasonic、FANUC、YASKAWA、Mitsubishi 和德系的 Lenze、Beckhoff、Bosch Rexroth 等。以南京埃斯

顿、深圳汇川技术、武汉华中数控等为代表的少数国内企业不断攻克技术瓶颈，加大产品研发和产业化项目的建设，现已初步具备国产机器人专用伺服电动机及驱动器的自主配套能力。

控制器素有机器人"大脑"之称，现已成为决定机器人性能和功能的主要因素。工业机器人的应用领域能从最初的用于组装变速箱扩展到现在的焊接、涂装、装配、贴片、点胶、打磨、抛光、分拣、搬运、码垛、检测等数十个领域，绝大部分靠的是机器人控制系统在架构、控制、规划、工艺流程、人机交互等方面的革新。由于其"神经中枢"的地位，国际主流的机器人制造商都是自行研发控制器，如 ABB IRC5、Midea - KUKA KRC4、FANUC R - 30iB、YASKAWA DX200 等。然而，国内尚未开发出可与市面主流机器人品牌原生系统性能接近的控制器产品。以广州数控、武汉华中数控、南京埃斯顿等为代表的传统生产数控设备的厂商和以深圳固高科技、深圳众为兴、成都卡诺普等为代表的专业从事运动控制的企业相继进行了机器人专用控制器的研发，产品目前仅能满足一些精度、速

度、功能要求不高的场合，与国外的差距体现在核心算法以及功能完善的控制系统软件等方面。

2016年4月，针对上述机器人产业面临的主要瓶颈问题，我国工业和信息化部、发展改革委和财政部联合发布了《机器人产业发展规划（2016—2020年）》。"十三五"期间，国内机器人产业将聚焦"两突破"和"三提升"，实现机器人关键零部件重大突破，机器人用精密减速器、伺服电动机及驱动器、控制器的性能、精度、可靠性达到国外同类产品水平，在六轴及以上工业机器人中实现批量应用，市场占有率达到50%以上。

——资料来源：中国日报、OFweek机器人网、中国机器人网

2.1 工业机器人的基本组成

一般来讲，市面上由机器人生产厂商所直接提供的第一代工业机器人由操作机、控制器、示教盒以及连接线缆构成；第二代、第三代工业机器人还包括环境感知系统和分析决策系统，分别由传感器以及配套软件实现。按细分领域划分，工业机器人主要由控制系统、驱动系统、机械结构系统、机器人本体感知系统、外界环境感知系统和人机交互系统六个子系统构成，如图2-1所示。

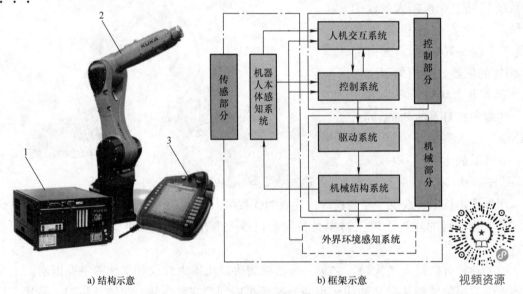

a) 结构示意　　　　　　　　　b) 框架示意　　　　　　视频资源

图2-1　工业机器人的基本组成
1—机器人控制器　2—操作机　3—示教盒

2.1.1 操作机

操作机是机器人执行任务的机械主体，相当于人的肢体，主要由铸铁、铝合金、不锈钢制成，个别情况下也使用碳纤维、尼龙和树脂等复合材料。在工程实际中，操作机也被称为机器人本体、机械臂、机械手等。对于拟人手臂的串联式机器人而言，其本体结构

（图 2-2）主要由机座（机身）、肩部、手臂（包括大臂和小臂）和手腕等部件构成，属于空间铰接开式运动链。机构各构件之间通过"关节"串联起来，从下至上依次为肩关节、肘关节和腕关节，且每个关节均包含一个以上可独立移动/转动的运动轴。其中，肩关节和肘关节运动轴（合称主关节轴）用于支承机器人手腕并确定其空间位置，称为定位机构；而腕关节运动轴（副关节轴）用于支承机器人末端执行器⊖并确定其空间位置和姿态（以下简称位姿），称为定向机构。也就是说，机器人本体可看成是定位机构连接定向机构，其末端执行器的位姿调整由各关节轴的运动合成。

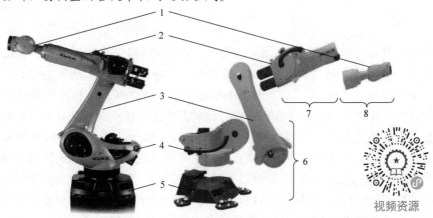

视频资源

图 2-2 串联式机器人本体的机械结构

1—手腕 2—小臂 3—大臂 4—肩部 5—机座 6—肩关节 7—肘关节 8—腕关节

　　串联式机器人的本体结构是一个开放的多自由度运动支链，其所有的运动杆件并未形成一个封闭的结构链，而并联式机器人在结构与性能上恰恰与之构成良好的互补关系。图 2-3 所示为目前医药、食品、3C 行业应用较为广泛的并联式分拣包装机器人，其本体结构主要由动平台、固定平台以及连接二者的数条结构对称、各向同性运动支链组成。每条运动支链包含一个带转动关节的主动臂和一个由平行杆件与球铰构成的平行四边形结构的从动臂。主动臂可在外转动副驱动下摆动，并通过从动臂驱动终端动平台，实现末端执行器在空间 X、Y、Z 三个方向的平动。与串联式机器人相比，并联式机器人的终端动平台由数根平行杆件支承，其结构刚度大、承载能力强且末端惯性小。同时，从动臂可做成碳纤维材质的轻杆，有利于提高机构的动力性能，获得更高的速度和加速度。在实际应用中，为满足包装工

图 2-3 并联式机器人本体的机械结构

1—主动臂 2—固定平台 3—球铰
4—动平台 5—从动臂

艺中转动换向的需求，可在本体中间增添一个转动轴，借助联轴器驱动终端动平台上的法兰旋转。

────────

　⊖ 末端执行器（End Effector）是指为使机器人完成其任务而专门设计并安装在机械接口处的装置。

纵观近几年国际知名机器人制造商推出的产品，工业机器人的本体结构正朝向模块化、可重构化方向发展（业界称之为泛在机器人）。通过重组关节和杆件模块构造机器人本体，国外已有模块化装配机器人产品。此外，人机协作已被看成是下一代工业机器人的必然属性，要求机器人能够与人"和平共处"，共同协作完成任务，这就需要解决机器人本体的轻量化、软性化问题，采用缓冲防护型轻质、软性材料，且整个表面和各个关节光滑、平整，如我国 Midea-KUKA 推出的 LBR iiwa 机器人和欧洲机器人巨头 ABB 研制的 YuMi 机器人等。

2.1.2 控制器

如果将操作机看成是工业机器人的"肢体"，那么控制器（俗称控制柜，是机器人的控制部分）则是工业机器人的"大脑"。作为机器人"学习、分析和判断"的中心，控制器是实现机器人运动控制、过程/流程控制和安全控制等若干硬件以及运行在这些硬件设备上的控制系统和应用软件的集合。在工程实际中，控制器的主要任务是根据作业指令程序以及传感器反馈信息支配机器人本体（操作机）完成规定的动作和功能，并协调机器人与周边设备的信号通信。依据广义体系结构定义或者控制系统的开放程度，机器人控制器可划分为三类，即专用/封闭式控制器、开放式控制器和混合型控制器。它们各自的结构特点见表2-1。目前工业生产中使用的机器人控制器多数是封闭式或混合型控制器，非标准的硬件接口、自定义的通信协议和专用的编程语言给系统集成商以及最终用户带来诸多不变，如系统扩展性差、软件移植性差以及网络功能较弱等，难以满足机器人应用领域不断扩大和智能制造进程不断加快对机器人控制器所提出的可扩展、互操作、可移植、可增减等要求。随着当前计算机、网路通信、图像处理、最优控制、人工智能等其他领域研究和商品化水平的不断提高，使开发开放式体系结构、具有强大通信功能的模块化控制系统成为可能。

表 2-1 工业机器人控制器的结构类型及特点

结构类型	结构特点
封闭式	由开发者或制造商基于自己的独立结构进行设计生产，并采用专用计算机、专用机器人语言、专用操作系统或者专用微处理器。虽然可靠性高，但系统集成商和终端用户难以对系统进行扩展，集成新的硬件或软件模块非常困难，系统功能的升级只能依赖于特定的制造商
开放式	具有模块化的结构和标准的接口协议，其硬件和软件结构完全对外开放，系统集成商以及终端用户可以根据需要进行替换和修改，而不需要依赖开发者或制造商；同时，它的硬件和软件结构能方便地集成外部传感器、功能模块、控制算法、用户界面等
混合型	介于开放式和封闭式之间，其底层的控制功能一般是由制造商提供的，采用基于模块的实现方式，模块内部的结构和实现细节一般不对用户开放或只有限开放，以保护厂商的知识产权和相关利益，但模块会提供各种功能接口，系统集成商以及终端用户可以通过接口对模块的功能和行为特性进行定制，实现多个模块之间的互操作和协同工作。

通过多年机器人控制器开发中获得的专业知识，以及从全球范围内安装的数万台机器人中积累的丰富经验，国际工业机器人标杆厂商瑞士 ABB 自动化技术部基于 40 多年世界领先机器人技术打造的新一代机器人控制器——模块化紧凑型 IRC5 控制器（图2-4），为机器人控制器领域设立了新的标准，也给用户加快过程速度、缩短生产周期、落实更高效的生产理

念带来全新机遇。IRC5 控制器主要由控制模块、驱动模块和过程模块（过程柜）组成，可采取单柜式（控制模块与驱动模块整合在一起）、双柜式（控制模块与驱动模块独立）、单柜式＋过程柜、双柜式＋过程柜等多种组合形式。控制模块作为 IRC5 的心脏，采用 X86 开放式系统架构，运行 VxWorks 系统，负责机器人运动规划、外部通信、参数配置等上层任务，同时指挥四个驱动模块，控制多达 4 台机器人和总计 36 个伺服驱动关节轴的运动。若需增加机器人的数量，只需为每台新增机器人配备一个驱动模块（一个驱动模块最多包含 9 个伺服驱动单元，可处理 6 个机器人本体轴及 3 个外部轴），可选增一个过程模块以容纳定制设备和接口，如点焊、弧焊和涂胶等。各模块间只需要两根连接电缆（最大连接距离 75m），一根为安全信号传输电缆，另一根为以太网连接电缆，供模块间通信使用。另外，主控制计算机的 PCI（周边元件接口）扩展槽中可以安装几乎任何常见类型的现场总线板卡，包括满足 ODVA（开放式设备网络供应商协会）标准可使用众多第三方装置的单信道 DeviceNet，支持最高速率为 12Mbp/s 的双信道 PROFIBUS – DP 以及可使用铜线和光纤接口的双信道 INTERBUS。这一模块化、积木式的控制器解决方案可轻松整合类型不同、尺寸各异的机器人，实现复杂的多机器人协调运行模式，易于满足用户各种不断变化的使用需求。

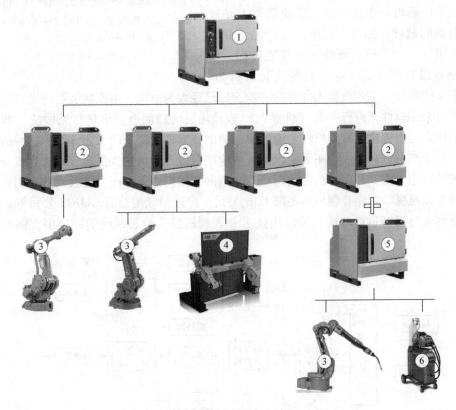

图 2-4　模块化紧凑型 IRC5 控制器

①—控制模块　②—驱动模块　③—机器人本体轴　④—外部轴　⑤—过程模块　⑥—周边设备

随着微电子技术的发展，同时出于节约占地面积的考虑，工业机器人一般使用整合型单柜控制器（图 2-5），其硬件包括电源模块、主控制计算机、轴控制计算机、伺服驱动模块以及支持多种现场总线技术的输入/输出连接端口等。与大多数机器人控制器采用的分层结构相同，IRC5控制器采用的是基于功能划分的两级计算机控制（图2-6），第一级为主控制级，第二级为伺服控制级。主控制计算机负责完成从作业任务、路径规划、插补指令到关节轴运动之间的全部运算，以及系统运行期间的过程/流程控制、安全控制（如速度限制、力矩限制、空间限位等）、状态监控和互联设备间通信等；伺服控制系统（伺服控制器和伺服驱动器）是执行计算机，负责插补细分以及伺服电动机的优化控制，在接收主控制计算机送来的各关节轴下一步期望值后，它再做一次均匀细分（平滑运动过程），然后按照各关节轴下一细步的期望值驱动伺服电动机，同时检测光电码盘信号，直至电动机准确到位。

图2-5 IRC5控制器的内部构造
1—操作面板 2—电源模块 3—主控制计算机
4—轴控制计算机 5—安全保护回路 6—PLC（可编程序控制器）模块 7—操作机连接接口（盖板下面）
8—伺服驱动模块（盖板下面）
9—示教盒及用户连接端口

类似于计算机和手机产品，工业机器人是一种非常典型的软硬件结合、机电一体产品。此类产品通常遵循一个原则：硬件决定性能边界，软件发挥硬件性能并定义产品（机器人）的行为。经过几十年的发展，工业机器人硬件的进步速度已经大为减缓，主流制造商的硬件配置基本相同，此时采用软件来进行产品（机器人）差异化发展并创造价值是常见做法，即机器人控制器的研究已由硬件过渡到软件。通过使用新的技术、研究新的工艺，不少优秀的应用软件公司在某个细分方向上成功拓展了机器人的应用范围。目前这些公司有的独立成长为某个工艺领域的应用专家，利用与机器人制造商定制的专用机器人搭配自己独到的应用软件包在细分领域独领风骚，如涂装领域的德国Dürr公司，焊接领域的德国CLOOS公司等；有的则成功被机器人整机制造商收购，其应用技术并入到机器人控制系统的框架中。例如，基于

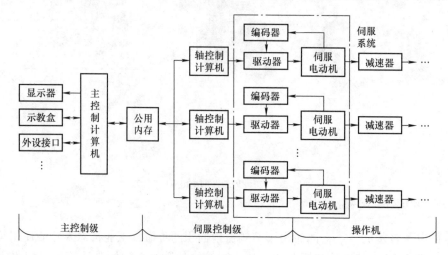

图2-6 IRC5控制器的两级分布式控制架构

VxWorks 实时操作系统和 . Net Framework 的软件开发平台，瑞士 ABB 机器人公司成功开发出以 TrueMove™、QuickMove™和 MultiMove™（图 2-7）为代表的世界顶级运动控制技术。TrueMove™能够确保机器人在不同速度下始终按照编程路径运动（路径偏移量 <1mm）；QuickMove™可使机器人以最佳的加速方式实现最短的运动节拍；MultiMove™可确保位于同一工作单元的 4 台机器人协同运行。

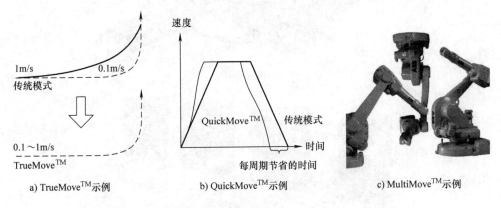

a) TrueMove™示例　　b) QuickMove™示例　　c) MultiMove™示例

图 2-7　IRC5 控制器的运动控制技术

2.1.3　示教盒

示教盒又称为示教编程器、示教器（Teach Pendant，TP），可由机器人作业人员（如操作员、编程员等）手持移动。作为机器人的人机交互接口，工业机器人的手动控制、程序编辑、参数修改以及状态监视等操作基本都是通过示教盒来完成的，这也使得它成为机器人系统中操作频繁的装置。目前，对于机器人示教盒的设计和研究，国际上暂无统一标准，已投入市场的各类示教盒都是由不同的机器人制造商、科研机构等自行研发设计的。例如，瑞士 ABB 机器人配备的 FlexPendant、我国 Midea – KUKA 机器人配备的 smartPAD、日本 FANUC 机器人配备的 iPendant、意大利 COMAU 机器人配备的 WiTP 等，它们都属于品牌专用，基本功能大同小异，但又各有所长。ABB 的 FlexPendant 示教盒（图 2-8a）采用 ARM 处理器作为主处理器单元，运行 WindowsCE 系统，通过以太网与机器人控制器连接通信，参数和指令使用 TCP/IP 协议传输，程序文件则使用 FTP 协议传输，且配备一个高清、无反射、大尺寸液晶触摸屏，可用手指或指示笔进行操作，无需外部鼠标和键盘，能够为编程员提供舒适、快捷、安全和方便的人机交互界面（HMI）；同是有线示教盒，Midea – KUKA 的 smartPAD 示教盒可使用远程桌面登录机器人控制器来访问 HMI，并使用 EtherCATFSoE 传输安全信号，可以减少接线和安全配件，提高可靠性；而 COMAU 的无缆示教盒 WiTP（图 2-8b）与机器人控制器之间的连接采用的是其专利技术——"配对 – 解配对"安全程序，只需在每个配备无线局域网（WLAN 或 Wi – Fi）的机器人控制器 C4G 上执行这一安全"热插拔"程序，即可实现一个机器人示教盒控制多个设备单元，或者多个编程员共同控制同一个设备，不再考虑线缆的铺设问题，同时还可提高编程员在控制区域内的灵活性（信号可达距离约 100m）。

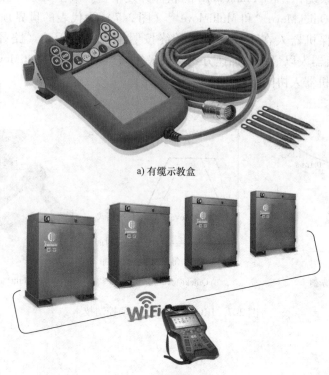

a) 有缆示教盒

b) 无缆示教盒

图2-8 工业机器人示教盒

目前在生产中应用的工业机器人基本属于第一代或第二代工业机器人，需要借助示教盒来完成机器人的任务编程（图2-9）。实际操作时，当编程员点按机器人示教盒（客户端）上的按键或触屏，示教盒通过线缆或 WLAN 将机器人参数信息以及作业任务请求等传递给机器人控制器（服务器）；控制器的通信模块在接收消息请求后，首先由数据解析模块分析判断参数或指令功能，然后根据解析结果经由主控制计算机进行路径规划、算法调用和逻辑控制等，求解机器人各关节轴的转动角度和 I/O 输出值，并分发给各二级伺服控制单元和 I/O 模块；伺服控制系统再通过插补运算得到各个插补周期内的运动参数，最终控制机器人各关节轴运动至期望的位姿。同时，控制器将运动过程中机器人各关节轴的位姿、系统状态和错误信息等传输给示教盒。编程员通过示教盒控制任务程序的运行，从而实现机器人的示教－再现操作。

为便于编程员直观、简单、快速并有效地工作，工业机器人示教盒的发展方向是集示教、显示、调试、仿真等多功能于一体的专用智能终端，外观上更小、更为轻便（质量≤1kg），操作系统尽量采用嵌入式系统取代单片机（扩展方便、通信稳定、开放性好），操作方式以触屏代替按键进行交互式感知输入（仅对重要按键予以保留），通信方式尽量采用性能更好、更稳定的以太网，未来更是向着无线通信技术发展。

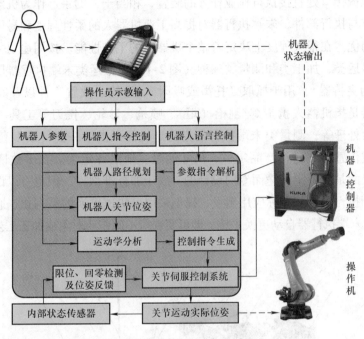

图 2-9　工业机器人任务编程

　　需要特别强调的是，工业机器人作为一种通用性较强的自动化标准装备，其作用发挥是否得当，关键在于工业机器人的系统集成[⊖]。图 2-10 所示为集成了机器人底座、回转变位机、雕刻电动轴以及雕刻软件包的机器人雕刻系统，适用于轻质材料的切削、磨削、钻孔加工，以及木材、尼龙、复合材料的产品造型等；图 2-11 所示则是集成了焊接电源、送丝装置、焊枪、铝模板工装、焊接烟尘净化器、清枪剪丝装置等硬件以及焊接软件包的机器人焊接系统，适用于批量下料精度在 0.5mm 左右的碳钢、不锈钢、铝合金等金属薄板材料的焊接。可见，机器人在制造领域的推广应用实则是"标准设备"融入"非标准设备"的过程，这

图 2-10　机器人雕刻系统
1—末端执行器支架　2—雕刻电动轴（末端执行器）
3—操作机　4—回转变位机（周边设备）
5—操作面板　6—机器人控制器＋示教盒

需要解决机器人与工艺设备、工装夹具、物料输送装置等周边设备的集成与通信控制，以及系统的功能分布和任务并行等问题。以末端执行器（End Effector）的集成为例，它是安装

⊖　工业机器人系统是由（多）工业机器人、（多）末端执行器和为使机器人完成其任务所需的任何机械、设备、装置、外部辅助轴或传感器构成的系统；而集成则是将工业机器人和其他设备或另一个机器（含其他工业机器人）组合成能完成如零部件生产的有益工作的机器系统。

在机器人手腕机械接口处直接执行作业任务的装置，相当于人的手。作为机器人与环境相互作用的最后环节与执行部件，末端执行器对提高工业机器人的柔性程度和易用性有着重要的作用，其性能的优劣在很大程度上决定着整个机器人的工作性能。按用途划分，机器人末端执行器可分为搬运类、加工类和测量类三种（图2-12）。搬运类末端执行器是指各种夹持装置（习惯上称为夹持器），用于抓取（托举或吸附）、运输、放置工件以及其他物料等；加工类末端执行器是指机器人携带焊/割枪（炬）、喷枪、砂轮、铣刀等工具，用于多样性的成形加工和表面处理等；测量类末端执行器指的是机器人携带一套（或多套）传感器（接触式、非接触式传感器）进行产品定位、尺寸测量、缺陷评定等。在多数情况下，末端执行器的结构、尺寸是为特定用途而专门设计的，属于非标准部件，但也可以设计成通用性较强的多用途末端执行器。从实际应用出发，提倡采用可快速更换的系列化、通用化机器人末端执行器，配合末端执行器自动更换系统，即可实现对不同作业对象或加工工艺的快速切换。

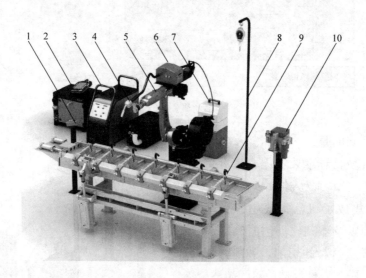

图 2-11　机器人焊接系统

1—操作面板　2—机器人控制器+示教盒　3—焊接电源　4—焊枪（末端执行器）　5—操作机　6—送丝装置
7—焊接烟尘净化器（周边设备）　8—平衡器（周边设备）　9—铝模板工装（周边设备）　10—清枪剪丝装置（周边设备）

a) 搬运类　　　　　　　　b) 加工类　　　　　　　　c) 测量类

图 2-12　工业机器人末端执行器

图 2-13 所示为由德国 BINZEL 研制的焊接机器人枪颈自动更换系统 ATS – Rotor，类似加工中心的刀库，该系统配置有 5 个可更换枪颈（可使用不同熔焊枪颈备件），根据焊接作业情况或焊接效果，机器人可循环接近 ATS – Rotor 系统，以更换成不同的枪颈或重新加工后的枪颈。仅当所有 5 个可换枪颈全部用完后，才有必要对机器人焊接单元实施人工干预，给 ATS – Rotor 重新配备枪颈。由于是在机器人系统（或单元）外更换枪颈上的备件和易损件，此时机器人仍可以继续生产，这意味着工厂设备的利用率得到提高。

图 2-13　焊接机器人枪颈自动更换系统 ATS – Rotor

2.2　工业机器人的性能指标

如今，机器人制造商已研发出适用于各种应用的工业机器人产品。对于系统集成商和最终用户而言，如何在"琳琅满目"的产品中选择一款合适的机器人？又如何评价其性能优劣呢？表 2-2 所列是全球工业机器人"四大家族"热销产品的主要性能指标。由表 2-2 可知，机器人的自由度（轴数）、负载、速度、精度等指标参数可以反映出工业机器人的性能优劣和适用范围，它们是构建以智能制造为根本特征的工业机器人系统解决方案的核心指标，也是后期系统安装调试以及编程维护的基本依据。国家标准 GB/T 14283—2008 规定了点焊机器人应具备的 14 项性能指标，GB/T 20722—2006 规定了激光加工机器人应具备的 25 项性能指标，GB/T 20723—2006 规定了弧焊机器人应具备的 20 项性能指标，GB/T 26154—2010 规定了装配机器人应具备的 21 项性能指标……。也就是说，工业机器人的应用领域不同，其主要技术性能和参数也不尽相同。不过，关键性能指标一般包括下列几项：自由度（轴数）、工作空间、额定负载、位姿准确度及重复性、各轴运动范围和各轴动作范围（最大单轴速度）。

（1）自由度（Degree of Freedom，DOF）　自由度是用于确定物体在空间中独立运动的变量（最大数为 6）。机器人的自由度是指机器人所具有的独立坐标轴运动的数目，不包括末端执行器的自由度，它是度量机器人动作灵活的尺度。对于拟人手臂的工业机器人而言，其机械臂每个关节轴一般仅有一个自由度，所以机器人的自由度等于它的关节轴数。通常来讲，自由度（轴数）越多，机器人的动作越灵活，但其机械结构与运动控制也会变得越复杂。如果只是进行一些简单的搬运操作，如在传送带之间拾取、放置零件，那么 3 轴直角坐标型机器人或 4 轴关节型机器人就足以胜任；而如果机器人需要在一个狭小的空间内工作，而且机械臂需要扭曲反转，6 ~ 7 轴垂直关节型机器人是最好的选择。可见，机器人关节轴的数量选择应视其应用而定。需要注意的是，自由度（轴数）多一点并不只为灵活性。事实上，如果想调整机器人的应用领域，可能会需要更多的关节轴，正所谓"'轴'到用时方恨少"。不过轴多也有缺点，假设一个 6 轴工业机器人只需要其中的 4 轴，编程员仍要为剩下的 2 个轴编程。

表2-2　全球工业机器人"四大家族"热销产品的主要性能指标

FANUC M－10iA/7L	坐标型式	垂直关节型	各轴动作范围（最大单轴速度）	J1 axis	340°（230°/s）
	自由度（轴数）	6 自由度（6 轴）		J2 axis	250°（225°/s）
	额定负载	7kg		J3 axis	447°（230°/s）
	位姿重复性	±0.08 mm		J4 axis	380°（430°/s）
	工作半径	1633mm		J5 axis	380°（430°/s）
	安装方式	落地式、悬挂式		J6 axis	720°（630°/s）
YASKAWA－Motoman MA1440	坐标型式	垂直关节型	各轴动作范围（最大单轴速度）	S－axis	340°（230°/s）
	自由度（轴数）	6 自由度（6 轴）		L－axis	245°（200°/s）
	额定负载	6kg		U－axis	415°（230°/s）
	位姿重复性	±0.08 mm		R－axis	300°（430°/s）
	工作半径	1440mm		B－axis	225°（430°/s）
	安装方式	落地式、悬挂式		T－axis	420°（630°/s）
ABB IRB 1520ID－4/1.5	坐标型式	垂直关节型	各轴动作范围（最大单轴速度）	Axis 1	340°（130°/s）
	自由度（轴数）	6 自由度（6 轴）		Axis 2	240°（140°/s）
	额定负载	4kg		Axis 3	180°（140°/s）
	位姿重复性	±0.05mm		Axis 4	310°（320°/s）
	工作半径	1500mm		Axis 5	225°（380°/s）
	安装方式	落地式、悬挂式		Axis 6	400°（460°/s）
Midea－KUKA KR 5 arc HW	坐标型式	垂直关节型	各轴动作范围（最大单轴速度）	Axis 1	310°（156°/s）
	自由度（轴数）	6 自由度（6 轴）		Axis 2	245°（156°/s）
	额定负载	5kg		Axis 3	280°（227°/s）
	位姿重复性	±0.04mm		Axis 4	330°（390°/s）
	工作半径	1423mm		Axis 5	280°（390°/s）
	安装方式	落地式、悬挂式		Axis 6	720°（858°/s）

（2）工作空间（Working Space）　工作空间是机器人工作时，其手腕参考点[⊖]所能掠过的空间（常用图形表示），不包括末端执行器和工件运动时所能掠过的空间。它是由手腕各关节平移或旋转的区域附加于该手腕参考点的，直接决定了机器人动作的可达性。一般而言，机器人的工作空间与其本体型综合及几何尺寸参数相关，但小于本体所有活动构件所能掠过的最大空间。直角坐标型机器人的机械臂可沿三个直角坐标轴移动，其工作空间为长方体（图2-14a）；圆柱坐标型机器人和平面关节型机器人的机械臂可做回转、升降和伸缩动作，其工作空间近似圆柱体（图2-14b 和图2-14c）；球坐标型机器人的机械臂能实现回转、俯仰和伸缩，其工作空间为球面的一部分（图2-14d）；垂直关节型机器人的机械臂有多个转动关节，可模拟手臂的回转、俯仰、伸缩和手腕的转动、摆动、回转等动作，其工作空间

⊖　手腕参考点，也称为手腕中心点、手腕原点，手腕中两根最内侧副关节轴（即最靠近主关节轴的两根）的交点；若无此交点，可在手腕最内侧副关节轴上指定一点。

近似一个球体（图2-14e）；而并联式机器人的工作空间不足半个球面（图2-14f），空间体积明显小于其他类型机器人。可见，垂直关节型机器人能以最小的几何尺寸参数获取最大的工作空间，这也是6轴通用型关节机器人在制造业得到广泛应用的主要原因。目前，"四大家族"生产的6轴垂直多关节机器人的最大水平运动范围（工作半径，机器人手腕参考点水平到达的最远点与机器人机座中心线之间的距离）可达3500～4700mm；最大垂直运动范围（机器人手腕参考点到达的最低点与最高点之间的距离）可达4200～6500mm。机器人制造商也会根据产品应用领域的不同而为同型号的机器人提供不同的动作范围，如日本FANUC机器人公司针对某些特定的应用场合，通过延长机械杆件尺寸以及限制各关节轴的动作范围（通常以"°"为单位）等途径，增大机器人的工作空间。

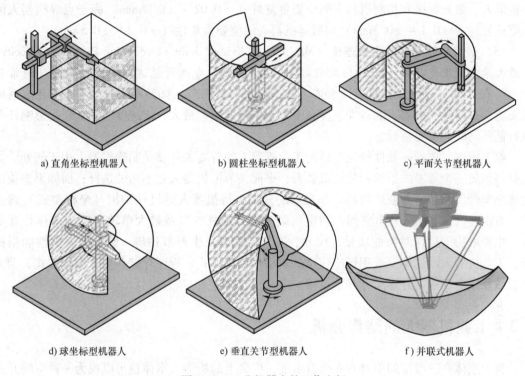

a) 直角坐标型机器人   b) 圆柱坐标型机器人   c) 平面关节型机器人

d) 球坐标型机器人   e) 垂直关节型机器人   f) 并联式机器人

图2-14　工业机器人的工作空间

(3) 额定负载（Rated Load）　额定负载是正常操作条件下，作用于机器人末端机械接口或移动平台，且不会使机器人性能降低的最大载荷，包括末端执行器、附件、工件的惯性作用力。这个参数的选择也取决于机器人的应用。例如，企业使用机器人完成毛坯件和成品件的上下料任务，在选择机器人的额定负载时，就需要将零件的质量和末端执行器（夹持器）的质量一并计算在内。据统计，垂直多关节机器人的额定负载范围为0.5～2300kg，而全球能生产额定负载超过500kg的重载型机器人的公司寥寥无几，瑞士ABB的IRB 7600-500六轴垂直多关节机器人的额定负载为500kg；日本YASKAWA的MPL800四轴垂直多关节机器人的额定负载为800kg；我国Midea-KUKA的KR 1000 titan六轴垂直多关节机器人的额定负载为1300kg；日本FANUC的M-2000iA/2300六轴垂直多关节机器人的额定负载为2300kg。

（4）位姿准确度及重复性（Pose Accuracy and Repeatability） 机器人的运动精度指标较多，包括位姿准确度、位姿重复性、路径准确度[⊖]、路径重复性[⊖]等。其中，位姿准确度是指从同一方向趋近指令位姿时，指令位姿和实到位姿均值间的差值；而位姿重复性指的是从同一方向重复趋近同一指令位姿时，实到位姿散布的不一致程度。按照当前的技术水平，工业机器人具有位姿准确度较低、位姿重复性较高的特点（两者相差 1~2 个数量级），其主要原因在于控制对象数学模型（运动学及动力学模型）与实际物理模型存在不可避免的差异。鉴于实际应用中的工业机器人属于第一代和第二代工业机器人，需要编程员进行任务编程后再执行操作，所以机器人制造商所提供的产品技术参数中基本只列出了位姿重复性指标。经统计发现，垂直多关节机器人的位姿重复性为 ±0.01~±0.5mm。从应用领域看，弧焊机器人、激光焊接和切割机器人的位姿重复性（±0.02~±0.08mm）高于点焊机器人的位姿重复性（±0.1~±0.3mm）和搬运机器人的位姿重复性（±0.2~±0.5mm）。

（5）最大单轴速度及合成速度（Maximum Individual Joint Velocity and Resultant Velocity） 最大单轴速度是指单个关节轴运动时，机器人手腕参考点所能达到的最大速度（通常用"°/s"表示）；而最大合成速度是指在各关节轴联动情况下，机器人手腕参考点所能达到的最大速度。通常，机器人的运动速度介于最大单轴速度和最大合成速度之间，它是影响任务执行循环时间的重要指标。

综上所述，选择一款性价比合适的工业机器人的首要条件就是明确机器人用于何处。如果只是想要一个紧凑的拾取和放置机器人，平面关节型机器人是不错的选择；而如果想快速放置小型轻质物品，并联式机器人是最好的选择。待机器人的机械结构（坐标型式）确定后，自由度（轴数）、工作空间、额定负载、位姿重复性以及最大单轴速度的选择相互关联，主要取决于操作对象的质量、尺寸、工艺流程以及生产节拍等。除上述五项性能指标外，工业机器人的选型及应用还应注意基本动作控制方式、程序存储容量、编程方式、动力源参数及耗电功率、外形尺寸和重量等。

2.3 工业机器人的结构分析

自由刚体在三维空间中具有 6 个自由度，广义上的机器人本体也可以视为一种空间开式或闭式运动链杆件机构，所以机器人要完成任一空间作业，同样需要 3 个自由度完成空间定位（手臂的定位功能）和 3 个自由度调整空间姿态（手腕的定向功能）。不过，不论是确定空间位置的自由度，还是调整空间姿态的自由度，以上自由度的构成方法繁多，这就需要根据目标作业的要求等准则来决定有效的自由度组合。

2.3.1 关节的基本构型

工业机器人本体是由一系列杆件和连接它们的转动或移动关节（运动副）构成的。表2-3 列出了常见的 1~3 个自由度工业机器人关节（运动副），包括移动副、转动副、螺旋副、圆柱副、球销副和球面副等。

⊖ 路径准确度（Path Accuracy）是指令路径和实到路径均值间的差值。

⊖ 路径重复性（Path Repeatability）是对于同一指令路径，多次实到路径间的不一致程度。

表 2-3　常见的 1~3 个自由度工业机器人关节（运动副）

自由度	关节名称	图形符号	自由度	关节名称	图形符号
1 个 自由度	移动副 （棱柱副、P 副）		2 个 自由度	圆柱副 （C 副）	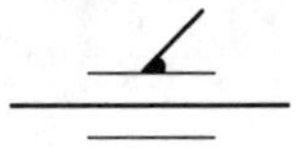
	转动副 （回转副、R 副）	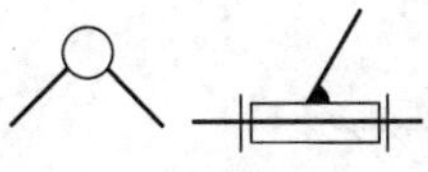		球销副 （U 副）	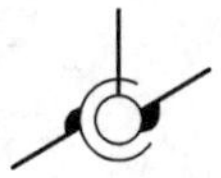
	螺旋副 （H 副）	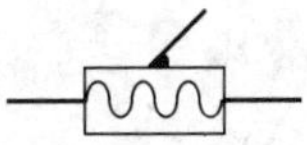	3 个 自由度	球面副 （球铰、S 副）	

在实际操作中，机器人搬运、码垛、上下料等作业主要是将工件或物料从一个位置转运至另一个位置，为此，工业机器人本体的结构一般至少具有 3 个自由度。若考虑不同关节（运动副）自由度的组合，即使是相同的 3 个自由度，机器人关节的构型也有多种。具有代表性的 3 自由度关节（运动副）组合如图 2-15 所示，从图中可以看出，直角坐标型机器人（图 2-15a）由三个轴线相互垂直的单自由度移动副（3 - PPP）构成；圆柱坐标型机器人（图 2-15b）由一个单自由度回转副和两个轴线相互垂直的单自由度移动副（3 - RPP）构成；球坐标型机器人（图 2-15c）则由两个轴线相互垂直的单自由度转动副和一个单自由度移动副（3 - RRP）组合而成；关节型机器人（图 2-15d~图 2-15f）的机械臂多数由单自由度转动副组合。例如，对于机器人焊接、涂装、打磨、抛光、点胶、装配、检测等作业，不仅要求能够将末端操持工具送至预定位置，还可以根据需要改变工具的姿态，此时，机器人本体应有类似人的手腕动作功能的 1~3 个自由度。球形关节（球面副）是可以向任意方向动作的 3 自由度关节（运动副），它能方便地确定适应于作业的姿态。然而，由于驱动器的限制，通常是把 3 个单自由度关节（运动副）串联起来，以实现球形关节（球面副）的功能。图 2-15e 所示为垂直关节型机器人普遍采用的 3 自由度组合手腕，其三个关节轴线相互垂直并交于一点。在理论上，这种手腕可以达到任意的姿态，但由于关节轴的运动范围受到结构的限制，实际运动中并非能实现任意的姿态。

2.3.2　关节的驱动装置

为了让机器人的执行机构——操作机能够产生动作，这就需要给机器人本体的每个关节（轴）安装动力驱动装置。按动力源的类型划分，工业机器人关节的驱动主要分为液压驱动、气压驱动和电驱动三种（表 2-4）。目前，用电驱动器（包括步进电动机和直流/交流伺服电动机，如图 2-16 所示）驱动是现代工业机器人的一种主流驱动方式，且大都采用一个关节轴一个驱动器。伺服电动机是一种能够对角位置进行精确控制的旋转执行器，一般由电动机和耦合到电动机上用于位置反馈的传感器（编码器，可参见本章的知识拓展部分）以及用于锁定位置的保持制动器（又称为抱闸装置，在不通电的情况下，通过合上抱闸锁定

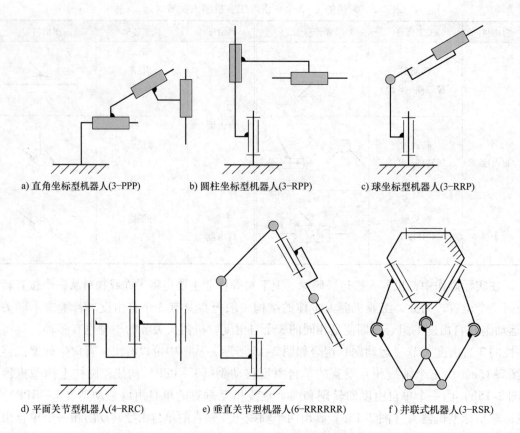

图 2-15 工业机器人的关节构型

表 2-4 工业机器人关节的驱动装置

驱动方式	驱动特点	适用场合
液压驱动	具有动力性能好、力（或力矩）与惯量比大、响应快速、易于实现直接驱动等特点，但液压系统需进行能量转换（电能转换成液压能），速度控制多数情况下采用节流调速，效率比电驱动系统低，且液压系统的油液泄漏会对环境产生污染，工作噪声也较大	适于承载能力大（100kg 以上）、惯量大以及在防爆环境下工作的机器人，如搬运/码垛机器人
气压驱动	具有速度快、系统结构简单、维修方便、价格低等优点，但气压装置的工作压强较低，不易精确定位	一般用于机器人末端执行器的驱动，如夹持器
电驱动	具有体积小、质量轻、响应快、效率高、速度变化范围大、易于控制和精确定位等特点，但维修使用较复杂，通常为获得较大的力和力矩，需使用减速器进行间接驱动	直流伺服电动机和交流伺服电动机采用闭环控制，一般用于高精度、高速度的机器人驱动，如串联式机器人和并联式机器人；步进电动机一般采用开环控制，用于精度和速度要求不高的场合，多用于机器人周边设备驱动，如变位机

电动机主轴，保证机器人各关节轴不因受到重力而跌落）组成。而伺服驱动器（伺服放大器）用于配置伺服系统参数和控制伺服电动机转动，它接受控制系统发出的指令信号，并利用反馈传感器（编码器）来精确控制伺服电动机的位置、速度和输出转矩，这就是伺服系统的闭环控制。交流伺服电动机较直流伺服电动机的功率更大，无需电刷，在第一代计算智能工业机器人中应用最为广泛。

视频资源

图 2-16 交流伺服电动机及驱动器
1—伺服驱动器 2—编码器 3—交流伺服电动机 4—保持制动器

随着机构驱动技术的进步，近年来直接驱动解决方案可以输出更高的负载加速、更低的功耗并降低系统惯量。直接驱动技术的概念，涉及替换传统伺服电动机的某种形式的机械传动装置，如齿轮箱、同步带和带轮。直流无框力矩电动机（图 2-17）是一种特殊类型的永磁无刷同步电动机，无外壳、轴承和测量系统。该型电动机采用的是分装式环形超薄结构，定子不采用齿形叠片设计，而是由光滑的圆筒形的叠片构成；转子由多极稀土永磁磁极和环形空心轴构成。由于负载直接连接转子，不需要任何传动件，因此力矩电动机属于直接驱动技术范畴。通过使用机械设备本身的轴承支承转子，力矩电动机可以直接嵌入设备中，尤其适于对空间尺寸、重量要求严格的应用场合，在轻量级协作机器人中应用较多。采用空心轴结构可以较好的解决工业机器人的管线布局问题，机器人各种管线（如驱动线、编码器线、制动线、气管、电磁阀控制线、传感器线等）可以从电动机中心直接穿过，无论关节轴怎么旋转，管线不会随之转动，即使是转动，由于管线布置在转动轴

图 2-17 直流无框力矩电动机

线上，所以具有最小的旋转半径。此外，与传统电动机不同，力矩电动机的规格主要取决于转矩而不是功率。力矩电动机运行平稳、无噪声，在适当的传感器和驱动器配合下，能实现超高定位精度和超低速伺服运行。

2.3.3 关节的传动装置

如上所述，工业机器人各关节的受控运动可由力矩电动机直接驱动（如协作机器人），或是通过同步带、钢丝绳、滚珠丝杠、平行连杆、行星轮系等机械传动装置进行间接驱动

48

（图2-18）。目前，采用电驱动的工业机器人
动力传动核心部件是精密减速器，它是利用
齿轮的速度转换器，将电动机的转动数减速
到所要的转动数，并得到较大转矩的动力传
动装置。概括来讲，传统工业机器人普遍采
用的精密减速器主要是RV摆线针轮减速器和
谐波齿轮减速器。从实际安装位置来看，一
般将RV摆线针轮减速器安装在肩关节和肘关
节等承载能力较大的部位（20kg以上），而将
谐波齿轮减速器安装在腕关节等承载能力较
小的部位（20kg以下）。

（1）谐波齿轮减速器 谐波齿轮传动
（图2-19）主要由三个基本构件组成，即一个
有内齿的刚轮、一个工作时可产生径向弹性
变形并带有外齿的柔轮和一个装在柔轮内部
呈椭圆形且外圈带有柔性滚动轴承的波发生
器。三个构件中可任意固定一个，其余两个

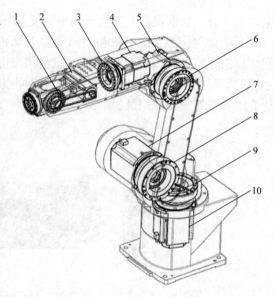

图2-18 工业机器人关节的驱动和传动装置
1—带传动 2、4、5、7、10—伺服电动机
3、6、8、9—RV摆线针轮减速器

一为主动构件，一为从动构件。谐波齿轮传动作为减速器使用时，通常采用刚轮固定、波发
生器主动（输入）和柔轮从动（输出）的形式，其应用金属弹性力学的独特工作原理如图
2-20所示。由图可知，柔轮在椭圆形的波发生器作用下产生变形，处在波发生器长轴两端
处的柔轮轮齿与刚轮轮齿完全啮合；此时，处在波发生器短轴两端处的柔轮轮齿与刚轮轮齿
完全脱开，圆周上其他区段的柔轮轮齿与刚轮轮齿则处于啮合和脱离的过渡状态（不完全
啮合状态）。当波发生器沿某一方向连续转动时，柔轮的变形持续改变，使得柔轮圆周上的
轮齿与刚轮轮齿啮合状态随之改变，啮入、完全啮合、啮出、完全脱开、再啮入……，不断
循环，产生所谓的错齿运动，从而实现主动波发生器与柔轮的运动传递。由于柔轮的外齿数
比刚轮的内齿数少几个（一般为2个），当波发生器转动一周时，柔轮沿与波发生器相反的
方向仅转动几个齿的角度，所以能够实现大的减速比（单级谐波齿轮减速比可达30~500）。
与一般齿轮传动相比，谐波齿轮传动具有体积小、重量轻、减速比大、传动平稳、传动精度

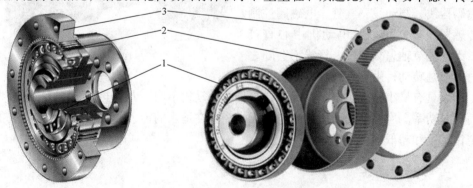

图2-19 谐波齿轮减速器的基本构造
1—波发生器 2—柔轮 3—刚轮

高和回差小等特点，在机器人关节传动中应用较为普遍，多作为机器人腕关节的减速与传动机构。目前，全球用于工业机器人本体制造的谐波齿轮减速器主要来自日本 Harmonic Drive（哈默纳科），其产品销量占据全球市场份额的 15% 左右。国内暂时还没有能够提供规模化且性能稳定可靠精密减速器的生产企业，一些企业虽推出相对成熟的谐波齿轮减速器产品，但在输入转速、扭转刚度、传动精度和效率等方面与日系产品仍存在较大差距。

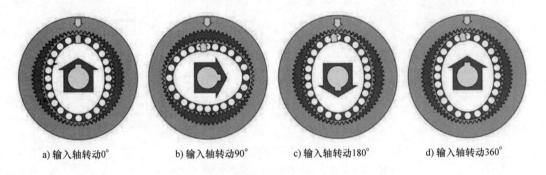

a) 输入轴转动0°　　b) 输入轴转动90°　　c) 输入轴转动180°　　d) 输入轴转动360°

图 2-20　谐波齿轮减速器的工作原理

（2）RV 摆线针轮减速器　与谐波齿轮一级传动机构不同，RV 摆线针轮减速器（图 2-21）是两级减速机构，它由一级（圆柱齿轮）行星轮系减速机构再串联一级摆线针轮减速机构组合而成，主要零部件包括太阳轮（中心轮）、行星轮、曲柄轴（转臂）、摆线轮（RV 齿轮）、销和外壳等。RV 摆线针轮减速器的工作原理如图 2-22 所示。当固定外壳转动输入轴，输入轴的转动通过轴上的齿轮（太阳轮）传递给周向分布的 2～3 个行星轮，并按齿数比进行减速；同时，每个行星轮连接一个双向偏心轴（曲柄轴），后者再带动两个径向对置的 RV 摆线齿轮在有内齿的固定外壳上滚动。由于外壳内侧仅比 RV 齿轮的齿数多一个针齿，此时，如果曲柄轴转动一周，则 RV 齿轮就会沿与曲柄轴相反的方向转动一个齿。这个转动由 RV 齿轮再通过周向分布的 2～3 个非圆柱销轴传递到盘式输出轴。与谐波齿轮减速器相比，RV 摆线针轮减速器除具有相同的减速比大、传动精度高、同轴线传动、结构紧凑等特点外，最显著的特点是刚性好、转动惯量小。以日本企业生产的机器人谐波齿轮减速器和 RV 摆线针轮减速器进行比较，在相同的输出转矩、转速和减速比条件下，两者的体积几乎相等，但后者的传动刚度高出前者 2～6 倍。折算到输入轴上，后者的转动惯量要小一个数量级以上，但重量却仅增加 1～3 倍。由于高刚度、小转动惯量和较大的重量，使得 RV 摆线针轮减速器特别适用于机器人的前三级转动关节（肩关节和肘关节），这时大的自重可由臂部、肩部传递到机身（机座）上，高刚度和小转动惯量可得到充分发挥，进而减小振动、提高响应速度并降低能耗。目前，全球用于工业机器人本体制造的 RV 摆线针轮减速器主要来自日本 Nabtesco（纳博特斯克），其产品销量占据全球市场份额的 60% 左右。国内目前做得比较好的有南通振康、浙江恒丰泰和昆山光腾智能，山东帅克也在积极追赶。与国外同类产品相比，国产 RV 摆线针轮减速器仍存在精度差、寿命短和质量不稳定等技术差距。

50

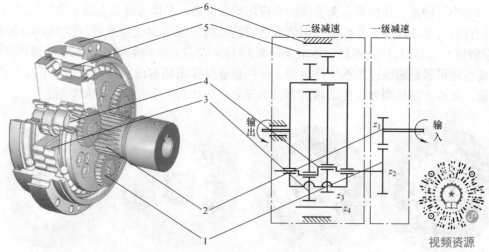

图 2-21 RV 摆线针轮减速器的基本构造

1—行星轮 2—太阳轮 3—摆线轮 4—曲柄轴 5—销 6—外壳

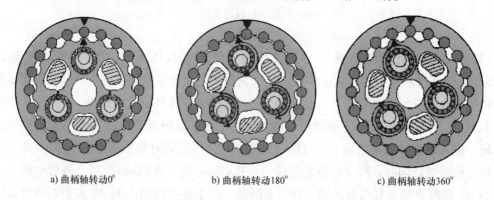

a) 曲柄轴转动0°　　　b) 曲柄轴转动180°　　　c) 曲柄轴转动360°

图 2-22 RV 摆线针轮减速器的工作原理

2.4 工业机器人的运动分析

从机构学角度分析，工业机器人本体可以看成是由一系列刚体（连杆）通过转动或移动幅（关节）组合连接而成的多自由度空间链式机构。如上所述，机器人各关节轴的驱动或运动是独立的，末端执行器的位姿、速度、加速度、力/力矩与各关节轴的位置和驱动力密切关联。那么，机器人在执行任务过程中如何实现多关节轴运动的分解与合成？如何在指定时间内按指令速度沿某一路径运动？又如何保证末端执行器的位姿准确度及重复性？要弄清这些问题，需要对机器人运动特性分析及运动控制的两大重点研究领域——运动学[一]和动力学[二]有所了解。

2.4.1 连杆与坐标系描述

研究或分析工业机器人的运动特性，首要问题是建立恰当的数学模型。机器人学常用的

[一] 机器人运动学描述和研究的是机器人末端和各个关节位置的几何关系。

[二] 机器人动力学描述和研究的是机器人关节位置和驱动力矩之间的力学关系。

建模方法有两种，一种是从广义坐标的角度入手，采用宏观全局的齐次坐标与 D–H 参数描述法；另一种是从微观局部的特性，基于旋量理论及李代数计算方法揭示机器人运动的本质。下面将采用 D–H 参数描述法对建立机器人数学模型做一简单介绍。

典型的垂直串联 6 自由度工业机器人本体及构型简图如图 2-23 所示。它由 6 根连杆和 6 个关节组成，且每个关节分别由一个单独的动力源驱动。在对上述连杆和关节编号时，一般将机座编号为连杆 0（不包括在 6 根连杆之内），第一根可动连杆编号为连杆 1，通过关节 1 与机座相连，连杆 2 通过关节 2 和连杆 1 相连，依次类推。准确描述连杆、连杆与连杆之间的几何关系是建立工业机器人数学模型的基本前提。

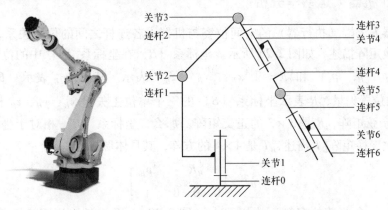

图 2-23 工业机器人本体及机构运动简图

(1) 连杆的表示 连杆两端的关节轴线在空间具有固定的几何关系，连杆的特征可用两轴线的几何关系加以描述，如图 2-24 所示。假设空间一连杆 $i-1$ 两端的关节轴线分别为 $i-1$ 和 i，连杆的特征可由两关节轴线的夹角 α_{i-1} 和公法线长度 a_{i-1} 表示，α_{i-1} 和 a_{i-1} 分别称为连杆 i 的扭角和长度。

(2) 两连杆之间关系的表示 假设相邻两连杆 $i-1$ 和 i 通过关节 i 相连接（图 2-25），连杆 $i-1$ 和 i 的公法线 a_{i-1} 和 a_i 分别与关节 i 的轴线垂直相交。两连杆之间的关系可由两公法线 a_{i-1} 和 a_i 之间的距离 d_i 和夹角 θ_i 表示，d_i 和 θ_i 分别称为两连杆之间的距离和夹角。

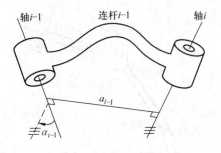

图 2-24 单连杆描述

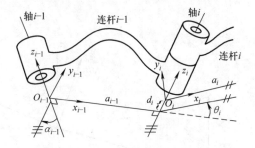

图 2-25 两连杆关系描述

(3) 机器人连杆坐标系的描述 为描述工业机器人各连杆之间的运动关系，不妨在各连杆上固接一个坐标系（图 2-25）。与机座相连的坐标系记为 $\{0\}$，与连杆 $i-1$ 相连的坐标系记为 $\{i-1\}$。坐标系 $\{i-1\}$ 的原点 O_{i-1} 和三坐标轴 x_{i-1}、y_{i-1}、z_{i-1} 分别规定如下：

轴 z_{i-1} 与关节轴线 $i-1$ 共线，指向可任意；轴 x_{i-1} 与连杆 $i-1$ 的公法线重合，方向从关节 $i-1$ 指向关节 i；轴 y_{i-1} 按右手法则规定 $y_{i-1} = z_{i-1} \times x_{i-1}$；原点 O_{i-1} 取在 a_{i-1} 与关节轴线 $i-1$ 的交点处，如果两轴线 $i-1$ 和 i 平行，原点则是在两连杆距离 $d_i = 0$ 的位置。

如此，工业机器人的每根连杆可用 4 个参数 a_{i-1}、α_{i-1}、d_i、θ_i 加以描述。其中，α_{i-1} 和 a_{i-1} 描述的是连杆本身的特征，d_i 和 θ_i 描述的是连杆 $i-1$ 与连杆 i 的关系。对于转动关节 i，仅 θ_i 是关节变量，规定 $\theta_i = 0$ 为连杆 i 的零位；对于移动关节 i，仅 d_i 是关节变量，规定 $d_i = 0$ 为连杆 i 的零位。

2.4.2　工业机器人运动学分析

工业机器人末端（执行器）的空间位姿与机器人各连杆之间的位姿关系，在数学上可以由齐次变换矩阵描述，如图 2-26 所示。坐标系 $\{B\}$ 在坐标系 $\{A\}$ 中的位置和姿态可分别由 ${}^A p_{B_o} = [\begin{matrix} p_x & p_y & p_z \end{matrix}]^T$ 和 ${}^A_B R = [\begin{matrix} {}^A x_B & {}^A y_B & {}^A z_B \end{matrix}]$ 表示。其中，${}^A p_{B_o}$ 表示 $\{B\}$ 的原点 O_B 在 $\{A\}$ 中的位置矢量，${}^A_B R$ 表示坐标系 $\{B\}$ 的三个单位主矢量 x_B、y_B、z_B 相对于坐标系 $\{A\}$ 的方向余弦矩阵，${}^A_B R$ 是 3×3 的正交矩阵。那么，坐标系 $\{B\}$ 相对于坐标系 $\{A\}$ 的位姿可由齐次变换矩阵 ${}^A_B T$ 描述，${}^A_B T$ 是 4×4 的方阵，其具体形式为

$$ {}^A_B T = \begin{bmatrix} {}^A_B R & {}^A p_{Bo} \\ 0 \quad 0 \quad 0 & 1 \end{bmatrix} \tag{2-1} $$

对于具有 n 个关节的多轴工业机器人（图 2-27），需将各连杆变换矩阵 ${}^{i-1}_i T$（$i = 1$，2，$\cdots$，n）相乘，可得到

$$ {}^0_n T = {}^0_1 T {}^1_2 T \cdots {}^{n-1}_n T \tag{2-2} $$

式中，${}^0_n T$ 是机器人末端连杆坐标系 $\{n\}$ 相对于机座坐标系 $\{0\}$ 的位姿描述，${}^{i-1}_i T$ 是关节变量 q_i 的函数，可表示为 ${}^{i-1}_i T(q_i)$。对于转动关节，$q_i = \theta_i$；对于移动关节，$q_i = d_i$，q_i 的值可由各关节上的位置传感器获得。对于垂直串联 6 自由度工业机器人，可求得其手腕末端相对机座的变换矩阵

$$ {}^0_6 T = \begin{bmatrix} {}^0_6 R & {}^0 p_{6o} \\ 0 \quad 0 \quad 0 & 1 \end{bmatrix} = {}^0_1 T(q_1) {}^1_2 T(q_2) \cdots {}^5_6 T(q_6) \tag{2-3} $$

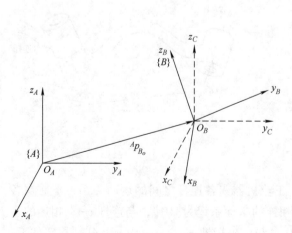

图 2-26　齐次变换

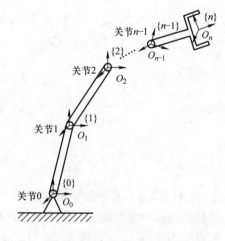

图 2-27　多连杆机器人变换

式（2-3）即为垂直串联 6 自由度工业机器人的运动学方程，用于描述机器人末端连杆的位姿与各关节变量 q_1、q_2、$\cdots$、q_6 之间的关系。可见，工业机器人末端的位姿是由各关节变量合成的，其各关节的运动位置及精度将会直接影响工业机器人末端的位姿及精度。若一台工业机器人的本体构型和几何尺寸已经确定，其运动学模型也随之确定。在机器人的运动控制中，须对运动学模型进行求解，存在如下两类基本问题：

（1）运动学正解（Forward Kinematics） 也称正向运动学，已知一机械杆系关节的各坐标值，求该杆系内两个部件坐标系间的数学关系。在式（2-2）中，已知各关节变量 q_1、q_2、$\cdots$、q_n 的值，求机器人末端连杆相对于机座的位姿 $_n^0 T$，即运动学正解。机器人示教编程时，机器人控制器逐点进行运动学正解运算，解决的是机器人末端"去哪"——Where 问题，如图 2-28a 所示。

（2）运动学逆解（Inverse Kinematics） 也称反向运动学，已知一机械杆系两个部件坐标系间的关系，求该杆系关节各坐标值的数学关系。在式（2-2）中，已知机器人末端连杆相对机座的位姿 $_n^0 T$，求各关节变量 q_1、q_2、$\cdots$、q_n 的值，即运动学逆解。机器人再现时，机器人控制器逐点进行运动学逆解运算，将角矢量分解到操作机的各关节，解决的是机器人末端"怎么去"——How 问题，如图 2-28b 所示。

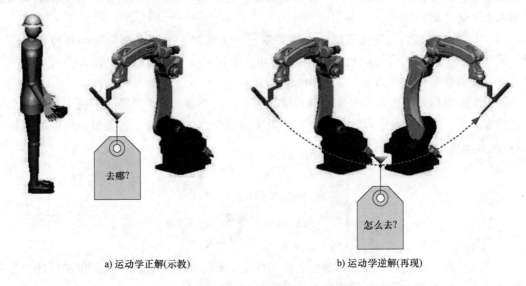

a) 运动学正解(示教)   b) 运动学逆解(再现)

图 2-28 机器人运动学正解和逆解

2.4.3 工业机器人动力学分析

从上述分析可知，工业机器人末端连杆的位姿与各关节变量相关，那么各关节的运动速度与机器人末端的运动速度又有何关系？如何控制机器人末端的运动速度？

（1）机器人末端速度与各关节速度的关系 从笛卡尔空间分析，6 自由度工业机器人末端在空间有 3 个位置变量和 3 个姿态变量，共计 6 个变量，末端位姿在操作空间用向量可表示为 $\boldsymbol{x} = [x_1, x_2, \cdots, x_6]^T$；从关节空间分析，6 自由度工业机器人共有 6 个关节，即 6 个关节变量，用向量可表示为 $\boldsymbol{q} = [q_1, q_2, \cdots, q_6]^T$。因此，工业机器人的运动方程可表示为

$$x = f(q) \tag{2-4}$$

将式（2-4）的两边进行时间 t 微分，可表示为

$$\partial x = J(q) \partial q \tag{2-5}$$

$$J(q) = \frac{\partial f(q)}{\partial q^{\mathrm{T}}} = \begin{bmatrix} \dfrac{\partial f_1}{\partial q_1} & \cdots & \dfrac{\partial f_1}{\partial q_6} \\ \vdots & & \vdots \\ \dfrac{\partial f_6}{\partial q_1} & \cdots & \dfrac{\partial f_6}{\partial q_6} \end{bmatrix} \tag{2-6}$$

式（2-5）中，∂x 为机器人末端在操作空间的广义速度矢量，∂q 为关节速度矢量，$J(q)$ 为机器人的雅克比矩阵。不难看出，雅克比矩阵 $J(q)$ 就是从关节空间速度 ∂q 向笛卡儿空间速度 ∂x 映射的线性变换。

与运动学正解、逆解类似，若已知各关节速度 $\partial q = [\partial q_1, \partial q_2, \cdots, \partial q_6]^{\mathrm{T}}$，由式（2-5）即可求得机器人末端速度矢量 $\partial x = [\partial x_1, \partial x_2, \cdots, \partial x_6]^{\mathrm{T}}$；反之，若已知 $\partial x = [\partial x_1, \partial x_2, \cdots, \partial x_6]^{\mathrm{T}}$，则可求得各关节速度矢量 $\partial q = [\partial q_1, \partial q_2, \cdots, \partial q_6]^{\mathrm{T}}$。可见，工业机器人手腕末端的速度与各关节的速度之间存在线性映射关系，其各关节的速度将会直接影响工业机器人末端的速度。

（2）机器人末端力与各关节驱动力的关系　工业机器人手腕末端与外界环境相互作用时，表现出一定的力（或力矩）。与末端的空间位姿和运动速度类似，机器人手腕末端的力也是由各关节驱动力（或力矩）组合而成。

假设工业机器人手腕末端操作空间的维数为 m，关节数为 n；机器人手腕末端的广义操作力矢量为 F，相应的虚位移$^{\ominus}$为 ∂x，n 个关节的驱动力矢量为 τ，各关节对应的虚位移为 ∂q，其表达式为

$$\begin{cases} F = [f_1, \cdots, f_m]^{\mathrm{T}} \in R^{m \times 1} \\ \partial x = [\partial x_1, \cdots, \partial x_m]^{\mathrm{T}} \in R^{m \times 1} \\ \tau = [\tau_1, \cdots, \tau_n]^{\mathrm{T}} \in R^{n \times 1} \\ \partial q = [\partial q_1, \cdots, \partial q_n]^{\mathrm{T}} \in R^{n \times 1} \end{cases} \tag{2-7}$$

机器人手腕末端的运动和力都是由各关节的运动和驱动力所合成，根据做功原理，各关节所做的虚功之和与末端执行器所做的虚功应该相等，即

$$\tau^{\mathrm{T}} \partial q = F^{\mathrm{T}} \partial x \tag{2-8}$$

将式（2-5）代入式（2-8）即可得出

$$\tau = J^{\mathrm{T}}(q) F \tag{2-9}$$

式（2-9）中，$J^{\mathrm{T}}(q)$ 为机器人的力雅克比矩阵，是手腕末端操作力向关节力映射的线性关系，表示机器人本体在静止状态为产生末端操作力 F 所需的各关节驱动力 τ。可见，工业机器人手腕末端的力与各关节的驱动力之间存在线性映射关系，通过控制各关节的驱动力将会影响机器人末端的力或力矩。如同运动学求解过程，动力学模型求解也存在两类基本问题：动力学正解是已知一机械杆系关节的各驱动力矩，求该杆系相应的运动参数，包括关节

$\ominus$　虚位移是指满足机械系统几何约束的无限小位移。

位移、速度和加速度。动力学正解对工业机器人运动仿真非常有用，解决的是"怎么执行"——How 问题；动力学逆解则是已知一机械杆系运动轨迹点的关节位移、速度和加速度，求该杆系关节的各驱动力矩。动力学逆解对实现工业机器人实时控制非常有用，解决的是"谁执行"——Who 问题。

2.5　工业机器人的运动控制

从本质上说，工业机器人运动控制的焦点是机器人末端执行器的位姿。目前，第一代工业机器人的基本动作控制方式主要有点位控制、连续路径控制和轨迹控制三种，第二代和第三代工业机器人的动作控制还包括传感控制、学习控制、自适应控制等。

2.5.1　点位控制

点位控制（Pose–to–pose Control）也称 PTP 控制，是编程员只将指令位姿加于机器人，而对位姿间所遵循的路径不进行规定的控制步骤。也就是说，PTP 控制只关注机器人末端执行器的指令位姿精度，而不关注指令位姿间所遵循的路径精度。如图 2-29 所示，若选择以 PTP 控制方式将机器人末端执行器从 A 点移至 B 点，那么机器人可沿①~③中的任一路径运动。PTP 控制方式简单易实现，适用于仅要求位姿准确度及重复性的场合，如机器人搬运、码垛、分拣、点焊等。

2.5.2　连续路径控制

连续路径控制（Continuous Path Control）也称 CP 控制，是编程员将指令位姿间所遵循的路径加于机器人的控制步骤。CP 控制不仅要求机器人末端执行器到达指令位姿的精度，而且应保证机器人能沿指令路径在一定精度范围内重复运动。如图 2-29 所示，若要求机器人末端执行器由 A 点直线运动到 B 点，那么机器人仅可沿路径②移动。CP 控制方式适用于要求路径准确度及重复性的场合，如机器人弧焊、切割、打磨、涂装等。

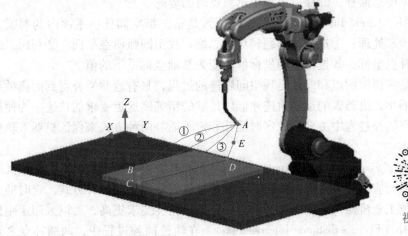

视频资源

图 2-29　工业机器人的点位控制和连续路径控制

2.5.3 轨迹控制

轨迹控制（Trajectory Control） 是包含速度规划的连续路径控制。值得注意的是，机器人任务编程时，指令路径上各示教点（程序点）的位姿通常保存为笛卡儿空间坐标形式；当机器人再现任务时，主控制器（上位机）从存储单元中逐点取出各示教点（程序点）空间位姿坐标值，通过对其轨迹进行插补运算，生成相应路径规划，然后把各插补点的位姿坐标值经由运动学逆解转换成关节角度值，再分别送给机器人各关节控制器（下位机），如图2-30所示。目前工业机器人轨迹插值算法主要采用直线插补和圆弧插补两种。对于非直线、圆弧运动轨迹，可以采用直线或圆弧近似逼近。

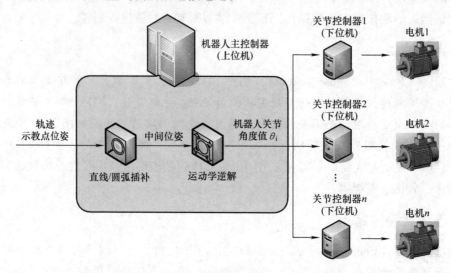

图2-30 机器人轨迹插补控制

（1）直线插补（Linear Interpolation） 在已知该直线始末两点的位置和姿态的条件下，求各轨迹中间点（插补点）的位置和姿态。由于在大多数情况下，机器人沿直线运动时其姿态不变，所以无姿态插补，即保持第一个示教点时的姿态。

（2）圆弧插补（Circle Interpolation） 空间圆弧是指三维空间任一平面内的圆弧。空间圆弧插补可分三步来处理：①把三维问题转化成二维，找出圆弧所在平面；②利用二维平面插补算法求出插补点坐标；③把该点的坐标值转变为基础坐标系下的值。

插补是以尽量多离散的点和线段复现空间轨迹的过程，只有这些插补得到的离散点足够多，彼此距离足够小，机器人的运动轨迹才能以足够的精确度逼近要求的轨迹。为使插补点均匀而又密集，在插补过程中主要采取定时插补和定距插补两种方式来保证机器人轨迹不失真和运动平滑。

（1）定时插补（Fixed – time Interpolation） 以一定的时间间隔逐一插补出各轨迹点的坐标值，并转换成相应的关节角值，加到各关节的驱动控制器上的插补方式。定时插补易于实现，所以大多数工业机器人采用定时插补方式。如果精度要求更高，可以采用定距插补。

（2）定距插补（Fixed – distance Interpolation） 在轨迹插补过程中，两插补点之间的距离不变，但插补的间隔时间随着工作速度的变化而变化。

此外，要保证工业机器人运动的精确性，需要对每个关节的位置能进行检测，并反馈给控制器与期望位置进行比较，然后对误差进行实时修正，从而实现位置的闭环控制。旋转式光电编码器是机器人常用的位置传感器，通常将编码器直接安装在关节驱动电动机的轴上，可根据编码器的信号得到关节的旋转位置和速度，如图 2-31 所示。

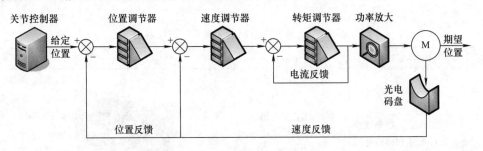

图 2-31　工业机器人的位置控制

知 识 拓 展
——工业机器人传感器

随着科学技术的进步，工业机器人的性能和智能化水平正在不断提高，其应用领域正从一般工业结构环境拓展至深海、空间以及其他人类难以进入的非结构环境。为能够适应作业环境的变化，除依靠灵活的"肢体"和聪明的"大脑"外，工业机器人还需安装一定数量的传感器来增强自己的"感觉器官"（模拟人的视觉、听觉和触觉等），以提升对自身内部和外部环境的感知能力。从使用目的看，工业机器人采用的传感器可以分为内部状态传感器和外部状态传感器。

（1）内部状态传感器（Inner State Sensor）　内部状态传感器又称本体感受传感器，顾名思义，就是用于测量机器人内部状态的机器人传感器，以满足机器人本体的运动特性及精度要求，包括编码器、电位计、加速度计和陀螺仪等惯性传感器。以编码器为例，作为机器人关节伺服系统的信号反馈装置，它是通常内置在伺服电动机末端用于测量电动机转子转角和转速的一种传感器，常用的有光电编码器和磁电编码器两种。前者是通过光电码盘反射光信息的数量来确定电动机转子转动角度的，其精度主要取决于码盘刻度线数量，精度越高，刻度线越多，码盘体积越大，技术难点就在于码盘的加工生产；而后者是通过磁场感应元器件检测电动机转子转动所带来的磁场变化以确定转子位置，由于使用磁场感应元器件代替码盘，可以在提高精度的同时保证体积相对较小，但价格比较昂贵。目前，大部分伺服系统制造商都是匹配第三方编码器。生产编码器的龙头企业有德国 Heidenhain（海德汉）公司，其产品选型范围广，品种齐全；其次是日本的 Nikon（尼康）和 Canon（佳能），这两家企业生产的光电编码器性能稳定，精度高，使用寿命长。随着国内研发投入的不断提高，部分企业已基本掌握编码器技术，比如汇川技术能够生产出达到国际领先水平的 23 位编码器。

（2）外部状态传感器（External State Sensor）　外部状态传感器又称外感受传感器，指第二代和第三代工业机器人系统中用于测量机器人所处环境状态或机器人与环境交互状态的机器人传感器，包括视觉传感器、距离传感器、力/触觉传感器、声音传感器等。常见的工业机器人外部状态传感器的基本原理及应用场合见表 2-5。此外，在很多应用场合，机器人仅仅依靠单一传感器无法获取良好的环境感知能力，基于多视觉传感器、视觉传感器 + 力觉传感器等多传感器融合技术的环境建模和决策控制研究现已成为现代工业机器人环境感知的热点研究领域，并逐步得到商业化应用。例如，瑞士 ABB 机器人公司的双臂协作机器人 YuMi 和日本精工爱普生公司最新研发的自主性双臂机器人均采用了视觉引导和力控探物等技术。

表 2-5　常见的工业机器人外部状态传感器

类别	基本原理	应用场合	传感器图例	典型厂商
视觉传感器	利用光学元件和成像装置获取外部环境图像信息的仪器，是机器视觉系统信息的直接来源，通常用图像分辨率来描述视觉传感器的性能	主要的工业应用包括机器人引导（定位和纠偏）、物品检测（防错、计数、分类、表面伤缺）和测量（距离、角度、平面度、全跳动、表面轮廓等）		德国 SICK、美国 Adept、美国 Cognex、英国 Meta、加拿大 Servo Robot、日本 FANUC、日本 Keyence 等　视频资源
力/触觉传感器	通过检测弹性体变形来间接测量所受的力，目前出现的六维力/扭矩传感器可实现全力信息的测量，一般装于机器人关节处	主要用于测量机器人（末端执行器）与外部环境之间的相互作用力，包括力控探物、力控防碰撞、力控中心点检测、力控示教、力控路径规划、曲面打磨等		美国 ATI、德国 TBi、德国 Binzel、加拿大 Robotiq、匈牙利 OptoForce、日本 FANUC、日本 WACOH 等　视频资源

本 章 小 结

工业机器人是模仿人体上下肢（动作）功能，有独立的控制系统，并依靠自身动力执行多任务的自动化机器。从功能划分看，工业机器人主要由机械、控制和传感三部分构成，分别负责机器人的动作、思维和感知功能。操作机是机器人执行任务的机械主体，其本体结构、自由度（轴数）、工作空间、额定负载、位姿准确度及重复性等性能指标是选型的主要参考依据。工业机器人是由多个关节（运动副）串联或并联连接起来的，机器人各关节的运动一般通过伺服系统（伺服电动机和驱动器）进行直接或间接（需要机械传动装置）调控；而伺服系统受控于机器人控制器，并通过示教盒操控机器人各关节伺服移动或转动。此外，为提升机器人对自身内部以及外部环境状态的感知能力，可集成一定数量的内部状态传感器（如编码器）和外部状态传感器（如视觉传感器和力/触觉传感器），以满足机器人的实际应用需求。

思 考 练 习

1. 填空

（1）市面上大量应用的第一代工业机器人（图 2-32）主要由 1—＿＿＿＿＿、2—＿＿＿＿＿ 和 3—＿＿＿＿＿ 构成，编程员可通过＿＿＿＿＿进行机器人手动操作、任务编程、参数修改以及状态监控等。

（2）＿＿＿＿＿作为工业机器人的关键性能指标之一，它反映出机器人动作的灵活性。

（3）机器人再现时，控制系统将进行＿＿＿＿＿，求取末端工具坐标系和机座坐标系间关节各坐标值的数学关系，以控制机器人各关节运动变量。

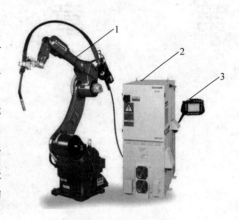

图 2-32　题 1（1）图

2. 选择

（1）一般来讲，工业机器人的核心零部件指的是（　　）。

①高速高性能控制器；②高性能机器人专用伺服电动机及驱动器；③高精密减速器；④末端执行器；⑤传感器

A. ①②③　　　　B. ①②③④　　　　C. ①②③⑤　　　　D. ①②③④⑤

（2）在明确工业机器人的应用行业后，系统集成商或最终用户需要考虑的机器人关键性能指标有（　　）。

①本体结构形式；②自由度（轴数）；③工作空间；④位姿准确度及重复性；⑤额定负载；⑥最大单轴速度及合成速度

A. ①②③④⑤⑥　　B. ②③④⑤⑥　　　C. ①②③④⑤　　　D. ②③④⑤

3. 判断

（1）垂直多关节型机器人本体作为拟人手臂的执行机构，可视为由多根杆件和活动关节（转动副）构成的闭式运动链。　　　　　　　　　　　　　　　　　　　　　（　　）

（2）传统工业机器人各关节（轴）的运动一般由交流伺服系统（伺服电动机和驱动器）驱动，并通过平行连杆、RV 摆线针轮减速器、谐波齿轮减速器等机械传动装置调控输出力矩。　　　　　　　　　　　　　　　　　　　　　　　　　　　　　　　　（　　）

（3）机器人弧焊、打磨、涂装等作业主要采用点位（PTP）控制方式，操作员只将指令位姿加于机器人，而对位姿间所遵循的路径不进行规定的控制步骤。也就是说，PTP 控制仅保证机器人末端执行器的指令位姿精度而非路径精度。　　　　　　　　　　　　（　　）

第 3 章

Chapter

工业机器人的手动操作

由第 2 章可知，工业机器人可依靠控制系统和自身动力半自主或全自主执行多样化的任务，其本体运动可由操作员、编程员和维护技术员等通过直接或间接方式来操控（手动模式下），也可通过执行存储在控制柜中的已有任务程序来再现示教动作（自动模式下）。由于手动操作是完成机器人功能测试、任务编程以及保养维护等系列环节的基本前提，所以本章将采用示教盒点动控制（而非由任务程序自动控制）方式实现机器人的单轴和/或多轴联动精确定位、定向操作，以加深读者对工业机器人及其系统运动轴在典型坐标系（如关节坐标系、机座坐标系、工具坐标系和工件坐标系等）中运动规律的理解，便于日后快速调整机器人的空间位姿。

 【学习目标】

知识目标

1. 熟悉工业机器人的安全使用规范以及示教盒屏幕、按键布局。

2. 掌握工业机器人本体轴及其系统附加轴的手动控制方式。

3. 掌握工业机器人点动控制的基本流程及其在典型坐标系中的运动特点。

能力目标

1. 能够使用示教盒任意点动机器人本体轴及其系统附加轴。

2. 能够新建和标定工具/工件坐标系，并视具体情况选择合适的坐标系手动控制机器人运动。

情感目标

1. 广泛学习、明确差距。

2. 遵守行规、规范操作。

**【导入案例】**

工业机器人技术技能人才，托举"中国创造"的未来

神舟飞天、蛟龙入海、航母远航、超级计算机面世、高速铁路大发展……，近年来一系列令国人自豪、让世界瞩目的自主创新成果，标志着"中国制造"正向"中国创造"稳健迈进，这背后更有亿万技能人才创造性劳动的身影。未来，更有一群人将在新的发展机遇下挺身而出，助推中国经济蓬勃发展，为经济注入新动能，他们就是工业机器人技术技能人才！

2011 年 7 月，富士康科技集团向外界宣布"百万机器人计划"，希望 3 年内装配 100 万台机器人用于单调、危险性高的工作，10 年内建成首批完全自动化的工厂，提高公司的自动化水平和生产效率。截至目前，富士康的 iPhone 生产线依然依赖大量人工进行组装，机器人确实已被应用到生产线，但与"百万机器人计划""完全自动化"还差距甚远。应用型工业机器人"人才荒"就是导致富士康一再推迟"机器换人"计划的原因之一。而国内各大汽车制造企业，同样面临着没有充足的工业机器人技术技能人才的后勤服务保障的问题，使得在车型更新换代时，不是对原有生产线进行升级改造，而是重新投资建设新线，造成资金浪费，严重影响了企业对市场的快速响应。

机械工业联合会的统计数据表明，当前工业机器人应用人才缺口约为 20 万，并且以每年 20% ~ 30% 的速度持续递增，工业机器人技术技能人才成为未来中国经济发展的重要担当。在深入实施创新驱动发展战略、推动大众创业万众创新的过程中，应努力培养数量更多、素质更高、结构更合理、就业创业能力更强的"中国工匠"，助推中国经济新动能蓬勃发展，带动传统动能的改造提升，打造更多享誉世界的"中国品牌"，让"制、智、质"成为"中国名片"。

——资料来源：中国组织人事报、指南车机器人网、新华社网

3.1　工业机器人及其系统运动轴

在实际应用中，为使工业机器人完成其任务，均需要集成末端执行器、周边设备以及若干外部附加轴或传感器，构成工业机器人系统。在此基础上，把包含相关机器、设备，相关的安全防护空间和保护装置的一个或多个机器人系统称为工业机器人单元；由在单独的或相连的安全防护空间内执行相同或不同功能的多个机器人单元和相关设备称为工业机器人生产

线。从运动控制角度看，上述工业机器人系统、单元和生产线的运动轴（图3-1）可划分为两类：一类是本体轴，主要指构成机器人本体的各个关节轴；另一类是附加轴，指不属于机器人本体但由机器人控制系统控制的运动轴，包括移动或转动机器人本体的基座轴（如线性滑轨）、移动或转动工件的工装轴（如变位机）等。两者的差异在于，本体轴带有工具中心点（Tool Center Point，TCP）⊖，其受控运动围绕TCP进行空间定位和/或定向，而附加轴无TCP，其受控运动是辅助机器人或工件完成空间定位。

视频资源

图3-1　工业机器人系统运动轴的类型

1—本体轴　2—附加轴（基座轴）　3—附加轴（工装轴）

3.1.1　本体轴

第一代工业机器人（计算智能机器人）基本采用6轴垂直关节型机器人（图3-2）。顾名思义，此类型机器人本体具有6个活动的关节轴，其中3个关节轴被定义为主关节轴，可模仿人的手臂回转、俯仰、伸缩动作，用于末端执行器空间位置的调整（定位）；另外3个关节轴被定义为副关节轴，可模仿人的手腕转动、摆动、回转动作，用于末端执行器空间姿态的调整（定向）。日本YASKAWA将其机器人本体轴依次命名为S轴、L轴、U轴（主关节轴）和R轴、B轴、T轴（副关节轴）；日本FANUC将其机器人本体轴依次命名为J1轴、J2轴、J3轴（主关节轴）和J4轴、J5轴、J6轴（副关节轴）；我国Midea－KUKA将其机器人本体轴依次命名为A1轴、A2轴、A3轴（主关节轴）和A4轴、A5轴、A6轴（副关节轴）；瑞士ABB将其机器人本体轴依次命名为轴1、轴2、轴3（主关节轴）和轴4、轴5、轴6（副关节轴）。

第二代工业机器人（传感智能机器人）大多为7轴垂直关节型机器人（图3-3），比第一代工业机器人多出一个肘关节轴，可实现拟人手臂扭转的动作，具有干涉回避和高密度摆放特点。考虑到老用户的认知习惯，日本YASKAWA将其机器人本体主关节轴依次命名为S轴、L轴、E轴、U轴，副关节轴的命名延续了第一代工业机器人的命名；而全球"四大家

⊖　工具中心点（Tool Centre Point，TCP）既是工业机器人定位和定向的参照点，又是工业机器人及其系统的运动控制点，出厂默认位于机器人本体末端运动轴或机械接口（法兰）的中心。在用户安装新的末端执行器或发生剧烈碰撞后，TCP将发生变化，此种情况下应重新进行TCP标定。有关TCP标定的相关内容参阅本章"知识拓展"。

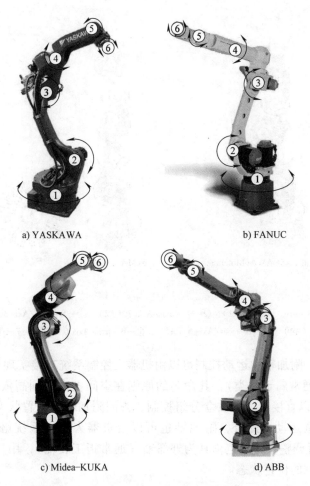

a) YASKAWA

b) FANUC

c) Midea–KUKA

d) ABB

图 3-2　第一代工业机器人本体轴的命名

①—S – axis/J1 axis/Axis 1（A1）/Axis 1　②—L – axis/J2 axis/Axis 2（A2）/Axis 2　③—U – axis/J3 axis/Axis 3（A3）/Axis 3
④—R – axis/J4 axis/Axis 4（A4）/Axis 4　⑤—B – axis/J5 axis/Axis 5（A5）/Axis 5　⑥—T – axis/J6 axis/Axis 6（A6）/Axis 6

族"的其他三家则将其机器人本体轴按照主关节轴和次关节轴顺序依次命名。

3.1.2　附加轴

针对复杂曲面类零件、异形件以及（超）大型结构件的制造加工，若仅靠机器人本体的自由度和工作空间，难以保证机器人动作的灵活性和可达性，也就无法满足任务需求。此时，宜采取增添附加轴或多机器人协调运动的方式来提高系统集成方案应用的灵活性和费效比。如上所述，附加轴的集成存在两种类型：一是基座轴，将机器人本体安装在某一移动平台（如线性滑轨，如图 3-4 所示）上，形成混联式移动机器人，通过外部增添的 1 ~ 3 个运动轴（包括移动轴和转动轴）来模仿人的腿部动作，拓展机器人的工作空间，实现机器人在（多个）工位或（多台）设备间来回穿梭作业；二是工装轴，主要指变位机（包括单轴、双轴、三轴及复合型变位机，如图 3-5 所示），它能将被加工件移动、转动至合适的位置，辅助机器人在执行任务过程中保持良好的末端执行器姿态，确保产品质量的稳定性和一致性。

a) YASKAWA–Motoman   b) Media–KUKA   视频资源

图 3-3　第二代工业机器人本体轴的命名

①—S – axis/Axis 1（A1）　②—L – axis/Axis 2（A2）　③—E – axis/Axis 3（A3）

④—U – axis/Axis 4（A4）　⑤—R – axis/Axis 5（A5）　⑥—B – axis/Axis 6（A6）　⑦—T – axis/Axis 7（A7）

　　值得注意的是，附加轴的运动控制可以由机器人控制系统直接实现[⊖]，此时也称附加轴为内部轴（基座轴通常属于此类），其命名的原则在空间上由低到高依次为 E1 轴、E2 轴、E3 轴……，用户可以直接通过示教盒分组控制、查阅附加轴的位置状态，并实现机器人本体轴和附加轴的协调运动。此外，附加轴也可以由机器人控制系统触发外部控制器（如PLC）间接实现位置调整，此时也称其为外部轴（通常指工装轴），用户无法直接通过示教盒控制、查阅附加轴的位置状态。

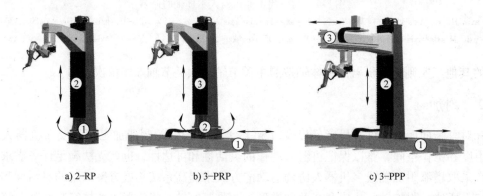

a) 2–RP   b) 3–PRP   c) 3–PPP

图 3-4　工业机器人系统附加轴（基座轴）

①—E1 – axis　②—E2 – axis　③—E3 – axis

⊖　目前主流的机器人控制器可以实现几十个运动轴的控制，主要采取分组独立控制策略，一般每组最多控制 9 个运动轴。对于六自由度垂直关节型机器人而言，除了机器人本体的 6 个运动轴外，每组最多还可增添 3 个附加轴。

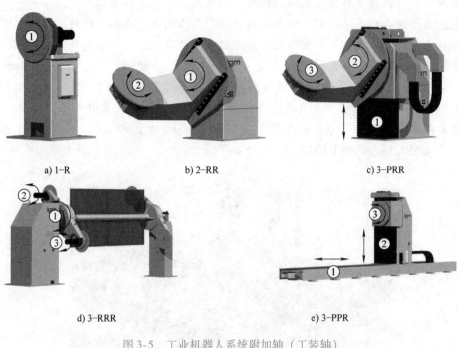

a) 1-R　　　　b) 2-RR　　　　c) 3-PRR

d) 3-RRR　　　　　　　　e) 3-PPR

图 3-5　工业机器人系统附加轴（工装轴）

①—E1 – axis　②—E2 – axis　③—E3 – axis

3.2　工业机器人坐标系及运动特点

在研究物体运动过程中，应首先选定研究对象和参考对象。一般来讲，人们习惯性地选定静止的物体为参考对象，选定运动的物体为研究对象。若从机器人运动学分析角度出发，宜取机器人本体静止部分——机座为参考对象，取机器人本体运动部分——各关节或末端机械接口（默认工具中心点）为研究对象；若从机器人实际应用角度出发，工业机器人所执行的任务多数情况下是操持末端执行器抓放、加工或检测处于静止状态的工件，宜取工件（或工作台）为参考对象，取末端执行器为研究对象，这样实际上建立了末端执行器与工件（或工作台）的点位关系。

为描述物体在平面或空间的运动位置和方向，人们又习惯性地选择坐标系来定位和定向，机器人自然也不例外。对于工业机器人而言，坐标系是为确定机器人的位姿而在机器人本体或空间上进行定义的位置指标系统，如图 3-6 所示。坐标系从原点（固定点）O 通过轴定义平面或空间，机器人目标位姿通过沿坐标系轴的测量进行定位和定向。例如，第 2 章在分析机器人运动学两类基本问题时，选定了固接在机座安装面的机座坐标系为参考对象，并选定了固接于机器人本体各关节的关节坐标系以及固接于末端机械接口的机械接口坐标系或工具坐标系为研究对象，即建立关节坐标系、机械接口坐标系或工具坐标系与机座坐标系间的映射关系。同样，上述从机器人应用角度出发所建立的末端执行器与工件的点位关系，实质上是建立工具坐标系与工件（台）坐标系之间的映射关系。目前，围绕机器人本体设计、系统集成、功能测试、任务编程、操作维护等阶段，机器人工作人员经常会用到的坐标系有世界坐标系、机座坐标系、关节坐标系、工具坐标系和工件坐标系等，每一坐标系都适用于特定阶段或场合的手动控制、任务编程。值得指出的是，表3-1所列坐标系均可看成是由直角坐标系演变而来的，其中关节坐标系是以硬限位方式限定了直角坐标系沿 X、Y 轴的移动以及绕 X、Y 轴的转动，仅保留了绕 Z 轴的转动（转动轴）或沿 Z 轴的平动（移动轴），机器人动作的描述一般是以各关节轴的零点为基准，其单位为"°"（转动）或 mm（平动）；而其他的直角坐标系主要是原点位置和坐标轴方向存在差异而已，机器人动作的描述一般是以工具中心点（TCP）为基准，其单位为 mm（空间位置，如 FANUC 的 X、Y、Z）和"°"（空间姿态，如 FANUC 的 W、P、R）。

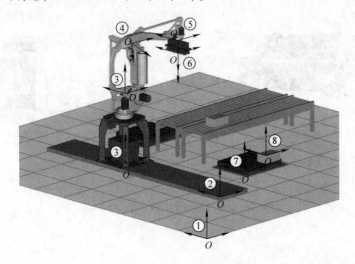

图3-6 工业机器人系统坐标系

①—世界坐标系 {0}　②—移动平台坐标系 {P}　③—机座坐标系 {1}　④—关节坐标系 {A}
⑤—机械接口坐标系 {M}　⑥—工具坐标系 {T}　⑦—工作台坐标系 {K}　⑧—工件坐标系 {J}

表3-1 常见的工业机器人系统坐标系

坐标系名称	坐标系描述
世界坐标系 $\{0\}\,O_0 X_0 Y_0 Z_0$	世界坐标系又称为绝对坐标系或大地坐标系，它是与机器人的运动无关，以地球为参照系的固定坐标系。世界坐标系的原点由用户根据需要来确定，Z 轴与重力加速度的矢量共线，但其方向相反；X 轴根据用户的使用要求确定，Y 轴按右手定则确定
移动平台坐标系 $\{P\}\,O_p X_p Y_p Z_p$	移动平台坐标系是参照移动平台某一部件的坐标系。对于移动机器人来说，一般将前进方向定义为坐标系 X 轴正向，垂直 X 轴向上的方向为 Z 轴正向，Y 轴正向按右手定则确定
机座坐标系 $\{1\}\,O_1 X_1 Y_1 Z_1$	机座坐标系又称为基坐标系，是参照机座安装面的坐标系，工业机器人系统里所说的直角坐标系指的就是机座坐标系。一般将机器人本体第1轴的轴线与机座安装面的交点定义为坐标系的原点，机座电缆进入方向为 X 轴正向，朝上的方向为 Z 轴正向，Y 轴正向按右手定则确定
关节坐标系 $\{A\}\,O_a X_a Y_a Z_a$	关节坐标系是参照关节轴的坐标系，每个关节坐标是相对于前一个关节坐标或其他某坐标系来定义的，其坐标原点和方向的定义可参考第2章
机械接口坐标系 $\{M\}\,O_m X_m Y_m Z_m$	机械接口坐标系是参照机器人本体末端机械接口的坐标系。通常将法兰中心定义为坐标系的原点，法兰中心指向法兰定位孔方向为 X 轴正向，垂直法兰向外为 Z 轴正向，Y 轴正向按右手定则确定

（续）

坐标系名称	坐标系描述
工具坐标系 $\{T\}\,O_t X_t Y_t Z_t$	工具坐标系是参照安装在机械接口上的工具或末端执行器的坐标系，它是相对于机械接口坐标系来定义的。用户自定义前，工具坐标系与机械接口坐标系的原点位置和坐标轴方向完全重合。在机器人应用中，习惯性地选取工具坐标系为研究对象
工作台坐标系 $\{K\}\,O_k X_k Y_k Z_k$	工作台坐标系是参照机器人周边工作台、转台、输送带或托盘等的坐标系。用户自定义前，它与机座坐标系的原点位置和坐标轴方向完全重合
工件坐标系 $\{J\}\,O_j X_j Y_j Z_j$	工件坐标系又称为目标坐标系，参照某一工件的坐标系。用户自定义前，它与机座坐标系的原点位置和坐标轴方向完全重合。在机器人应用中，习惯性地选取工件坐标系为参考对象

3.2.1　关节坐标系

关节坐标系（Joint Coordinate System，JCS）是固接在机器人系统各个关节轴的特殊直角坐标系。对于多关节型机器人而言，它拥有与机器人本体轴数相等的关节坐标系，且每个关节坐标是相对于前一个关节坐标系来定义的。在关节坐标系下，机器人系统的各个运动轴均可实现单轴正向或反向转动。以 FANUC 四自由度关节型机器人为例，当调整机器人主关节轴 J2 的位置（绕关节坐标系的 Z 轴正向转动 30°，如图 3-7a 所示）时，机器人末端执行器的位置发生改变，工具中心点（TCP）相对工件坐标系（$\{J\}$：0）沿 X 轴正向移动 610.0mm，

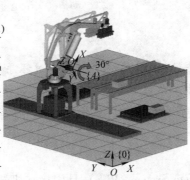

运动前TCP位姿（$\{J\}$：0　$\{T\}$：1）

关节坐标	直角坐标
$J1=0.0°$	$X=1945.0$mm
$J2=0.0°$	$Y=800.0$mm
$J3=0.0°$	$Z=761.0$mm
$J4=0.0°$	$W=180.0°$
$E1=800.0$mm	$P=0.0°$
	$R=0.0°$

运动后TCP位姿（$\{J\}$：0　$\{T\}$：1）

关节坐标	直角坐标
$J1=0.0°$	$X=2555.0$mm
$J2=30.0°$	$Y=800.0$mm
$J3=0.0°$	$Z=597.5$mm
$J4=0.0°$	$W=180.0°$
$E1=800.0$mm	$P=0.0°$
	$R=0.0°$

a) 主关节轴

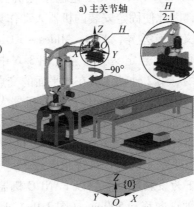

运动前TCP位姿（$\{J\}$：0　$\{T\}$：1）

关节坐标	直角坐标
$J1=0.0°$	$X=1945.0$mm
$J2=0.0°$	$Y=800.0$mm
$J3=0.0°$	$Z=761.0$mm
$J4=0.0°$	$W=180.0°$
$E1=800.0$mm	$P=0.0°$
	$R=0.0°$

运动后TCP位姿（$\{J\}$：0　$\{T\}$：1）

关节坐标	直角坐标
$J1=0.0°$	$X=1945.0$mm
$J2=0.0°$	$Y=800.0$mm
$J3=0.0°$	$Z=761.0$mm
$J4=-90.0°$	$W=180.0°$
$E1=800.0$mm	$P=0.0°$
	$R=-90.0°$

b) 副关节轴

图 3-7　工业机器人本体轴动作（关节坐标系）

沿 Z 轴反向移动 163.5mm，但末端执行器的姿态未发生变化，这也证实了机器人主关节轴用于末端执行器的空间定位。同理，当调整机器人副关节轴 J4 的位置（绕关节坐标系的 Z 轴反向转动 90°，如图 3-7b 所示）时，机器人末端执行器的姿态发生改变，工具中心点（TCP）相对工件坐标系（{J}：0）绕 Z 轴反向转动 90°，但末端执行器的位置保持不变，这也证实了机器人副关节轴用于末端执行器的空间定向。

在关节坐标系下，当调整机器人基座轴 E1 的位置（沿其关节坐标的 Z 轴反向移动 1100.0mm，如图 3-8 所示）时，机器人末端执行器的空间位置随之改变而空间姿态不变，工具中心点（TCP）相对工件坐标系（{J}：0）沿 Y 轴反向移动 1100.0mm。也就是说，机器人基座轴和主关节轴在关节坐标系中的动作功能相同，即用于末端执行器的空间定位。

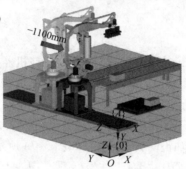

运动前TCP位姿（{J}：0 {T}：1）

关节坐标	直角坐标
J1=0.0°	X=1945.0mm
J2=0.0°	Y=800.0mm
J3=0.0°	Z=761.0mm
J4=0.0°	W=180.0°
E1=800.0mm	P=0.0°
	R=0.0°

运动后TCP位姿（{J}：0 {T}：1）

关节坐标	直角坐标
J1=0.0°	X=1945.0mm
J2=0.0°	Y=−300.0mm
J3=0.0°	Z=761.0mm
J4=0.0°	W=180.0°
E1=−300.0mm	P=0.0°
	R=0.0°

图 3-8　工业机器人附加轴动作（关节坐标系）

结论

- 机器人在关节坐标系中的微动控制更为注重"过程导向"。
- 关节坐标系比较适用于工业机器人本体轴及其附加轴的单轴手动控制场合，如将机械单元移出危险位置、将机器人本体移出奇异点、定位机器人轴以便进行校准等。

3.2.2　机座坐标系

机座坐标系（Base Coordinate System，BCS）是固接在机器人机座上的直角坐标系。它在机器人机座上有相应的零点，因此使固定安装的机器人动作具有可预测性。不同品牌工业机器人的机座坐标系的零点定义略有差异，ABB、Midea – KUKA 和 YASKAWA 是将机器人本体第 1 轴的轴线与机座安装面的交点定义为零点（图 3-6 中虚线表示的③），而 FANUC 则是将机器人本体第 1 轴的轴线与第 2 轴轴线所在水平面的交点定义为零点（图 3-6 中实线表示的③）。在正常配置的机器人系统中，当操作员站在机器人的前方并在机座坐标系中手动控制将机器人移向操作员一方时，机器人将沿 X 轴正向移动；向操作员的右侧移动时，机器人将沿 Y 轴正向移动；向操作员的身高方向运动时，机器人将沿 Z 轴正向移动；而绕轴的正向或反向转动，可通过右手定则确定。值得指出的是，不论沿机座坐标系的任一轴移动还是转动，机器人多数情况下为多轴联动。仍以 FANUC 机器人为例，当手动控制机器人末端执行器沿机座坐标系的 X 轴正向移动 500mm（图 3-9a）时，机器人的主关节轴 J2 绕其关节坐标正向转动 24.6°，J3 绕其关节坐标正向转动 5.8°，实现了两轴联动。同理，当手动控制机器人末端执行器绕机座坐标系的 Z 轴正向转动 90.0°（控制点不变动作，即在维持

TCP 位置不变的同时改变其空间指向，如图 3-9b 所示）时，机器人的副关节轴 J4 绕其关节坐标正向转动 90.0°。若为六自由度关节型机器人，当绕机座坐标系的 X 轴或 Y 轴转动时，将发生的是六轴联动。

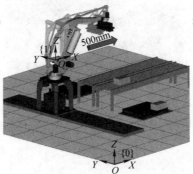

运动前TCP位姿({J}：0 {T}：1)

关节坐标	直角坐标
J1=0.0°	X=2000.0mm
J2=2.6°	Y=800.0mm
J3=-2.6°	Z=700.0mm
J4=90.0°	W=180.0°
E1=800.0mm	P=0.0°
	R=90.0°

运动后TCP位姿({J}：0 {T}：1)

关节坐标	直角坐标
J1=0.0°	X=2500.0mm
J2=27.2°	Y=800.0mm
J3=3.2°	Z=700.0mm
J4=90.0°	W=180.0°
E1=800.0mm	P=0.0°
	R=90.0°

a) 主关节轴

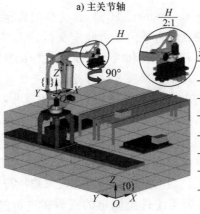

运动前TCP位姿({J}：0 {T}：1)

关节坐标	直角坐标
J1=0.0°	X=2000.0mm
J2=2.6°	Y=800.0mm
J3=-2.6°	Z=700.0mm
J4=90.0°	W=180.0°
E1=800.0mm	P=0.0°
	R=90.0°

运动后TCP位姿({J}：0 {T}：1)

关节坐标	直角坐标
J1=0.0°	X=2000.0mm
J2=2.6°	Y=800.0mm
J3=-2.6°	Z=700.0mm
J4=180.0°	W=180.0°
E1=800.0mm	P=0.0°
	R=180.0°

b) 副关节轴

图 3-9 工业机器人本体轴动作（机座坐标系）

与关节坐标系下机器人动作不同的是，当在机座坐标系中手动控制机器人基座轴 E1 的位置（沿 Y 轴反向移动 852.5mm，如图 3-10 所示）时，机器人本体轴和基座轴的位置均有所改变，但末端执行器的空间位置和姿态却未发生变化，这一点可以从工具坐标系（{T}：1）相对工件坐标系（{J}：0）的点位坐标值得到印证。同时，也印证了第 2 章中机器人运动学逆解的不确定性。也就是说，机器人基座轴在机座坐标系中的手动控制主要用于调整机器人本体的姿态，功能与机座坐标系的方向轴相似，同属于控制点不变动作范畴。

结论

- 机器人在机座坐标系中的微动控制更为注重"结果导向"。
- 机座坐标系对于将机器人从一个位置移动到另一个位置很有帮助，是机器人手动操作和任务编程中经常使用的坐标系之一。
- 倘若操作员面对的是两台及以上的工业机器人，既有落地式机器人，又有倒挂式机器人（机座坐标系随安装方式的不同而上下颠倒），因较难预测机器人运动情况，不宜在倒置的机座坐标系中进行手动控制，此时应选择世界坐标系代替机座坐标系。

运动前TCP位姿({J}: 0 {T}: 1)	
关节坐标	直角坐标
J1=0.0°	X=2000.0mm
J2=2.6°	Y=800.0mm
J3=−2.6°	Z=700.0mm
J4=90.0°	W=180.0°
E1=800.0mm	P=0.0°
	R=90.0°

运动后TCP位姿({J}: 0 {T}: 1)	
关节坐标	直角坐标
J1=23.1°	X=2000.0mm
J2=10.8°	Y=800.0mm
J3=−1.7°	Z=700.0mm
J4=66.9°	W=180.0°
E1=−52.5mm	P=0.0°
	R=90.0°

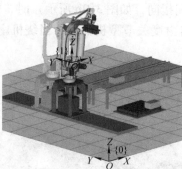

图 3-10　工业机器人附加轴动作（机座坐标系）

3.2.3　工具坐标系

工具坐标系（Tool Coordinate System，TCS）作为机器人运动学的一个研究对象，它是将工具中心点（TCP）或工具尖点设为零位，由此定义机器人末端执行器位姿的直角坐标系。因为不同应用所集成的末端执行器也不相同，所以在进行机器人任务编程前，编程员或调试人员应首先定义工具坐标系。通常机器人系统可处理若干工具坐标系定义，但每次只能存在一个有效的工具坐标系。按照TCP的移动与否划分，工具坐标系有两种基本类型，即移动工具坐标系和静止工具坐标系。顾名思义，移动工具坐标系在执行任务过程中，TCP会跟随机器人末端执行器在空间移动。如机器人搬运作业时，TCP设置在夹持器的端面中心；机器人弧焊作业时，TCP设置在焊丝端部；机器人喷漆作业时，TCP设置在喷枪前端等。相反，静止工具坐标系是参照静止工具而不是移动的机器人末端执行器来定义的，在某些任务程序中会使用固定TCP，如机器人搬运工件至固定的点焊钳进行施焊作业，此时的TCP宜设置在点焊钳的静臂前端。如果编程前未定义工具坐标系，将由机械接口坐标系替代工具坐标系。机械接口坐标系是固接在机器人本体末端机械接口（法兰盘面的中心）处的标准笛卡儿坐标系，工具坐标系的定义都是基于该坐标系进行的，如图3-11所示。FANUC机器人将法兰盘面的中心定义为机械接口坐标系（{M}: 0）的零点，法兰盘中心指向法兰盘定位孔方向定义为X轴正向，垂直法兰向外为Z轴正向，最后根据右手定则即可判定Y轴正向。机器人出厂时默认的工具坐标系（{T}: 0）与机械接口坐标系（{M}: 0）重合。在机器人末端安装上用于搬运、码垛的吸附式夹持器后，新定义的移动工具坐标系（{T}: 1）相对机械接口坐标系（{M}: 0）仅是沿法兰盘面的中心正向偏移300.0mm，即只发生的是坐标系平移，并未改变其方向。待执行任务程序时，机器人

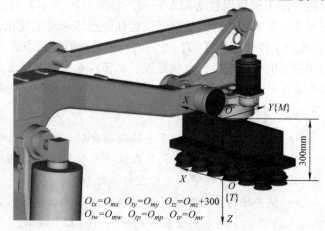

$O_{tx}=O_{mx}$　$O_{ty}=O_{my}$　$O_{tz}=O_{mz}+300$
$O_{tw}=O_{mw}$　$O_{tp}=O_{mp}$　$O_{tr}=O_{mr}$

图 3-11　工具坐标系 {T} 与机械接口坐标系 {M} 的关联

就是将工具坐标系的原点（TCP）移至目标位置。这意味着，如果想要更改末端执行器（以及工具坐标系），机器人的移动将随之更改，以便新的 TCP 到达目标。

同机座坐标系比较而言，移动工具坐标系在机器人执行任务过程中是变化的。当手动控制机器人末端执行器沿工具坐标系的 Z 轴正向移动 708.0mm（图 3-12a）时，机器人的主关节轴 J2 绕其关节坐标正向转动 10.8°，J3 绕其关节坐标反向转动 31.9°，也是通过两轴联动实现工具坐标系（|T|：1）相对工件坐标系（|J|：0）的 Z 轴反向移动 708.0mm。同理，当手动控制机器人末端执行器绕工具坐标系的 Z 轴反向转动 90.0°（图 3-12b）时，机器人的副关节轴 J4 绕其关节坐标正向转动 90.0°，实现的是控制点不变动作。机器人基座轴在工具坐标系中的手动控制同样实现的是控制点不变动作（沿 X 轴正向移动 864.0mm，如图 3-13 所示），虽然机器人本体轴和基座轴的位置均有所改变，但末端执行器的空间位姿保持不变。

运动前TCP位姿(\{J\}：0　\{T\}：1)			运动后TCP位姿(\{J\}：0　\{T\}：1)	
关节坐标	直角坐标		关节坐标	直角坐标
J1=0.0°	X=2000.0mm		J1=0.0°	X=2000.0mm
J2=2.6°	Y=800.0mm		J2=13.4°	Y=800.0mm
J3=−2.6°	Z=700.0mm		J3=−34.5°	Z=−8.0mm
J4=90.0°	W=180.0°		J4=90°	W=180.0°
E1=800.0mm	P=0.0°		E1=800.0mm	P=0.0°
	R=90.0°			R=90.0°

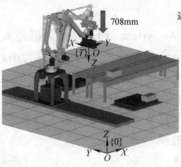

a) 主关节轴

运动前TCP位姿(\{J\}：0　\{T\}：1)			运动后TCP位姿(\{J\}：0　\{T\}：1)	
关节坐标	直角坐标		关节坐标	直角坐标
J1=0.0°	X=2000.0mm		J1=0.0°	X=2000.0mm
J2=2.6°	Y=800.0mm		J2=2.6°	Y=800.0mm
J3=−2.6°	Z=700.0mm		J3=−2.6°	Z=700.0mm
J4=90.0°	W=180.0°		J4=180.0°	W=180.0°
E1=800.0mm	P=0.0°		E1=800.0mm	P=0.0°
	R=90.0°			R=180.0°

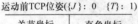
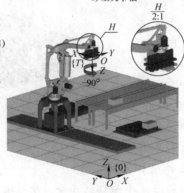

b) 副关节轴

图 3-12　工业机器人本体轴动作（工具坐标系）

运动前TCP位姿(\{J\}：0　\{T\}：1)			运动后TCP位姿(\{J\}：0　\{T\}：1)	
关节坐标	直角坐标		关节坐标	直角坐标
J1=0.0°	X=2000.0mm		J1=−23.4°	X=2000.0mm
J2=2.6°	Y=800.0mm		J2=11.0°	Y=800.0mm
J3=−2.6°	Z=700.0mm		J3=−1.7°	Z=700.0mm
J4=90.0°	W=180.0°		J4=113.4°	W=180.0°
E1=800.0mm	P=0.0°		E1=1664.0mm	P=0.0°
	R=90.0°			R=90.0°

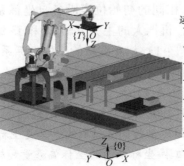

图 3-13　工业机器人附加轴动作（工具坐标系）

- 新设定的工具坐标系是相对默认工具坐标系（与机械接口坐标系重合）变化得到的，其零点和坐标轴方向始终同法兰盘保持绝对的位姿关系，随机器人动作而变化（对于移动工具坐标系而言）。
- 在实际任务编程或调试过程中，设定工具坐标系的作用在于：一是确定工具中心点，方便调整末端执行器或工具的姿态，如控制点不变动作；二是确定工具的进给方向，方便调整末端执行器或工具的位置，如移动末端执行器时不改变其指向的操作。
- 同机座坐标系类似，机器人在工具坐标系中的手动控制也是注重"结果导向"。

3.2.4 工件坐标系

工件坐标系（User Coordinate System，UCS）作为机器人运动学的参考对象，它是用户对每个作业空间进行自定义的笛卡儿坐标系，所以又称为用户坐标系。机器人任务程序中记录的所有位置信息均是参考工件坐标系，所以在编程或调试前，用户应及时定义工件坐标系。与工具坐标系类似，机器人系统可处理若干工件坐标系定义（一般在10个左右），但每次只能存在一个有效的工件坐标系。工件坐标系在尚未定义前，与机座坐标系完全重合，并且工件坐标系是通过相对机座坐标系的原点位置 (X, Y, Z) 及其 X、Y、Z 轴的转动角 (W, P, R) 来定义的。在图 3-14 中，新定义的工件坐标系（$\{J\}:1$）相对机座坐标系（$\{1\}:0$）或默认的工件坐标系（$\{J\}:0$）仅是发生了坐标系平移，沿机座坐标系（$\{1\}:0$）的 X 轴正向偏移 1500.0mm，Y 轴反向偏移 2001.0mm，Z 轴反向偏移 1528.0mm。执行任务时，机器人控制系统自动计算工具坐标系、工件坐标

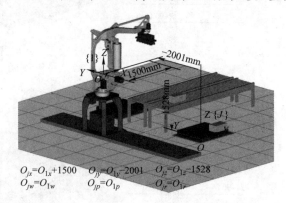

$$O_{jx}=O_{1x}+1500 \quad O_{jy}=O_{1y}-2001 \quad O_{jz}=O_{1z}-1528$$
$$O_{jw}=O_{1w} \quad O_{jp}=O_{1p} \quad O_{jr}=O_{1r}$$

图 3-14 工件坐标系 $\{J\}$ 与机座坐标系 $\{1\}$ 的关联

系和机座坐标系三坐标的原点偏移量及坐标轴转动量。这意味着，如果更改任务程序中的工件坐标系，机器人的移动未必随之更改。

为便于比较机器人在机座坐标系和工件坐标系中的差异性，不妨尝试在上述两种坐标系中执行一样的动作。例如，从相同的初始位姿沿各自坐标系的 X 轴正向移动 500mm（图 3-9a 和图 3-15a），结果发现，机器人的主关节轴 J2 和 J3 绕其关节坐标的转动角度相同，不同之处在于工具坐标系（$\{T\}:1$）相对默认的工件坐标系（$\{J\}:0$）和新定义的工件坐标系（$\{J\}:1$）的原点位置偏移量。同理，手动控制机器人末端执行器绕各自坐标系的 Z 轴正向转动 90.0°（图 3-9b 和图 3-15b），所实现的控制点不变动作是机器人的副关节轴 J4 绕其关节坐标的正向转动 90.0°，机器人基座轴 E1 的控制点不变动作也不例外（图 3-10 和图 3-16）。这充分说明机器人的运动控制直接取决于工具坐标系和机座坐标系间的坐标偏移量和转动量，而工具坐标系和工件坐标系间的坐标偏移量和转动量则为方便用户进行任务编程、调试以及查阅。

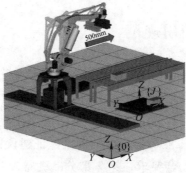

运动前TCP位姿($\{J\}$：1　$\{T\}$：1)		运动后TCP位姿($\{J\}$：1　$\{T\}$：1)	
关节坐标	直角坐标	关节坐标	直角坐标
$J1=0.0°$	$X=500.0$mm	$J1=0.0°$	$X=1000.0$mm
$J2=2.6°$	$Y=2801.0$mm	$J2=27.2°$	$Y=2801.0$mm
$J3=-2.6°$	$Z=2228.0$mm	$J3=3.2°$	$Z=2228.0$mm
$J4=90.0°$	$W=180.0°$	$J4=90.0°$	$W=180.0°$
$E1=800.0$mm	$P=0.0°$	$E1=800.0$mm	$P=0.0°$
	$R=90.0°$		$R=90.0°$

a) 主关节轴

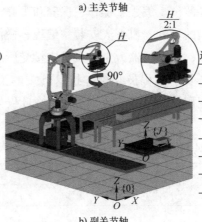

运动前TCP位姿($\{J\}$：1　$\{T\}$：1)		运动后TCP位姿($\{J\}$：1　$\{T\}$：1)	
关节坐标	直角坐标	关节坐标	直角坐标
$J1=0.0°$	$X=500.0$mm	$J1=0.0°$	$X=500.0$mm
$J2=2.6°$	$Y=2801.0$mm	$J2=2.6°$	$Y=2801.0$mm
$J3=-2.6°$	$Z=2228.0$mm	$J3=-2.6°$	$Z=2228.0$mm
$J4=90.0°$	$W=180.0°$	$J4=180.0°$	$W=180.0°$
$E1=800.0$mm	$P=0.0°$	$E1=800.0$mm	$P=0.0°$
	$R=90.0°$		$R=180.0°$

b) 副关节轴

图 3-15　工业机器人本体轴动作（工件坐标系）

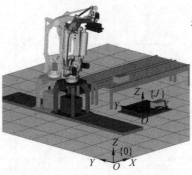

运动前TCP位姿($\{J\}$：1　$\{T\}$：1)		运动后TCP位姿($\{J\}$：1　$\{T\}$：1)	
关节坐标	直角坐标	关节坐标	直角坐标
$J1=0.0°$	$X=500.0$mm	$J1=23.1°$	$X=500.0$mm
$J2=2.6°$	$Y=2801.0$mm	$J2=10.8°$	$Y=2801.0$mm
$J3=-2.6°$	$Z=2228.0$mm	$J3=-1.7°$	$Z=2228.0$mm
$J4=90.0°$	$W=180.0°$	$J4=66.9°$	$W=180.0°$
$E1=800.0$mm	$P=0.0°$	$E1=-52.5$mm	$P=0.0°$
	$R=90.0°$		$R=90.0°$

图 3-16　工业机器人附加轴动作（工件坐标系）

结　论

- 新设定的工件坐标系是相对默认工件坐标系（与机座坐标系重合）变化得到的，其零点和坐标轴方向不随机器人动作而变化。
- 在实际任务编程或调试过程中，设定工件坐标系的主要意义在于：一是确定参考坐标系，方便调整或查阅末端执行器的移动量和转动量；二是确定工作台或输送带等运动方向，方便手动控制末端执行器的移动，如平行于倾斜工作台面的抓取作业。
- 机器人在工件坐标系中的手动控制和机座坐标系、工具坐标系类似，同样注重"结果导向"。

3.3 工业机器人安全使用规范

目前，工业机器人及其系统、单元、生产线的相关潜在危险（如机械危险、电气危险、热能危险、噪声危害、振动危害以及辐射危害等）已被人们广泛承认。鉴于工业机器人在应用中的危险具有可变性，GB 11291.1—2011《工业环境用机器人　安全要求　第1部分：机器人》提供了在设计和制造工业机器人时的安全保证建议；GB 11291.2—2013《机器人与机器人装备　工业机器人的安全要求　第2部分：机器人系统与集成》提供了从事工业机器人系统集成、安装、功能测试、编程、操作、保养和维修人员的安全防护准则。根据使用的机器人类型，使用机器人的目的，机器人安装、编程、操作和维护方式的不同，上述危险导致的相关风险也有所不同，所以机器人工作人员应接受所从事工作的相关专业培训。不过，系统集成商和用户（操作员、编程员和维护技术员）的工作任务有所不同（表3-2）。由于本书主要以工业机器人应用及其任务编程为重点，在此仅列出手动模式和自动模式下的一般注意事项。

表3-2　工业机器人工作人员的任务分配

工作任务	系统集成商	用户		
		操作员	编程员	维护技术员
启动或关闭机器人控制系统	○	○	○	○
启动任务程序	○	○	○	○
选择任务程序	○		○	○
选择运行方式	○	○	○	○
工具中心点标定	○		○	○
机器人零点校准	○		○	○
系统参数配置	○		○	○
任务编程调试	○		○	○
系统投入运行	○		○	○
日常保养维护	○			○
设备故障维修	○			○
系统停止运转	○			○
设备吊装运输	○			

注：表格中符号"○"表示该作业可以由该工作人员完成。

3.3.1　手动模式

手动模式是通过除自动操作外的按钮、触摸屏、操作杆等对工业机器人进行操作的操作方式，又可分为手动降速模式（T1模式或示教模式）和手动高速模式（T2模式或高速程序验证模式）。在手动降速模式下，机器人工具中心点（TCP）的运行速度限制在250mm/s以内，使得用户来得及从危险运动中脱身或停止机器人运动。此方式适用于机器人的慢速运行、任务编程以及程序验证，也可被选择用于机器人的某些维护任务；而在手动高速模式下，机器人能以指定的最大速度（高于250mm/s）运行。不论是手动降速模式，还是手动高速模式，机器人的使用安全要求如下：

1）严禁携带水杯、饮品进入操作区域。

2）严禁用力摇晃、扳动机械臂和悬挂重物，禁止倚靠机器人控制器或其他控制柜。

3）在使用示教盒和操作面板时，为防止误操作，禁止戴手套进行直接操作，并应佩戴适合作业内容的工作服、安全鞋、安全帽等。

4）非工作需要，不宜擅自进入机器人操作区域，如果编程员和维护技术员需要进入操作区域，应随身携带示教盒，防止他人误操作。

5）在编程与操作前，应仔细确认系统安全保护装置和互锁功能正常，并确认示教盒能正常操作。

6）手动移动工业机器人时，应事先考虑机器人本体的运动趋势，宜选用低速进行。

7）在手动移动工业机器人过程中，应确保有规避或逃生退路，以避免由于机器人和外围设备而堵塞路线。

8）时刻注意周围是否存在危险，做好准备，以便在需要的时候可以随时按下紧急停止按钮。

3.3.2　自动模式

自动模式是机器人控制系统按照任务程序运行的一种操作方式，也称为 Auto 模式或生产模式。当查看或测试机器人系统对任务程序的反应时，机器人使用的安全要求如下：

1）执行任务程序前，应确认安全栅栏或安全防护区域内没有人员停留。

2）检查安全保护装置安装到位且处于运行中，若发现有任何危险或者故障，在执行程序前，应排除危险或故障并再次完成测试。

3）仅执行本人编辑或了解的任务程序，否则应在手动模式下进行程序验证。

4）在执行任务过程中，机器人本体在短时间内未做任何动作，切勿盲目认为程序执行完毕，此时机器人很可能在等待使其继续动作的外部输入信号。

那么，工业机器人工作人员如何实现手动模式和自动模式的切换呢？下面以 FANUC 的机器人控制器 R – 30iB 为例进行说明，该系列控制器有四种不同的尺寸和形状可供选择，分别为 A – Cabinet、B – Cabinet、Mate Cabinet 和 Open – Air Cabinet（图 3-17）。除尺寸有所区别外，A – Cabinet 和 B – Cabinet 有很多共同之处，后者是一个标准尺寸的机器人控制器橱柜，为额外的操作技术如伺服放大器和 I/O 模块而设计；前者的尺寸小一些，可折叠，这一特点使得它非常适合工业环境。Mate Cabinet 和 Open – Air Cabinet 与 A – Cabinet 有些相似，它们都是紧凑型可折叠的控制器，Mate Cabinet 非常适合与 LR Mate 系列的小型机器人配套使用。而 Open – Air Cabinet 则略有不同，它不仅适用于 LR Mate 系列机器人，还可用于 M – 1iA、M – 2iA 和 M – 3iA 系列并联式机器人。此外，它还可以用支架来安装到另一个机器人控制器中以节省更多的空间。上述四种控制器可以集成基于 FANUC 自身软件平台研发的点焊、弧焊、涂胶、码垛等专用软件以及视觉辅助功能，在使机器人的操作变得更加简单的同时，也使系统具有彻底免疫计算机病毒的功能，更能适应用户的预算和环境。工作人员可以通过机器人控制器操作面板上的【模式旋钮】在 T1、T2 和 Auto 等控制模式间来回切换。

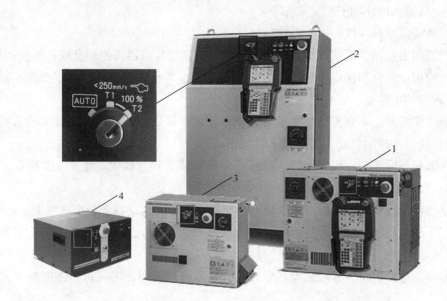

图 3-17　FANUC 机器人控制器 R – 30iB
1—A – Cabinet　2—B – Cabinet　3—Mate Cabinet　4—Open – Air Cabinet

3.4　手动控制工业机器人运动

在手动 T1 或 T2 模式下，工业机器人的在线操作主要是通过示教盒来完成的。因此，熟悉示教盒的屏幕画面及各个按键的功能是用户使用示教盒手动控制机器人运动的基本前提。

3.4.1　示教盒屏幕和按键布局

示教盒（Teach Pendant，TP）是与控制系统相连，用来对机器人进行任务编程或使机器人运动的手持式装置，它具有工业机器人操作和编程所需的各种操作和显示功能。从全球"四大家族"工业机器人使用的示教盒（图 3-18）看，相较日系示教盒的"硬件进化"而言，欧系的产品更为专注"软件革命"所驱动的工业创新。毕竟，日系的数控伺服系统（工业机器人的关键部件之一）在全世界销量名列前茅，需考虑用户操作的行为习惯。

（1）屏幕画面　目前，主流工业机器人示教盒的显示屏均已采用触摸式彩色液晶显示屏，能够显示图像、数字、字母和符号，并提供一系列图标来定义屏幕画面的功能。归纳起来，示教盒的屏幕画面大致可以分为菜单显示区、状态显示区、通用显示区和功能图标区等区域。用户可以通过点按示教盒上的物理按键（硬键）或触摸屏幕画面中的图标按钮（软键）来激活相应的操作，无需外部鼠标和外部键盘。

1）菜单显示区：显示屏幕（主）菜单和功能（简约）菜单，方便用户调出子菜单，如

a) ABB FlexPendant

b) Media—KUKA smartPAD

c) FANUC iPendant

d) YASKAWA—Motoman DX200

图 3-18　全球"四大家族"工业机器人配置的示教盒

文件、配置、显示、诊断、帮助等。

2）状态显示区：显示系统当前的状态，如机器人坐标系、机器人速度（倍率）、系统报警信息等。

3）通用显示区：机器人示教盒屏幕画面的主体，用于显示文件列表、任务程序以及设置、调试、查阅机器人参数变量等。

4）功能图标区：显示与功能键（硬键）一一对应的功能图标，其功能随编程、调试、查阅等操作过程而变化。

（2）按键功能　按照工业机器人系统功能测试、任务编程、保养维护等实施需求，机器人示教盒配置的物理按键（硬键）主要有安全使能键、坐标轴操控键、程序测试键以及其他功能键等，其按键的功能描述见表 3-3。

表 3-3　机器人示教盒主要按键功能

按键类别	按键名称	功能描述
安全使能键	紧急停止按钮	紧急停止按钮用于在危险情况下断开机器人电动机的驱动电源，停止所有运转部件，并切断由机器人系统控制且存在潜在危险的功能部件的电源。紧急停止按钮一旦按下，将自行"上锁"，需要旋转按钮才能恢复
	安全开关	安全开关又称使能装置、DEADMAN 开关，它有三个位置，即未按下、中间位置和完全按下。在手动 T1 和 T2 模式下，安全开关必须保持在中间位置，机器人才能运动，一旦松开或按紧，机器人立即停止运动，并出现报警。而在自动模式下，安全开关不起作用
坐标轴操控键	坐标系切换键	坐标系切换键用于手动模式下操作时，在关节、机座、工具和工件等常见坐标系间进行切换。此键每点按一次，当前坐标系依次变化一次
	轴操作键	轴操作键又称 JOG 键，包括空间鼠标和控制杆等，用于手动模式下控制机器人运动。只有同时适度按下安全开关和某一坐标系的一个或多个轴对应的操作按键时，机器人才能动作
程序测试键	启动按钮	启动按钮用于手动模式下正向（从前向后）执行一个程序
	步进按钮	步进按钮用于手动模式下正向单步执行一个程序
	步退按钮	步退按钮用于手动模式下反向单步执行一个程序
	停止按钮	停止按钮用于手动模式下暂停正在运行中的程序
其他功能键	菜单键	菜单键用于在示教盒画面中将屏幕菜单显示出来
	功能键	功能键用于选择示教盒画面中功能图标区显示的内容
	用户键	用户可自行设置的功能，如显示机器人的当前位姿、显示任务程序
	光标键	光标键用于手动模式下移动光标的位置
	数字字母键	数字字母键用于手动模式下输入文件名、变量名以及修改程序指令参数等
	速度倍率键	速度倍率键用于手动模式下调整机器人末端工具中心点（TCP）的运动速度

3.4.2　增量点动和连续点动机器人

在手动 T1 或 T2 模式下，用户经常需要手动控制机器人以时断时续的方式运动，而不是一直连续运动，这时就需要"点动"功能。"点动"中"点"的意思是点击按键，"动"的意思是机器人运动，强调用户手动控制机器人各轴的运动（方向和速度）。所以，点动就是"一点一动，不点不动"。具体来说，点动机器人有两种操作方式：

（1）增量点动机器人　在适当握住示教盒上【安全开关】的同时，用户每点按/微动【轴操作键】一次，机器人某一轴（或工具中心点）就会以设定好的速度转动固定的角度（或步进一小段距离）。到达固定角度（或距离）后，机器人本体就会停止运动，而不管用户是否一直按住【轴操作键】。当用户松开【轴操作键】并再次按下时，机器人又会以同样的方式运动。增量点动机器人适用于手动操作和任务编程时离目标（指令）位姿很近的场合，被用来对机器人末端执行器（或工件）的空间位姿进行精细调整，如图 3-19 和图 3-20 所示。当在 FANUC 机器人上实现点动操作时，一般先设置速度倍率（按【+%】、【-%】键调整至 5% 左右），然后同时按下【安全开关】+【SHIFT】，并根据需要点按某一【轴操作键】（【-X(J1)】、【+X(J1)】、【-Y(J2)】、【+Y(J2)】、【-Z(J3)】、【+Z(J3)】、【-$\overline{X}$(J4)】、【+$\overline{X}$(J4)】、【-$\overline{Y}$(J5)】、【+$\overline{Y}$(J5)】、【-$\overline{Z}$(J6)】、【+$\overline{Z}$(J6)】、【-(J7)】、【+(J7)】、【-(J8)】、【+(J8)】）。

（2）连续点动机器人　这是最常用的一种手动控制机器人移动方式。在适当握住示教盒上【安全开关】的同时，当用户按下【轴操作键】，对应的轴（或工具中心点）就会以设定好的速度连续转动或平动，一旦用户松开按键，机器人就会立即停止运动。连续点动机器人适用于手动操作和任务编程时离目标（指令）位姿较远的场合，被用来对机器人末端执行器（或工件）的空间位姿进行快速粗调整，如图 3-21 所示。当连续点动 FANUC 机器人时，一般先设置速度倍率（按【+%】、【-%】键调整至 25% 左右），然后同时按下【安全开关】+【SHIFT】，并根据需要持续按住某一【轴操作键】。

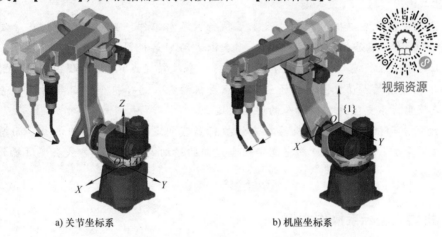

a) 关节坐标系　　　　　　　　　　b) 机座坐标系

图 3-19　增量点动机器人（空间细定位）

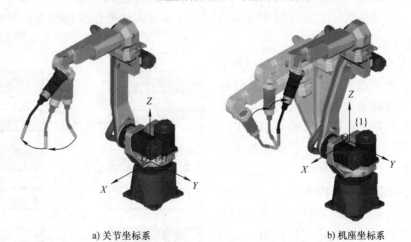

a) 关节坐标系　　　　　　　　　　b) 机座坐标系

图 3-20　增量点动机器人（空间细定向）

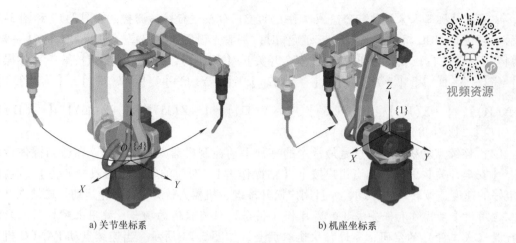

a) 关节坐标系　　　　　　　　　　　b) 机座坐标系

图 3-21　连续点动机器人（空间粗定位）

> **结论**
>
> ● 点动机器人应以机器人本体及末端执行器不与工件、夹具、周边设备等发生碰撞为前提，"点动"不是指"点位运动"，"点位运动"是机器人做点到点的运动，即机器人末端工具中心点从某个位置（点）运动到另一个位置（点），此过程由程序控制。
>
> ● 不论是增量点动机器人，还是连续点动机器人，选择机座、工具和工件等直角坐标系较关节坐标系更宜操控机器人的运动轨迹。
>
> ● 连续点动机器人多用于机器人末端执行器空间定位和定向的粗调整，而增量点动机器人则用于机器人末端执行器空间定位和定向的精细调整，两种方式在实际操作中宜搭配使用。

3.4.3　机器人坐标系操作实例

为使工业机器人系统运动轴、坐标系以及如何使用示教盒手动控制机器人等基础共性知识融会贯通，下面将通过工业机器人实际应用中的典型实例操作要领剖析，帮助读者实现"做中学、做中思"。

（1）关节坐标系　按照手动控制机器人运动的基本流程（图3-22），选择手动 T1 模式，确认显示屏画面状态显示区的当前坐标系——关节坐标系。如果显示的不是关节坐标系，操作员可以通过点按【坐标系切换键】进行切换。

实例一：机器人零点校准

工业机器人通过闭环伺服系统来控制其本体的各关节运动轴。在运动过程中，机器人控制器必须"知晓"每个关节轴的当前位置（通过读取装在伺服电动机上的编码器实

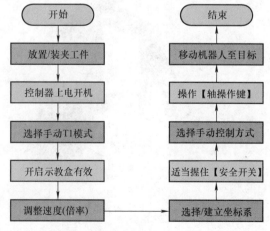

图 3-22　手动控制机器人运动的基本流程

时反馈），并与控制器存储卡中记录的已知机械参考点的编码器读数（零点数据）比较，以使机器人能够准确地按规划目标位置运动。当控制器正常关电后，零点数据保存在机器人控制器存储卡中，由主板备份电池供电维持；而每个伺服电动机编码器的当前数据则保留在各自编码器中，由编码器备份电池供电维持。当控制器重新上电时，它将请求从伺服电动机编码器读取数据，在收到每个编码器的读取数据后，伺服系统才能正确工作。这一通过将机器人本体的机械信息与位置信息同步来定义其物理位置的过程，称为机器人零点校准。零点校准在每次控制器开启时自动进行，机器人出厂前，制造商通常已进行过零点校准。但是，当用户更换控制器主板或伺服电动机编码器的备份电池以及进行机械拆卸维修等情况发生时，机器人的零点数据将会丢失，控制器上电时自动零点校准失败，此时应重新校准机器人零点。而且，一旦机器人零点数据丢失，机器人唯一可能做的动作就是单轴独立的关节式手动操作控制。以 FANUC LR Mate 200iD 机器人本体主关节轴 $J1$ 的零点丢失（图 3-23）为例，该轴的机械参考点已有偏离，那么，如何手动调整机器人 $J1$ 轴至 0° 位置（零点标记对齐的位置）？关键操作步骤如下：控制器上电开机→选择手动 T1 模式（旋转【模式旋钮】）→调整机器人速度倍率（按【+%】、【−%】键）→切换至关节坐标系（按【COORD】键）→点动机器人 $J1$ 轴（按【安全开关】+【SHIFT】+【−X（J1）】键）至零点标记对齐。

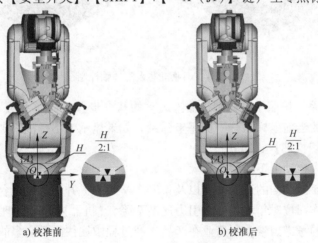

a) 校准前　　　　　　　　　b) 校准后

图 3-23　工业机器人本体零点校准

实例二：机器人附加轴控制

在实际生产中，针对一些（超）大型产品零部件和异形结构件的加工制造，由于机器人本体的工作空间有限，系统集成商在向客户提供机器人系统集成方案时，一般会考虑使用地装滑轨式（地轨式）或天吊滑轨式（龙门式）工业机器人，即由一台机器人（在多台设备之间）来回穿梭作业，这样利于提高机器人的费效比。同时，诸如机器人焊接、切割、磨削、涂装等制造工序的工艺过程稳定性将直接影响产品的最终质量，一方面单纯依靠机器人本体无法保持末端执行器的良好姿态，另一方面稍微复杂零部件的成形加工往往需要变位来满足机器人动作的可达性，系统集成商在为客户设计此类加工型机器人系统集成方案时，一般会考虑使用附加机座轴和/或工装轴。以图 3-24 所示的 8 轴 FANUC ARC Mate 100iC 机器人焊接系统（6 个本体轴 +2 个附加轴）为例，拟完成小型主管道和 4 个马鞍形法兰接头的焊接任务，如何手动调整机器人工装轴 $E1$ 和 $E2$ 将工件变换至合适的待焊位置呢？关键操作步骤如下：控制器上电开机→选择手动 T1 模式（旋转【模式旋钮】）→调整附加轴速度倍率（按【＋%】、【－%】键）→切换至关节坐标系（按【COORD】键）→切换运动轴组（视系统版本而定，按【GROUP】键）→连续转动 E1 工装轴近 90°（粗调整，按【安全开关】＋【SHIFT】＋【－(J7)】/【－X(J1)】键）→点动控制 E1 工装轴至 90°（精细调整）→连续转动 E2 工装轴近 90°（粗调整，按【安全开关】＋【SHIFT】＋【＋(J8)】/【＋Y(J2)】键）→点动控制 E2 工装轴至 90°（精细调整）。

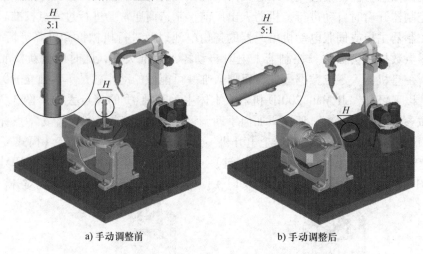

a) 手动调整前　　　　　　　　b) 手动调整后

图 3-24　工业机器人附加轴控制

（2）机座坐标系　按照手动控制机器人运动的基本步骤，选择手动 T1 模式，确认显示屏画面状态显示区的当前坐标系——机座坐标系。如果显示的不是机座坐标系，操作员可以通过点按【坐标系切换键】进行切换。

实例三：机器人自动上下料

随着我国人口年龄结构的逐渐改变以及年轻人学历的提升和思维观念的转变，传统劳动力密集型产业的工作岗位对年轻人的吸引力逐渐下降，"机器换人"的理念已经成为制造企业发展中必不可少的考虑因素。制造业在产品生产过程中往往需要众多的人力进行搬运和周转，特别是使用机床加工的企业。以往的机床在加工工件过程中，往往需要一台机床配一个工人负责上下料，不仅加工效率低，还容易出现工人操作不当导致机床受损或人员受伤的情况。企业通过引进上下料机器人，不仅可以大幅提升生产效率并节省大量的人工成本，还能减少工序间的物流时间以及工件周转中的二次碰伤，实现精益生产。以 FANUC 数控机床机器人上下料（M－2000iA/1200，如图 3-25 所示）为例，拟完成大型铸件毛坯的自动送料和卸料任务，怎样快速实现上述机器人移载过程的空间定位呢？关键操作步骤如下：控制器上电开机→选择手动 T1 模式（旋转【模式旋钮】）→调整机器人速度倍率（按【＋%】、【－%】键）→切换至机座坐标系（按【COORD】键）→连续沿 Z 轴正向移动工件（或机器人 TCP）至经由点（按【安全开关】＋【SHIFT】＋【＋Z(J3)】键）→切换至关节坐标系（按【COORD】键）→连续移动机器人 J1 轴直至工件到达机床上方的经由点（按【安全开关】＋【SHIFT】＋【－X(J1)】键）→切换至机座坐标系（按【COORD】键）→连续沿 Z 轴反向移动工件至目标临近点（粗调整，按【安全开关】＋【SHIFT】＋【－Z(J3)】键）→点动控制机器人沿 Z 轴反向移动至目标点（精细调整）。

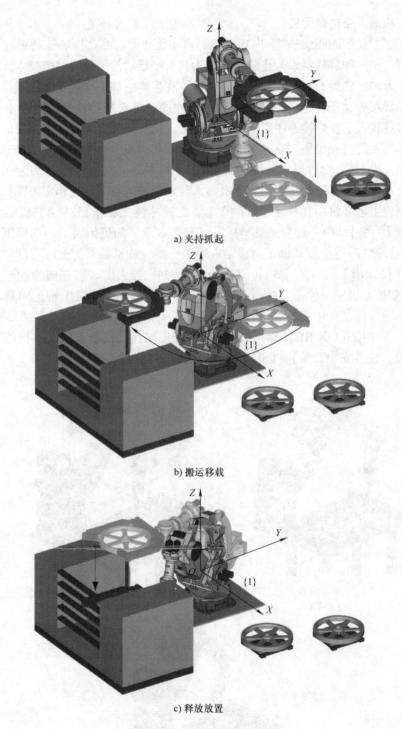

a) 夹持抓起

b) 搬运移载

c) 释放放置

图 3-25 机器人自动上下料

(3) 工具坐标系 按照手动控制机器人运动的基本步骤，选择手动 T1 模式，确认显示屏画面状态显示区的当前坐标系——工具坐标系。如果显示的不是工具坐标系，操作员可以通过点按【坐标系切换键】进行切换。

实例四：机器人自动化焊接

"机器换人"成为助推传统产业向现代化、自动化转型，推动技术红利替代人口红利的有效途径。焊接是一种将材料永久连接，并成为具有给定功能结构的制造技术。几乎所有的产品，从几十万吨巨轮到不足一克的微电子元件，在生产中都不同程度地依赖焊接技术。然而，传统手工焊接劳动条件差、热辐射大、危险性高，且对操作技能、焊接水平有较高要求。用机器人替代人工使焊接工序自动化，减小人工执行工艺要求时经常出现的变异性，可以大大减少不必要的过程变化，既能够确保产品品质和提高生产效率，又能提升职业健康和安全生产水平。以 FANUC 机器人（M – 10iA/12S，图 3-26）焊接 T 型接头为例，拟完成水平角焊缝的自动施焊，如何快速实现图示机器人运动轨迹的空间定位和定向呢？关键操作步骤如下：控制器上电开机→选择手动 T1 模式（旋转【模式旋钮】）→调整机器人速度倍率（按【 + %】、【 - %】键）→建立工具坐标系（参阅本章"知识拓展"）→切换至工具坐标系（按【COORD】键）→连续沿 Z 轴正向移动末端执行器（或机器人 TCP）至目标临近点（按【安全开关】+【SHIFT】+【 + Z（J3）】键）→点动控制机器人沿 Z 轴正向移动至目标点（作业开始点）→切换至机座坐标系（按【COORD】键）→点动/连续沿 Y 轴正向移动机器人末端执行器至下一目标点（作业结束点，按【安全开关】+【SHIFT】+【 + Y（J2）】键）→切换至工具坐标系（按【COORD】键）→连续沿 Z 轴反向移动机器人末端执行器至作业规避点（安全位置，按【安全开关】+【SHIFT】+【 - Z（J3）】键）。

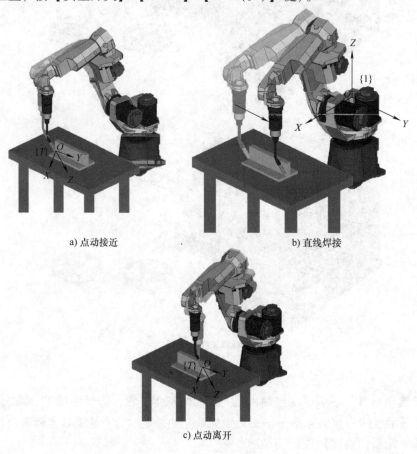

a) 点动接近   b) 直线焊接

c) 点动离开

图 3-26 机器人自动化焊接

（4）工件坐标系 按照手动控制机器人运动的基本步骤，选择手动 T1 模式，确认显示屏画面状态显示区的当前坐标系——工件坐标系。如果显示的不是工件坐标系，操作员可以通过点按【坐标系切换键】进行切换。

实例五：机器视觉自动检测

随着科技水平的提高，越来越多的工业机器人将被运用到 3C 制造业、食品制造业、医药制造业、金属制品业、烟草制品业等一般工业领域。上述众多的应用场景都要求机器人具有确定目标、定位目标和跟踪目标的能力，这就需要给机器人装上"眼睛"——机器视觉，使其具有像人一样的视觉功能，可以实现各种检测、识别、引导、测量等功能。典型的机器视觉系统通过图像采集模块（光源、镜头、相机、采集卡、机械平台）将待检测目标转换成图像信号，并传送给图像处理分析模块（工控主机、图像处理分析软件、图形交互界面）。图像处理分析模块的核心是图像处理分析软件，它包括图像增强与校正、图像分割、特征提取、图像识别与理解等，输出目标的质量判断、规格测量等分析结果至图像界面，并通过通信模块传递给机器人或其他机械装置执行相应操作，如分拣、抓取、剔除、报警等。与人工检测相比，机器视觉自动检测具有高效率、高度自动化的特点，可以实现很高的分辨率精度与速度，与被检测对象无接触，安全可靠。以图 3-27 所示的 FANUC M – 10iA 机器人视觉系统为例，它采用 Robot – Mounted 或 Eye – in – Hand 式相机，即工业相机安装在机器人手腕末端，跟随机器人一起移动。那么，如何快速手动控制机器人携带相机沿待检目标的轮廓移动，进而实现多方位检测呢？关键操作步骤如下：控制器上电开机→选择手动 T1 模式（旋转【模式旋钮】）→调整机器人速度倍率（按【 +% 】、【 –% 】键）→建立工件坐标系（参阅本章"知识拓展"）→切换至机座坐标系（按【COORD】键）→连续移动机器人视觉至目标临近点（按【安全开关】+【SHIFT】+【轴操作键】）→点动机器人至目标点并调整相机姿态→切换至工件坐标系（按【COORD】键）→沿 X 轴和 Y 轴正向连续移动机器人视觉至下一目标点（按【安全开关】+【SHIFT】+【 +X(J1) 】/【 +Y(J2) 】键）。

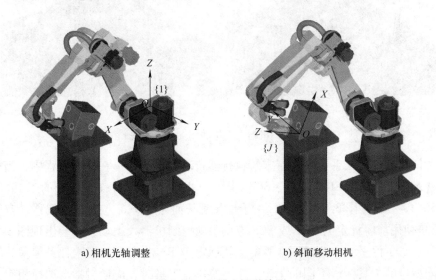

a) 相机光轴调整　　　　　　　　　b) 斜面移动相机

图 3-27　机器人视觉检测

结 论

- 手动控制机器人运动时，机器人运动数据不做存储。
- 在实际手动控制机器人运动的过程中，为缩短操作时间、简化操作难度，通常是在多个坐标系间来回切换，并采取连续移动机器人（粗调整）＋点动控制机器人（精细调整）的复合形式。

知 识 拓 展
——机器人工具坐标系的标定

工业机器人是通过在其手腕末端（或动平台）换装不同的工具来执行多样性任务的。在手动控制机器人运动或执行任务过程中，为方便导引机器人末端执行器到达指定空间位置并调整姿态，需要精确标定机器人末端工具中心点（TCP），即设定工具坐标系（TCS）。想必读者存在两个疑问：一是如果不标定 TCP 或 TCS，在使用机器人过程中将会遇到哪些问题？二是如果标定 TCP 或 TCS，可选用哪些方法呢？

（1）标定工具坐标系的缘由 第一种情况是机器人执行某一事先编制的任务程序而原标定 TCP 丢失。机器人在移向目标点时就是将 TCP 或 TCS 零点移至目标点位置，由于默认的 TCP 或 TCS 零点在机器人手腕末端法兰中心（图 3-28a），此时容易发生末端执行器与工件、工作台等碰撞，这可能会导致机器人关键部件的损坏。待重新标定 TCP 或 TCS 零点（图 3-28b）后，机器人的精确定位动作恢复正常。

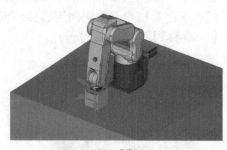
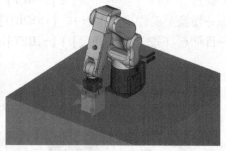

a) TCP丢失　　　　　　　　　　　　　　b) 标定TCP

图 3-28　机器人定位动作（TCP 丢失）

第二种情况是机器人系统配备有末端执行器自动更换系统。在作业过程中，当由一种型号的工具（ABIROB BINZEL 350GC－30S，图 3-29b）更换为另一种型号的工具（ABIROB BINZEL 350GC－30L，图 3-29a）后，由于枪颈延长而导致 TCP 位置发生偏移（空间指向未变），如果仍使用前者标定的 TCP 或 TCS 零点手动控制机器人运动，将会出现图 3-29a 所示的末端执行器与工件干涉，此时同样需要重新标定 TCP。为提高机器人任务编程效率，用户宜针对不同型号的工具标定不同的 TCP，在更换作业工具时，应通过指令选择相应的 TCP。

第三种情况是工业机器人绕着某一目标点转动（即控制点不变动作）。在使用机器人进行焊接、切割、涂胶等加工型任务过程中，经常需要围绕某一目标点调整末端执行器或工具

 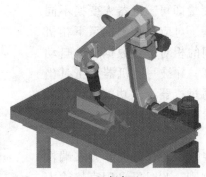

a) 原标定TCP   b) 标定TCP

图 3-29 机器人定位动作（更换末端执行器）

的姿态，倘若未标定机器人 TCP 或 TCS 零点，手动控制机器人在机座坐标系中绕 Y 轴转动时，工具的末端位置将围绕手腕法兰中心转动（图 3-30a），容易与工件、工作台发生碰撞，所以此种情况下调整末端工具的姿态较为繁琐。待重新标定 TCP 或 TCS 零点后，用户很容易实现手动控制机器人绕 Y 轴定点转动（图 3-30b）。

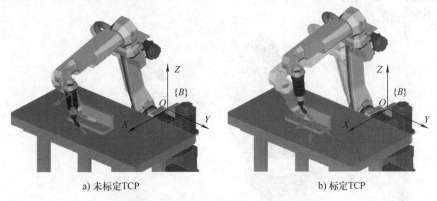

a) 未标定TCP   b) 标定TCP

图 3-30 机器人定点转动（控制点不变动作）

综上可见，机器人 TCP 或 TCS 的设定至关重要。当 TCP 或 TCS 零点设定的精度较低时，机器人执行任务的运动轨迹精度也将会下降。因此，应进行机器人 TCP 或 TCS 的正确设定。

（2）标定工具坐标系的方法 按照标定过程中末端执行器是否与参考点接触，机器人工具坐标系的标定方法大致可以分为碰触标定法、视觉标定法和直接输入法三种。碰触标定法（图 3-31）是采用机器人末端工具的尖端点（或触针）与机器人动作范围内所选用的固定参考点（譬如销针）进行触碰，调整机器人末端工具的指向以不同的空间姿态多次接近固定参考点，机器人控制器将基于记录的多点位置数据自动计算出 TCP 的位置。由于操作简单，无需增添额外的设备，该方法目前受到用户的普遍青睐。例如，三点法可以用来设定TCP 或 TCS 的零点位置，新的 TCS 的坐标方向与默认 TCS 的坐标方向一致，比较适合机器人搬运、码垛、分拣、装配、打磨等场合；六点法可以用来设定 TCP 以及 TCS 的零点和坐标方向，比较适合机器人焊接、切割、涂胶等场合。

与碰触标定法相比，视觉标定法（图 3-32）可以不受用户的技能约束而正确设定机器人 TCP 或 TCS，也无需准备用于碰触的触针和销针，只需机器人移动末端工具至固定相机的

88

前方进行测量即可。机器人变换不同的姿态，基于对应工件坐标系下相机与目标点间的相对位置数据将被自动检测、计算，并被写入机器人工具坐标系中。通过机器视觉功能，用户可以提升机器人 TCP 或 TCS 标定的速度和精确性。

在某些应用场合，机器人末端执行器较为规则，此时可采用直接输入法修正机器人 TCP 或 TCS 原点位置。以图 3-33 所示的抓握型夹持器为例，该工具的 TCP 或 TCS 原点较机械接口坐标系（手腕末端法兰盘）正向偏移 850.0mm，用户只需在示教盒屏幕的坐标系设置画面中输入偏移量即可完成 TCP 或 TCS 标定。

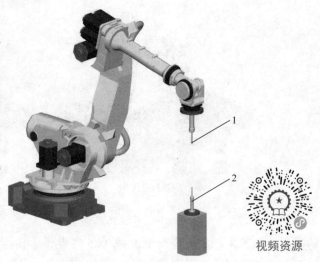

视频资源

图 3-31　机器人工具坐标系标定（碰触标定法）
1—触针　2—销针

图 3-32　机器人工具坐标系标定（视觉标定法）

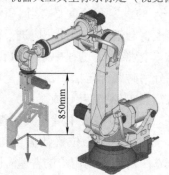

图 3-33　机器人工具坐标系标定（直接输入法）

本 章 小 结

一般来讲，工业机器人系统（单元或生产线）运动轴按其功能分为两类，本体轴和附加轴。前者属于机器人本体，后者指机器人本体以外的运动轴，按照能否直接通过机器人示教盒控制划分，又将附加轴分为内部轴和外部轴。上述运动轴的控制主要围绕机器人工具中心点（TCP）的空间定位和定向进行。目前绝大部分的工业机器人系统中都提供手动控制机器人 TCP 的四种典型坐标系，即关节坐标系、机座坐标系、工具坐标系和工件坐标系。其中，工具坐标系和工件坐标系需要用户自己定义。从手动控制机器人 TCP 到目标位姿的角度出发，用户使用任一坐标系，均可实现目的，差异在于操作的便利性。关节坐标系中的手动控制以单轴方式为主，注重"过程导向"，类似运动学正解；而其他直角坐标系中的手动控制则以多轴联动形式为主，注重"结果导向"，类似运动学逆解。

工业机器人符合当前技术水平及现行的安全技术规定。尽管如此，违规使用仍可能会导致人身伤害、机器人系统及其他设备损伤。工业机器人的手动控制应由具有专业资格的人员手持示教盒在手动模式下进行，并以连续移动机器人进行粗定位（或定向），点动控制机器人进行精细定位（或定向）为准则。

思 考 练 习

1. 填空

（1）工业机器人系统运动轴（图 3-34）按其功能划分为 1—_____ 和附加轴，附加轴包括用于调整机器人本体空间位置的基座轴以及用于调整工件空间位姿的 2—_____，其手动控制一般选择在_____坐标系中进行单轴独立的正向或反向运动。

（2）出于对人员、设备等安全的考虑，机器人的慢速运行、任务编程、程序验证以及一些维护任务应选择在_____模式下进行，此时机器人工具中心点的运行速度限制在 250mm/s 以内，利于用户从危险运动中脱身或停止机器人运动。

（3）当手动控制机器人末端执行器离目标点较近时，应采用_____机器人模式完成精确定位。

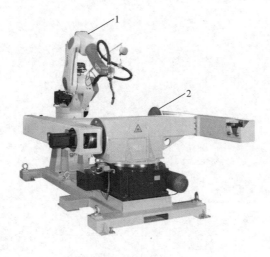

图 3-34　题 1（1）图

2. 选择

（1）为提高用户手动控制机器人的便捷性，目前绝大多数的工业机器人系统中提供的四大典型坐标系指的是（　　　）。

①关节坐标系；②机械接口坐标系；③工具坐标系；④工件坐标系；⑤工作台坐标系；⑥机座坐标系

A. ①②③④　　　　B. ①②⑤⑥　　　　C. ①③⑤⑥　　　　D. ①③④⑥

（2）工业机器人只允许用于操作指南或安装指南中"规定用途"提及的用途，其他使用或除此以外的使用都属于违规使用，其中包括（　　　）。

①运输人员和动物；②用作攀升的辅助工具；③在允许的运行范围之外使用；④在有爆炸危险的环境中使用；⑤在不使用附加安全保护装置的情况下使用

A. ①②③　　　　B. ①②④⑤　　　　C. ①②③④　　　　D. ①②③④⑤

3. 判断

（1）示教盒是与控制系统相连、用来对机器人进行任务编程或使机器人运动的手持式装置，用户宜戴上手套进行机器人的各种手动控制操作。　　　　　　　　（　　　）

（2）工业机器人的编程操作应由具有专业资格的人员执行，即受过专业培训、具有该方面知识和经验，且熟知规定的标准，并因此能对准备从事的工作做出正确判断、能够辨别潜在危险的人员。　　　　　　　　　　　　　　　　　　　　　　　（　　　）

（3）若想手动控制机器人实现控制点不变动作，宜选择机座坐标系或工具坐标系；而若想手动控制机器人沿工作台面或产品表面平行移动而不改变工具方向，宜选择工件坐标系或工具坐标系。　　　　　　　　　　　　　　　　　　　　　　　　（　　　）

第4章

hapter

工业机器人的任务编程

　　人与机器人、机器和工艺之间的协作变得越来越重要，因为许多行业已经从大批量生产转变为多品种的小批量生产，这意味着存在更多的变化和更多的人为干预。协作自动化允许人们和机器人各自发挥自己独特的优势——人们提供工艺知识、洞察力和应变能力，而机器人则从事重复性的任务。在面向未来工业应用的生产单元中，机器人不仅能"不知疲倦"地进行简单重复工作，还能作为一个高度柔性、开放并具有友好的人机交互功能的可编程、可重构制造单元融合到制造业系统中。这一能力的实现要求现阶段工业机器人技术整体的进步，任务示教及编程技术就是其中重要的部分。

　　本章将对工业机器人任务示教时常用的两种编程方法（在线示教和离线编程）予以重点阐述，并通过实例说明任务示教的主要内容、基本流程和注意事项，旨在加深读者对机器人任务编程和示教再现原理的理解。

 【学习目标】

知识目标

1. 了解工业机器人任务示教的基本内容。
2. 掌握工业机器人在线示教的特点与步骤。
3. 掌握工业机器人离线编程的特点与步骤。

能力目标

1. 能够进行任务复杂度不高的工业机器人在线示教。
2. 能够进行任务复杂度不高的工业机器人离线编程。

情感目标

1. 增长见识、激发兴趣。
2. 遵守行规、细致操作。

【导入案例】

人机协作：下一代工业机器人的必备基础特性

1978年9月6日，日本广岛一家工厂的切割机器人在切钢板时突然发生异常，将一名值班工人当作钢板操作，这是世界上第一起机器人"杀人"事件；2015年7月1日，在德国大众汽车公司的一家工厂，机器人"出手"杀死了一名工作人员。截至目前，日本已有近20人死于机器人手下，致残的有8000多人，工业机器人的安全问题再次引发热议。从人类的角度来讲，机器人自诞生之日起，就是为人类服务的。既然服务的对象是人，那么机器人存在的前提条件就是"和平共处"，与人类"协作"共同完成不同的任务，除了包括传统的"人干不了的、人不想干的、人干不好的"任务之外，还包括能够减轻人类劳动强度、提高人类生存质量的复杂任务。基于此，"人机协作"的概念应运而生，并逐渐受到产业界、学术界、研究机构的重视。丹麦Universal Robots的UR系列机器人、瑞士ABB的YuMi机器人、日本FANUC的CR系列机器人、日本YASKAWA的HC10机器人、我国Midea-KUKA的LBR iiwa机器人以及美国Rethink Robotics的Baxter和Sawyer机器人等均为优秀的协作机器人。

协作机器人（不论单臂还是双臂）可以在协作区域内与人类员工直接进行交互工作而无需使用安全围栏进行隔离，它们与传统工业机器人最大的区别在于安全性、灵活性和易用性得到提升。在工人"手把手"的直接牵引之下安全地执行任务所需的动作，客户不必经过机械、编程等方面的系统培训便可轻松对机器人"上手"。而传统工业机器人存在某种程度的不足，或者无法适应新的市场需求，主要表现在以下三方面：

1）传统工业机器人布置成本高。以传统工业机器人为主的自动化改造一般是用生产线代替生产线，机器人仅是整个生产线组成的一部分，还需要很多外围设备的支持，需要高额的投资费用。此外，虽然机器人本身是一种高柔性的设备，但整条生产线不是，一旦涉及生产线变动，重新设计和布置的工作量有时会接近首次布置。

2）传统工业机器人无法满足中小企业需求。传统工业机器人的目标市场是可以进行大规模生产的企业，以生产过程的分解、流水线组装、标准化零部件、大批量生产和机械式重复劳动等为主要特征。有能力进行大规模生产的企业，对机器人系统高额的布置费用相对不敏感，因为在产品定型之后，在足够长的时间内生产线基本不会有大的变动，机器人基本不需要重新编程或者重新布置，可以最大化利用机器人标准化、高效率的特点，实现投资价值最大化。而中小企业则不一样，它们的产品一般以小批量、定制化、短周期为特征，没有太多的资金对生产线进行大规模改造，并且对产品的投资回报率更为敏感。这要求机器人具有较低的综合成本、快速（重）布置能力、简单的使用方法，而这些，传统工业机器人很难满足。

3）传统工业机器人无法满足多品种、小批量、柔性、快速等新型制造模式的需求。3C、医药、食品、物流等行业的特点是产品种类繁多、体积普遍不大、对操作人员的灵活度（柔性）要求高，传统工业机器人很难在成本可控的情况下给出性能满意的解决方案。因此，由人类负责对柔性、触觉、灵活性要求比较高的工序，而机器人则发挥其快速、准确的优势来负责重复性的工作，"人机协作"将是未来机器人必备且基础的特性。

当然，协作机器人并不是万能的，它只是智能机器人产品线中一个新兴的细分品类，虽具有很多传统机器人无法比拟的优势，但也有不少缺点。例如，为降低碰撞造成的损失，整个机器人的速度和重量被限制在一定范围内，负载比较低，较小的自重导致刚性比传统机器人差很多，位姿重复性一般比传统机器人要低一个数量级。

中国制造业"机器换人"的高峰正值当下，机器与人已经从单纯的"替换"和"被替换"升华至更高层次的"人机协作"——人与机器人将以前所未有的方式并肩工作。届时，人在机器人"伙伴"的协助下，将创造出更加智能和谐、合理高效的生产制造流程，为实现智能制造、个性化制造提供有力的支持。

——资料来源：雷锋网、国际金属加工网、荣格工业资源网

4.1　工业机器人任务示教的主要内容

因技术尚未成熟，目前企业引入的工业机器人仍然以第一代工业机器人为主，它的基本工作原理是示教－再现。"示教"也称导引，即由操作员直接或间接导引机器人，一步步按实际作业要求告知机器人应该完成的动作和作业的具体内容，机器人在导引过程中以程序⊖的形式将其记忆下来，并存储在机器人控制装置内；"再现"则是通过存储内容的回放，使机器人能在一定精度范围内按照程序展现所示教的动作和赋予的作业内容。换句话说，使用机器人代替工人进行自动化作业，必须预先给予机器人完成作业所需的信息，即运动轨迹、工艺条件和动作次序。

4.1.1　运动轨迹

运动轨迹是机器人为完成某一作业，工具中心点（TCP）以指定的速度所掠过的路径，它是机器人示教的重点。从运动方式上看，工业机器人具有点到点（PTP）运动和连续路径（CP）运动两种方式，关于这一点在第 2 章中已详细说明；按运动路径种类区分，工业机器

⊖　程序是把机器人的作业内容用机器人语言加以描述的文件，用于保存示教操作中产生的示教数据和机器人指令。

人具有直线和圆弧两种动作类型[⊖]，其他任何复杂的运动轨迹都可由它们组合而成。

示教时，不可能将作业运动轨迹上所有的点都示教一遍，一是费时，二是占用大量的存储空间。实际上，对于有规律的轨迹，原则上仅需示教几个程序点[⊜]。例如，直线轨迹示教2个程序点（直线起始点和直线结束点）；圆弧轨迹示教3个程序点（圆弧起始点、圆弧中间点和圆弧结束点）。在具体操作过程中，通常采用PTP方式示教各段运动轨迹的端点，而端点之间的CP运动由机器人控制系统的路径规划模块经插补运算产生。

例如，当再现图4-1所示的运动轨迹时，机器人按照程序点1输入的插补方式[⊜]和再现速度^⑭移动到程序点1的位置。然后，在程序点1和2之间，按照程序点2输入的插补方式和再现速度移动。同样，在程序点2和3之间，按照程序点3输入的插补方式和再现速度移动。依此类推，当机器人到达程序点3的位置后，按照程序点4输入的插补方式和再现速度移向程序点4的位置。

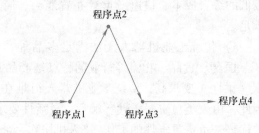

图4-1 机器人运动轨迹

由此可见，机器人运动轨迹的示教主要是确认程序点的属性。一般来讲，每个程序点主要包含如下4部分信息：

◇ 位置坐标 描述机器人TCP的6个自由度（3个平动自由度和3个转动自由度）。

◇ 动作类型 机器人再现时，从前一程序点或当前位姿移向目标程序点位姿的工作形式。表4-1列出了工业机器人任务示教经常采用的3种动作类型。

◇ 移动速度 机器人再现时，从前一程序点移动到当前程序点的速度。

◇ 作业点/空走点 机器人再现时，决定从当前程序点移动到下一程序点是否实施作业。作业点指从当前程序点移动到下一程序点的整个过程需要实施的作业，主要用于作业开始点和作业中间点两种情况；空走点则指从当前程序点移动到下一程序点的整个过程不需要实施作业，主要用于示教除作业开始点和作业中间点之外的程序点。需要指出的是，在作业开始点和作业结束点一般都有相应的作业开始和作业结束命令。例如YASKAWA机器人，焊接作业开始命令ARCON和结束命令ARCOF、搬运作业开始命令HAND ON和结束命令HAND OFF等。

提示

● 作业区间的移动速度一般按工艺条件中指定的速度移动，而空走区间的移动速度则按动作指令中指定的速度移动。

● 登录程序点时，程序点属性值也将一同被登录。

⊖ 对于焊接机器人而言，一般具有直线、圆弧、直线摆动和圆弧摆动4种动作类型。

⊜ 程序点：也称示教点，是按示教先后顺序存储的位置点。

⊜ 插补方式：机器人再现时，决定程序点之间采取何种轨迹移动。

⑭ 再现速度：机器人再现时，程序点间的移动速度。

表 4-1   工业机器人的常见动作类型

动作类型	动作描述	动作图示
关节运动	机器人在未规定采取何种方式移动时，默认采用关节运动，所有运动轴同时加/减速，运动轨迹通常为非线性，且移动中工具姿态不受控制。出于安全考虑，通常在程序点 1（原点）用关节运动示教	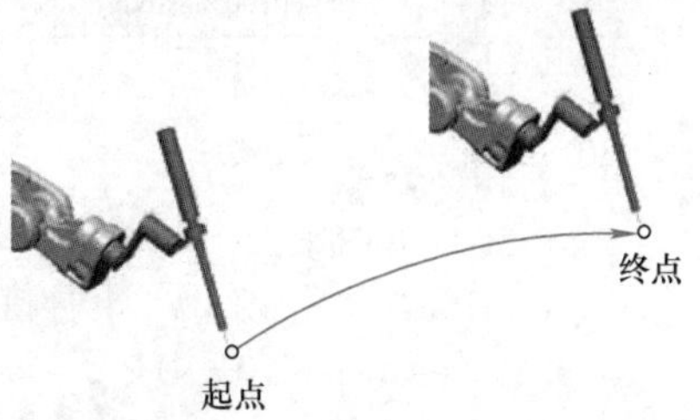 终点 起点
直线插补	机器人从前一程序点或当前位姿（起点）以线性方式移向目标程序点（终点）位姿，仅在终点，记录动作类型，且通过分割起点和终点姿态进行移动控制。该动作类型主要用于直线轨迹的任务示教	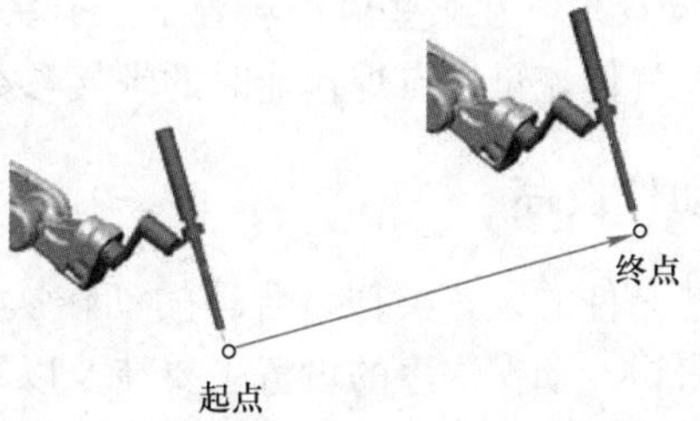 终点 起点
圆弧插补	机器人从起点通过经由点（中间点）到终点，以圆弧方式对 TCP 运动轨迹加以控制，同直线插补类近，将起点，中间点和终点姿态分割后进行移动控制。主要用于圆弧轨迹的任务示教	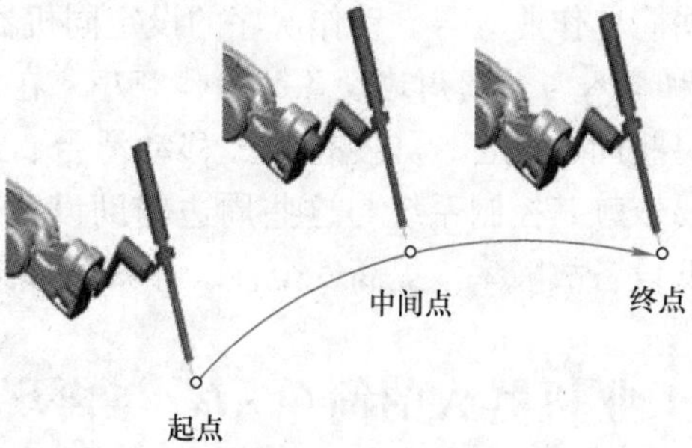 中间点 终点 起点

4.1.2   工艺条件

为获得好的产品质量与作业效果，在机器人再现之前，有必要合理配置其作业的工艺条件。例如，弧焊作业时的电流、电压、速度和保护气体流量；点焊作业时的电流、压力、时间和焊钳类型；涂装作业时的涂液吐出量、旋杯旋转、调扇幅气压和高电压等。工业机器人工艺条件的输入方法，有如下 3 种形式：

◇ 使用工艺条件文件   输入工艺条件的文件称为工艺条件文件。使用这些文件，可以使工艺指令[⊖]的应用更为简便。例如，对机器人弧焊作业而言，焊接条件文件有引弧条件文件（输入引弧时的条件）、熄弧条件文件（输入熄弧时的条件）和焊接辅助条件文件（输入再引弧功能、再启动功能及自动解除粘丝功能）三种。每种文件的调用以编号形式指定。

◇ 在工艺指令的附加项中直接设定   采用此方法进行工艺条件设定，首先需要了解机器人指令的语言形式，或者程序编辑画面的构成要素。由图 4-2 可知，程序语句一般由行标

⊖ 工艺指令：工业机器人应用领域的不同，其控制系统所安装的作业软件包也有所不同，如弧焊工艺包、点焊工艺包、搬运工艺包、包装工艺包、装配工艺包、压铸工艺包等。

号、指令及附加项几部分组成。要修改附加项数据，将光标移动到相应语句上，然后点按示教盒上的相关按键即可。

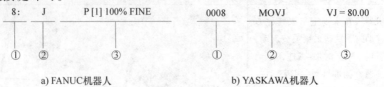

a) FANUC机器人   b) YASKAWA机器人

图4-2 程序语句的主要构成要素

①—行标号 ②—指令 ③—附加项

◇ **手动设定** 在某些应用场合下，有关工艺参数的设定需要手动进行。例如，弧焊作业时的保护气体流量，点焊作业时的焊接参数等。

4.1.3 动作次序

同工艺条件的设置类似，合理的动作次序不仅可以保证产品质量，还可以有效提高效率。一般来讲，动作次序的设置主要涉及以下两个方面：

◇ **作业对象的工艺顺序** 有关这部分，基本已融入到机器人运动轨迹的合理规划部分。即在某些简单作业场合，动作次序的设定同机器人运动轨迹的示教合二为一。

◇ **机器人与外围周边设备的动作顺序** 在完整的工业机器人系统中，除机器人本身外，还包括一些周边设备，如变位机、移动滑台、自动工具快换装置等。机器人要完成期望作业，需要依赖其控制系统与这些周边辅助设备的有效配合，互相协调使用，以减少停机时间、降低设备故障率、提高安全性，并获得理想的作业质量。

4.2 工业机器人的简单示教与再现

了解了工业机器人任务示教的主要内容，接下来该如何开展机器人作业任务编制呢？为使机器人能够进行再现，就必须把机器人工作单元的作业过程用机器人语言编成程序。然而，目前机器人编程语言还不是通用语言，各机器人生产厂商都有自己的编程语言，如ABB机器人编程用RAPID语言（类似C语言），FANUC机器人用KAREL语言（类似Pascal语言），YASKAWA机器人用Moto–Plus语言（类似C语言），Midea–KUKA机器人用KRL语言（类似C语言）等。不过，好在一般用户接触到的都是机器人公司自己开发的针对用户的语言平台，通俗易懂，在这一层面，因各机器人所具有的功能基本相同，因此不论语法规则和语言形式变化多大，其关键特性大都相似，见表4-2。因此，只要掌握某一品牌机器人的示教与再现方法，对于其他厂家机器人的作业编程就很容易上手了。

表4-2 工业机器人行业四巨头的机器人动作指令

运动形式	动作类型	动作指令			
		ABB	FANUC	YASKAWA	Midea – KUKA
点位运动	PTP	MoveJ	J	MOVJ	PTP
连续路径运动	直线	MoveL	L	MOVL	LIN
	圆弧	MoveC	A/C	MOVC	CIRC

以工业机器人为主的柔性加工生产单元作为未来制造业的主要发展方向，其功能的灵活性和智能性在很大程度上取决于机器人的示教能力。即在工业机器人应用系统中，机器人的任务示教是一个关键环节。其中，在线示教因简单直观、易于掌握，是工业机器人目前普遍采用的示教方式。

4.2.1　在线示教及其特点

在线示教时由操作者手持示教盒引导，控制机器人运动，记录机器人作业的程序点并插入所需的机器人命令来完成程序的编制。如图 4-3 所示，典型的示教过程是依靠操作者观察机器人及其末端夹持工具相对于作业对象的位姿，通过对示教盒的操作，反复调整程序点处机器人的作业位姿、运动参数和工艺条件，然后将满足作业要求的这些数据记录下来，再转入下一程序点的示教。为使示教方便以及获取信息快捷、准确，操作者可以选择在不同坐标系下手动操纵机器人。整个示教过程完成后，机器人自动运行（再现）示教时记录的数据，通过插补运算，就可重复再现在程序点上记录的机器人位姿。

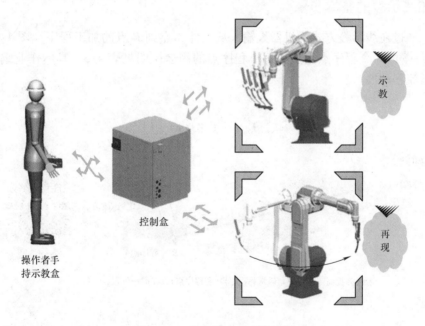

图 4-3　工业机器人的在线示教

在早期的机器人作业编程系统中，还有一种人工牵引示教（也称直接示教或手把手示教）。即由操作者牵引装有力－力矩传感器的机器人末端执行器对工件实施作业，机器人实时记录整个示教轨迹与工艺参数，然后根据这些在线参数就能准确再现整个作业过程。该示教方式控制简单，但劳动强度大，操作技巧性高，精度不易保证。如果示教失误，修正路径的唯一方法就是重新示教。因此，通常所说的在线示教编程主要指前一种（示教盒）方式。

综合而言，采用在线示教进行机器人作业任务编制具有如下共同特点：

1）利用机器人具有较高重复定位精度的优点，降低了系统误差对机器人运动绝对精度的影响，这也是目前机器人普遍采用这种示教方式的主要原因。

2）要求操作者具有相当的专业知识和熟练的操作技能，并需要现场近距离示教操作，因而具有一定的危险性，安全性较差。对服役在有毒粉尘、辐射等环境下的机器人，这种编程方式有害操作者的健康。

3）示教过程繁琐、费时，需要根据作业任务反复调整末端执行器的位姿，占用了大量的机器人工作时间，时效性较差。

4）机器人在线示教的精度完全由操作者的技术决定，对于复杂运动轨迹难以取得令人满意的示教效果。

5）出于安全考虑，机器人示教时要关闭与外围设备联系的功能。然而，那些需要根据外部信息进行实时决策的应用就显得无能为力。

6）在柔性制造系统中，这种编程方式无法与 CAD 数据库相连接，这对工厂实现 CAD/CAM/Robotics 一体化不利。

基于上述特点，采用在线示教的方式可完成那些应用于大批量生产、工作任务简单且不变化的机器人作业任务编制。

4.2.2 在线示教的基本步骤

下面，通过在线示教方式为机器人输入从工件 A 点到 B 点的加工程序（图 4-4），此程序由编号 1~6 的 6 个程序点组成，每个程序点的用途说明见表 4-3。具体作业编程可参照图 4-5 所示流程开展。

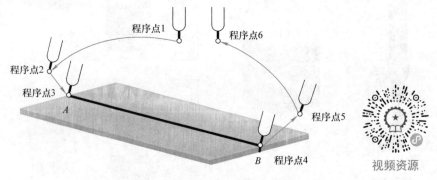

★ 为提高工作效率，通常将程序点6和程序点1设在同一位置。

图 4-4　机器人运动轨迹

表 4-3　程序点说明

程序点	说　明	程序点	说　明	程序点	说　明
程序点 1	机器人原点	程序点 3	作业开始点	程序点 5	作业规避点
程序点 2	作业临近点	程序点 4	作业结束点	程序点 6	机器人原点

（1）示教前的准备　开始示教前，请做如下准备：

1）工件表面清理。使用钢刷、砂纸等工具将钢板表面的铁锈、油污等杂质清理干净。

2）工件装夹。利用夹具将钢板固定在机器人工作台上。

3）安全确认。确认自己和机器人之间保持安全距离。

4）机器人原点确认。通过机器人机械臂各关节处的标记或调用原点程序复位机器人。

（2）新建任务程序　如上文所述，作业程序是用机器人语言描述机器人工作单元的作业内容，主要用于输入示教数据和机器人指令。为测试、再现示教动作，通过示教盒新建一个作业程序，如"Test"。

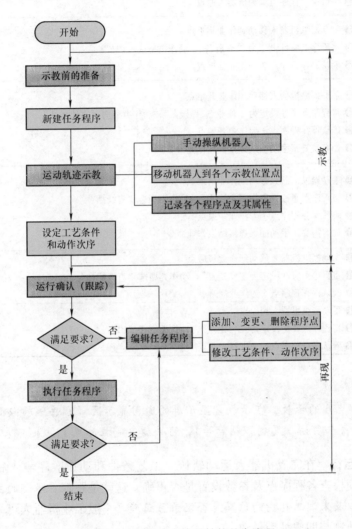

图 4-5　机器人在线示教的基本流程

（3）程序点的输入　试着以图 4-4 所示的运动轨迹为例，给机器人输入一段直线焊缝的作业程序。处于待机位置的程序点 1 和程序点 6，要求机器人末端工具处于与工件、夹具等互不干涉的位置。另外，机器人末端工具由程序点 5 向程序点 6 移动时，也要处于与工件、夹具等互不干涉的位置。具体示教方法和动作次序请参照表 4-4。

（4）设定工艺条件和动作次序　本例中焊接作业条件的输入，主要涉及以下 3 个方面：①在作业开始指令中设定焊接开始规范及焊接开始动作次序；②在焊接结束指令中设定焊接结束规范及焊接结束动作次序；③手动调节保护气体流量。在编辑模式下合理设置焊接工艺参数。

表4-4　运动轨迹示教方法

程序点	示教方法
程序点1 （机器人原点）	❶ 按第3章手动操纵机器人要领移动机器人到原点 ❷ 将程序点属性设定为"空走点"，动作类型选"PTP" ❸ 确认保存程序点1为机器人原点
程序点2 （作业临近点）	❶ 手动操纵机器人移动到作业临近点 ❷ 将程序点属性设定为"空走点"，动作类型选"PTP" ❸ 确认保存程序点2为作业临近点
程序点3 （作业开始点）	❶ 手动操纵机器人移动到作业开始点 ❷ 将程序点属性设定为"作业点/焊接点"，动作类型选"直线插补" ❸ 确认保存程序点3为作业开始点 ❹ 如有需要，手动插入焊接开始作业命令
程序点4 （作业结束点）	❶ 手动操纵机器人移动到作业结束点 ❷ 将程序点属性设定为"空走点"，动作类型选"直线插补" ❸ 确认保存程序点4为作业结束点 ❹ 如有需要，手动插入焊接结束作业命令
程序点5 （作业规避点）	❶ 手动操纵机器人移动到作业规避点 ❷ 将程序点属性设定为"空走点"，动作类型选"直线插补" ❸ 确认保存程序点5为作业规避点
程序点6 （机器人原点）	❶ 手动操纵机器人到原点 ❷ 将程序点属性设定为"空走点"，动作类型选"PTP" ❸ 确认保存程序点6为机器人原点

提示

● 对于程序点6的示教，在示教盒显示屏的通用显示区（程序编辑画面），利用便利的文件编辑功能（如剪切、复制、粘贴等），可快速复制程序点1位置。

（5）检查试运行　在完成机器人运动轨迹、工艺条件和动作次序输入后，需试运行测试一下程序，以便检查各程序点及参数设置是否正确，这就是跟踪。跟踪的主要目的是检查示教生成的动作以及末端工具指向位置是否记录且正确。一般工业机器人可采用以下跟踪方式来确认示教的轨迹与期望是否一致。

◇ 单步运转　通过逐行执行当前行（光标所在行）的程序语句，机器人实现两个临近程序点间的单步正向或反向移动。结束1行的执行后，机器人动作暂停。

◇ 连续运转　通过连续执行作业程序，从程序的当前行到程序的末尾，机器人完成多个程序点的顺向连续移动。因程序是顺序执行，所以该方式仅能实现正向跟踪，多用于作业周期估计。

确认机器人附近无人后，按以下顺序执行作业程序的测试运转：

1）打开要测试的程序文件。

2）移动光标至期望跟踪程序点所在命令行。

3）持续按住示教盒上的有关【跟踪功能键】，实现机器人的单步或连续运转。

> 提 示
>
> ● 当机器人 TCP 当前位置与光标所在行不一致时，按下【跟踪功能键】，机器人将从当前位置移动到光标所在程序点位置；而当机器人 TCP 当前位置与光标所在行一致时，机器人将从当前位置移动到下一临近示教点位置。
> ● 执行检查运行时，不执行起弧、涂装等作业命令，只执行空再现。
> ● 利用跟踪操作可快速实现程序点的变更、增加和删除。

(6) 再现施焊 示教操作生成的任务程序，经测试无误后，将【模式旋钮】对准"再现/自动"位置，通过运行示教过的程序即可完成对工件的再现作业。工业机器人程序的启动可用两种方法：

◇ 手动启动 使用示教盒上的【启动按钮】来启动程序的方式，适用于作业任务编程及其测试阶段。

◇ 自动启动 利用外部设备输入信号来启动程序的方式，在实际生产中经常采用。

在确认机器人的运行范围内没有其他人员或障碍物后，接通保护气体，采用手动启动方式实现自动焊接作业。

1）打开要再现的任务程序，并移动光标到程序开头。

2）切换【模式旋钮】至"再现/自动"状态。

3）按示教盒上的【伺服 ON 按钮】，接通伺服电源。

4）按【启动按钮】，机器人开始运行。

至此，机器人从工件 A 点到 B 点的简单任务示教与再现操作完毕。

> 提 示
>
> ● 执行程序时，光标跟随再现过程移动，程序内容自动滚动显示。

通过上述基本操作不难看出，机器人在线示教方式存在占用机器人时间长、效率低等诸多缺点，这与当今市场的柔性化发展趋势（多品种、小批量）背道而驰，已无法满足企业对高效、简单的任务示教需求。离线编程正是在这种产品寿命周期缩短、生产任务更迭加快、任务复杂程度增加的背景下应运而生的。

4.3 工业机器人的离线编程技术

离线编程不需要操作者对实际作业的机器人直接进行示教，而是在离线编程系统中进行编程和在模拟环境中进行仿真，从而提高机器人的使用效率和生产过程的自动化水平。

4.3.1 离线编程及其特点

离线编程是利用计算机图形学的成果，建立起机器人及其工作环境的几何模型，通过对图形的控制和操作，使用机器人编程语言描述机器人作业任务，然后对编程的结果进行三维图形动画仿真，离线计算、规划和调试机器人程序的正确性，并生成机器人控制器可执行的代码，最后通过通信接口发送至机器人控制器，如图 4-6 所示。

近年来，随着机器人远距离操作、传感器信息处理技术等的进步，基于虚拟现实技术的

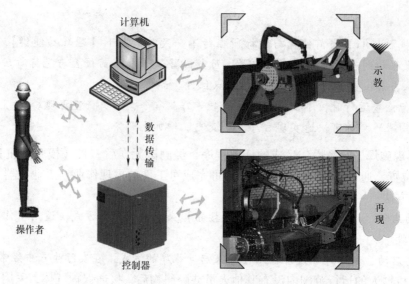

图4-6 机器人的离线编程

机器人任务示教已成为机器人学中的新兴研究方向。它将虚拟现实作为高端的人机接口，允许用户通过声、像、力等多种交互方式实时地与虚拟环境交互。虚拟现实系统根据用户的指挥或动作提示，示教或监控机器人进行复杂的作业，如图4-7所示。

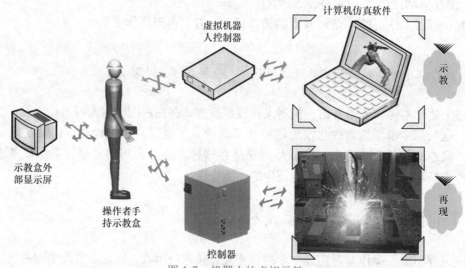

图4-7 机器人的虚拟示教

与传统的在线示教相比，离线编程除克服在线示教的缺点外，还有以下优点：

1）程序易于修改，适合中、小批量的生产要求。

2）能够实现多台机器人和辅助外围设备的示教和协调。

3）能够实现基于传感器的自动规划功能。

离线编程已被证明是一种有效的示教方式，可以增加安全性，减少机器人不工作的时间和降低成本。由于机器人定位精度的提高、控制装置功能的完善、传感器应用的增多以及图形编程系统所用的CAD工作站价格不断下降，离线编程迅速普及，成为机器人编程的发展方向。当然，离线编程要求编程人员有一定的知识储备，对软件也需要一定的投入，这些软件大多由机器人公司作为用户的选购附件出售，如 ABB 机器人公司开发的基于 Windows 操作系统的 RobotStudio 软件、FANUC 机器人公司开发的 ROBOGUIDE 软件、YASKAWA 机器人公司开发的 MotoSim EG – VRC 软件和 Midea – KUKA 机器人公司开发的 Sim Pro 软件等。

4.3.2　离线编程系统的软件架构

同在线示教的直接手动操作工业机器人不同，离线编程是在离线编程系统的软件中通过鼠标和键盘操作机器人的三维图形。也就是说，只有充分了解离线编程系统软件的基本架构与功能，再实施工业机器人的离线编程与仿真才能有的放矢。从应用角度看，商品化的离线编程系统软件都具有较强的图形功能，并且有很好的编程功能。图 4-8 所示为典型机器人离线编程系统的软件架构，主要由建模模块、布局模块、编程模块、仿真模块、程序生成及通信模块组成。

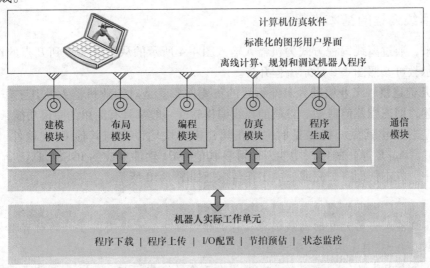

图 4-8　典型机器人离线编程系统的软件架构

◇ **建模模块**　这是离线编程系统的基础，为机器人和工件的编程与仿真提供可视的三维几何造型。

◇ **布局模块**　按机器人实际工作单元的安装格局在仿真环境下进行整个机器人系统模型的空间布局。

◇ **编程模块**　包括运动学计算、轨迹规划等，运动学计算是系统中控制图形运动的依据，即控制机器人运动的依据；轨迹规划用来生成机器人关节空间或直角空间的轨迹，以保证机器人完成既定的任务。

◇ **仿真模块**　用来检验编制的机器人程序是否正确、可靠，一般具有碰撞检查功能。

◇ **程序生成**　把仿真系统所生成的机器人运动程序转换成被加载机器人控制器可以接受的代码指令，以便命令真实机器人工作。

◇ **通信模块**　这是离线编程系统的重要部分，可分为用户接口和通信接口两部分：用户接口一般设计成交互式，可利用鼠标操作机器人的运动；通信接口负责连接离线编程系统与机器人控制器，通过它可把仿真系统生成的作业程序下载到控制器。

提 示

- 在离线编程软件中，机器人和设备模型均为三维显示，可直观设置、观察机器人的位置、动作与干涉情况。在实际购买机器人设备之前，通过预先分析机器人工作站的配置情况，可使选型更加准确。
- 离线编程软件使用的力学、工程学等计算公式和实际机器人完全一致。因此，模拟精度很高，可准确无误地模拟机器人的动作。
- 离线编程软件中的机器人设置、操作和实际机器人上的几乎完全相同，程序的编辑画面也与在线示教相同。
- 利用离线编程软件做好的模拟动画可输出为视频格式，便于学习和交流。

4.3.3 离线编程的基本步骤

接下来，通过离线编程方式为机器人输入图 4-4 所示的从工件 A 点到 B 点的作业程序。具体任务示教可参照图 4-9 所示流程开展。

(1) 几何建模　工业机器人离线编程的首要任务就是对工业机器人及其工作单元的图形进行描述，即三维几何造型。目前的离线编程软件一般都具有简单的建模功能，但对于复杂三维模型的创建就显得捉襟见肘，好在其建模模块均设有与其他 CAD 软件（如 Solid-Works、UG、Pro/E 等）的接口功能，即可将其他 CAD 软件生成的 IGES、DXF 等格式的文件导入其中。就本例而言，完成后的工作台模型如图 4-10 所示。

提 示

- 各机器人公司开发的离线编程软件的模型库中基本含有其生产的所有型号的机器人本体模型和一些典型周边设备模型。
- 在导入由其他 CAD 软件绘制的机器人工作环境模型时，要注意参考坐标系是否一致的问题。

(2) 空间布局　离线编程软件的一个重要作用是离线调试程序，而离线调试最直观有效的方法是在不接触实际机器人及其工作环境的情况下，利用图形仿真技术模拟机器人的作业过程，即提供一个与机器人进行交互的虚拟环境。这就需要把整个机器人系统（包括机器人本体、变位机、工件、周边作业设备等）的模型按照实际的装配和安装情况在仿真环境中进行布局。布局后的机器人作业环境如图 4-11 所示。

(3) 运动规划　工业机器人的运动规划主要有两个方面：作业位置规划和作业路径规划。作业位置规划的主要目的是在满足机器人运动空间可达性的条件下，尽可能地减少机器人在作业过程中的极限运动或机器人各轴的极限位置；作业路径规划的主要目的是在避免机器人与工件、夹具、周边设备等发生碰撞的前提下，保证末端工具作业姿态。机器人从工件 A 点到 B 点作业的运动规划如图 4-12 所示。

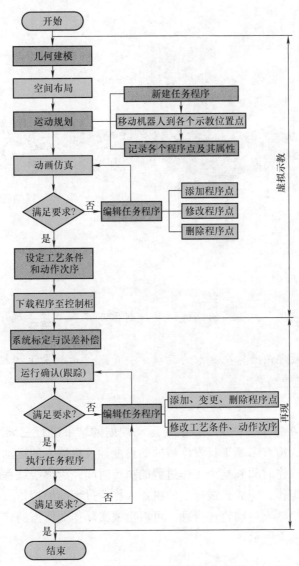

图 4-9 机器人离线编程的基本流程

图 4-10 机器人工作台的几何建模

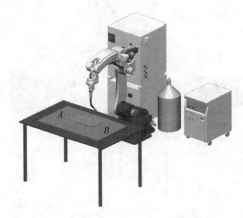

图 4-11 机器人及其作业环境布局

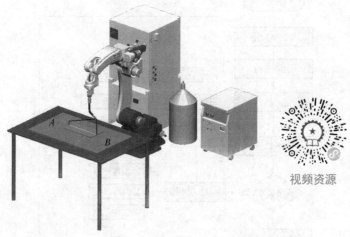

视频资源

图 4-12　机器人运动规划

> **提示**
>
> ● 同在线示教一样，机器人的离线运动规划需新建一个任务程序以保存示教数据和机器人指令。
> ● 采用在线示教方式操作机器人的运动主要是通过示教盒上的按键，而离线编程操作机器人三维图形运动主要用鼠标。

（4）**动画仿真**　在仿真模块中，系统对运动规划的结果进行三维图形动画仿真，模拟整个作业的完整情况，检查末端工具发生碰撞的可能性及机器人的运动轨迹是否合理，并计算机器人每个工步的操作时间和整个工作过程的执行时间，为离线编程结果的可行性提供参考。基于前面完成的工作，完成直线焊缝的机器人作业过程的模拟仿真，发现末端工具姿态合理没有发生碰撞，机器人运动轨迹合理，可以生成实际作业所需的代码。机器人作业过程仿真如图 4-13 和图 4-14 所示。

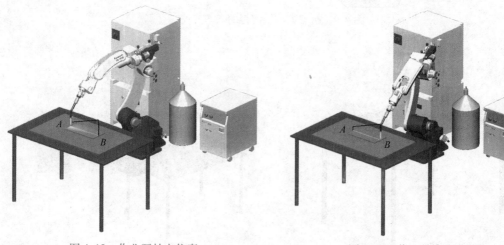

图 4-13　作业开始点仿真　　　　　　　　图 4-14　作业结束点仿真

（5）程序生成及传输　要实现实体工业机器人动作就需要把离线编制的源程序编译成被加载机器人可识别的目标程序。当任务程序的仿真结果完全达到任务要求后，将该任务程序转换成机器人的控制程序和数据，并通过通信接口下载到机器人控制柜，驱动机器人执行指定的作业任务。

（6）运行确认与施焊　出于安全考虑，离线编程生成的目标任务程序在自动运转前需跟踪试运行。具体操作同在线示教完全相同，不再赘述。经确认无误后，即可再现施焊作业。

至此，机器人从工件 A 点到 B 点的离线编程操作完毕。

> **提 示**
>
> - 开始再现前，请做如下准备工作：工件表面的清理与装夹、机器人原点的确认。
> - 基于生产现场的复杂性、作业的可靠性等方面的考虑，工业机器人的任务示教在短期内仍将无法脱离在线示教的现状。

综上所述，无论采用在线示教还是离线编程，其主要目的是完成机器人运动轨迹、工艺条件和动作次序的示教，如图 4-15 所示。

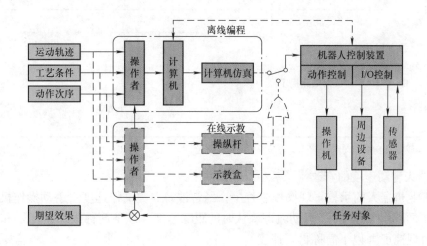

图 4-15　机器人示教的主要内容

知识拓展
——机器人任务程序的编辑

机器人任务程序的编辑一般不能一步到位，在作业任务的示教过程中，需不断调试和完善程序。常见的操作有：程序点的追加、变更和删除，机器人移动速度的修改以及机器人指令的添加。

1. 程序点的追加、变更和删除

运动轨迹是机器人示教的主要内容之一，而运动轨迹是由若干程序点组成的。换句话说，机器人运动轨迹的编辑与修改实质是对程序点的编辑。表 4-5 列出了典型程序点的编辑

工业机器人 技术及应用 第2版

方法。

表4-5 程序点编辑方法

编辑类别	操作要领	动作图示
程序点的追加	❶ 使用跟踪功能将机器人移动到程序点1位置 ❷ 手动操作机器人移动到新的目标点位置（程序点3） ❸ 点按示教盒按键记录程序点3	程序点1 程序点2 程序点3
程序点的变更	❶ 使用跟踪功能将机器人移动到程序点2位置 ❷ 手动操作机器人移动到新的目标点位置 ❸ 点按示教盒按键记录程序点2	程序点1 程序点3 程序点2
程序点的删除	❶ 使用跟踪功能将机器人移动到程序点2位置 ❷ 点按示教盒按键删除程序点2	程序点1 程序点3 程序点2

注：-- ▶为编辑前的运动路径；——▶为编辑后的运动路径。

2. 机器人移动速度的修改

在对工业机器人的示教再现操作过程中，经常涉及3类动作速度：手动操作机器人移动速度（以下简称示教速度）、运动轨迹确认时的跟踪速度（以下简称跟踪速度）和程序自动运转时的再现速度（以下简称再现速度）。

◇ 示教速度 使用示教盒手动操作机器人移动的速度，分点动速度和连续移动速度。关于这部分内容，在第3章中已做详细说明，不再赘述。

◇ 跟踪速度 使用示教盒进行运行轨迹确认，或者程序编辑中跟踪机器人到某一程序点位置时的移动速度。跟踪操作时，一般有作业区间速度、动作指令速度以及高低档速度切换三种选择。

◇ 再现速度 运行示教程序的机器人移动速度。同跟踪速度类似，在作业区间内按照作业命令中的速度运行，而空走区间按照动作指令中的速度运行。

机器人移动速度的修改主要在程序编辑模式下进行，移动光标到待修改速度所在的命令行，然后点按示教盒编辑按键，完成速度的修改与指定。

3. 机器人指令的添加

为方便编辑、查找等操作，机器人指令一般分为以下几类：动作指令、工艺指令、寄存器指令、I/O指令、跳转指令和其他指令。

◇ 动作指令　指以指定的移动速度和插补方式使机器人向作业空间内的指定位置移动的指令。

◇ 工艺指令　依据机器人具体应用领域而编制的一类指令，如码垛指令、焊接指令、搬运指令等。

◇ 寄存器指令　进行寄存器的算术运算的指令。

◇ I/O 指令　改变向外围设备的输出信号，或读取输入信号状态的指令。

◇ 跳转指令　使程序的执行从程序某一行转移到其他（程序的）行，如标签指令、程序结束指令、条件转移指令及无条件转移指令等。

◇ 其他指令　如计时器指令、注释指令等。

机器人指令的编辑操作，基本与移动速度的修改相同：移动光标到指定命令行，点按示教盒上的编辑功能按键，完成指令的追加、删除或变更。

本 章 小 结

目前国际上商品化、实用化的工业机器人绝大多数属于第一代工业机器人，它的基本工作原理是"示教－再现"。"示教"就是机器人学习的过程，在这个过程中，操作者需"手把手"教机器人做某些动作，而机器人的控制系统会以程序的形式将其记忆下来。机器人按照示教时记录下来的程序展现这些动作，就是"再现"过程。

工业机器人工作前，通常是通过"示教"的方法为机器人作业程序生成动作指令，目前主要采用两种方式进行：一是在线示教，由操作者通过示教盒，操作机器人使其动作，当认为动作合乎实际作业中要求的位置与姿态时，将这些位置点记录下来，生成动作指令，存入控制器某个指定的示教数据区，并在程序中的适当位置加入对应于工艺参数的作业指令及其他输入输出指令。因其简单直观、易于掌握，是工业机器人目前普遍采用的编程方式。二是离线编程，操作者不对实际作业的机器人直接进行示教，而是在离线编程系统中进行轨迹规划、任务编程或在模拟环境中进行仿真，进而生成机器人任务程序。

对工业机器人的作业任务进行编程，不论是在线示教还是离线编程，其主要涉及运动轨迹、工艺条件和动作次序三方面的示教。

思 考 练 习

1. 填空

（1）＿＿＿＿也称导引，即由操作者直接或间接导引机器人，一步步按实际作业要求告知机器人应该完成的动作和作业的具体内容，机器人在导引过程中以＿＿＿＿的形式将其记忆下来，并存储在机器人控制装置内；＿＿＿＿则是通过存储内容的回放，使机器人在一定精度范围内按照程序展现所示教的动作和赋予的作业内容。

（2）＿＿＿＿的主要目的是检查示教生成的动作以及末端工具指向位置是否已记录。

（3）＿＿＿＿是利用计算机图形学的成果，在计算机中建立起机器人及其工作环境的模型，通过对图形的控制和操作，在不使用实际机器人的情况下示教，进而生成机器人程序。

2. 选择

（1）对工业机器人进行作业编程，主要内容包含（　　）。

①运动轨迹；②工艺条件；③动作次序；④插补方式

A. ①② 　　　　　B. ①②③ 　　　　　C. ①③ 　　　　　D. ①②③④

（2）机器人运动轨迹的示教主要是确认程序点的属性，这些属性包括（　　）。

①位置坐标；②动作类型；③移动速度；④作业点/空走点

A. ①② 　　　　　B. ①②③ 　　　　　C. ①③ 　　　　　D. ①②③④

（3）与传统的在线示教编程相比，离线编程具有如下优点：（　　）。

①减少机器人的非工作时间；②使编程者远离恶劣的工作环境；③便于修改机器人程序；④可结合各种人工智能等技术提高编程效率；⑤便于和 CAD/CAM 系统结合，做到 CAD/CAM/Robotics 一体化

A. ①②④⑤ 　　　　　B. ①②③ 　　　　　C. ①③④⑤ 　　　　　D. ①②③④⑤

3. 判断

（1）因技术尚未成熟，现在广泛应用的工业机器人绝大多数属于第一代工业机器人，它的基本工作原理是示教－再现。　　　　　　　　　　　　　　　　　　　　（　　）

（2）机器人示教时，对于有规律的轨迹，原则上仅需示教几个关键点。　　（　　）

（3）采用直线插补示教的程序点指的是从当前程序点移动到下一程序点运行一段直线。
　　　　　　　　　　　　　　　　　　　　　　　　　　　　　　　　　（　　）

（4）离线编程是工业机器人目前普遍采用的编程方式。　　　　　　　　　（　　）

（5）虽然示教再现方式存在机器人占用机时、效率低等诸多缺点，人们也试图通过采用传感器使机器人智能化，但在复杂的生产现场和作业可靠性等方面处处碰壁，难以实现。因此，工业机器人的任务示教在相当长时间内仍将无法脱离在线示教的现状。　　（　　）

4. 综合应用

用机器人完成图 4-16 所示直线轨迹（A→B）的焊接作业，回答如下问题：

1）结合具体示教过程，填写表 4-6（请在相应选项下打"√"）。

2）实际任务编程时，为提高效率，对程序点 1 和程序点 6 如何处理？简述操作过程。

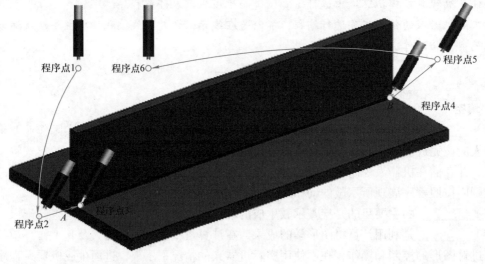

图 4-16　题 4 图

表 4-6 直线轨迹任务示教

程序点	作业点/空走点		动作类型	
	作业点	空走点	PTP	直线插补
程序点 1				
程序点 2				
程序点 3				
程序点 4				
程序点 5				
程序点 6				

第 **5** 章

Chapter

搬运机器人认知与应用

　　搬运机器人是经历人工搬运、机械手搬运两个阶段后出现的自动化搬运作业设备。搬运机器人的出现，不仅可提高产品的质量与产量，还对保障人身安全、改善劳动环境、减轻劳动强度、提高劳动生产率、节约原材料消耗以及降低生产成本有着十分重要的意义。机器人搬运物料将变成自动化生产制造的必备环节，搬运行业也将因搬运机器人的出现而开启"新纪元"。

　　本章着重对搬运机器人的特点、基本系统组成、周边设备和工位布局进行介绍，并结合实例说明搬运任务示教的基本要领和注意事项，旨在加深大家对搬运机器人及其任务编程的认知。

 【学习目标】

知识目标

1. 了解搬运机器人的分类及特点。
2. 掌握搬运机器人的系统组成及功能。
3. 熟悉搬运机器人任务示教的基本流程。
4. 熟悉搬运机器人周边设备与布局。

能力目标

1. 能够识别搬运机器人工作站的基本构成。
2. 能够完成简单的机器人搬运任务示教。

情感目标

1. 增长见识、激发兴趣。
2. 遵守行规、细致操作。

【导入案例】

力拔山兮气盖世——史上最"给力"的搬运机器人

在传统的生产过程中，大型部件的搬运主要依靠输送带和类似功能的专用机械。尽管此类设备依然有效，但在快节奏的当下，特别是"工业4.0"提出的高度灵活的个性化和数字化的生产模式下，专用机械的柔性化程度低、占地面积大等缺陷越来越显现。在此背景下，越来越多的高柔性重负载机器人进入到诸如汽车、铸造和物流仓储等行业中。

说到重负载机器人不得不提及其中的佼佼者——KR 1000 titan 和 M – 2000iA。KR 1000 titan 是世界首款额定负载 1000kg 的六轴重载型机器人，它可以从 6.5m 远的地方精确、快速地搬运发动机缸体、石头、玻璃、钢梁、船舶构件、大理石石块、混凝土预制件等重物。而史上最"给力"的搬运机器人 Fanuc M – 2000iA 能够快、准、稳地移动质量高达 2300kg 的大型部件。在汽车制造领域，一台"大力士"M – 2000iA 可以轻而易举地搬运整个汽车白车身，实现在不同输送线上的车身流转，大大地节省了相同搬运设备所需的占地面积，同时在搬运车身时举升距离可达 4.5m，实现"升降机"功能；M – 2000iA 还可以使用同一套末端执行器来进行不同车型车身的搬运，提高车间的柔性化程度。

除了"力大无穷"之外，M – 2000iA 的"长手臂"同样在仓储物流行业有着得天独厚的优势，4.7m 的运动半径和 6.2m 的上下可动范围使它可以够到货柜的任意一个角落。目前，国际电商巨头 Amazon（亚马逊）就启用 M – 2000iA 来服务其庞大的仓储系统。M – 2000iA 作为世界上"最强壮"的可搬运超重物体的机器人，其手臂部分还具有相当于 IP67 标准的耐环境性（防尘、防水），这也使得它具备了"干粗活"的能力，在如铸造、锻造等恶劣行业环境下也可以长时间正常运转。

——资料来源：国际金属加工网、库卡机器人网、上海发那科机器人网

5.1 搬运机器人的分类及特点

搬运机器人作为先进自动化设备，具有通用性强、工作稳定的优点，并且操作简便、功能丰富，逐渐向第三代智能机器人发展。本章将对目前国内应用广泛的第一类搬运机器人（示教-再现型）进行阐述。归纳起来，搬运机器人的主要优点如下：

1）动作稳定、提高搬运准确性。

2）提高生产效率，解放繁重体力劳动，实现"无人"或"少人"生产。

3）改善工人劳作条件，摆脱有毒、有害环境。

4）柔性高、适应性强，可实现多形状、不规则物料搬运。

5）定位准确，保证批量一致性。

6）降低制造成本，提高生产效益。

搬运机器人也是工业机器人当中一员，其结构形式多和其他类型机器人相似，只是在实际制造生产当中逐渐演变出多机型，以适应不同场合。从结构形式上看，搬运机器人可分为龙门式搬运机器人、悬臂式搬运机器人、侧壁式搬运机器人、摆臂式搬运机器人和关节式搬运机器人，如图5-1所示。

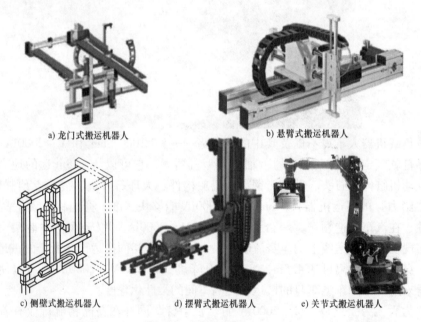

a) 龙门式搬运机器人　　　　　　　b) 悬臂式搬运机器人

c) 侧壁式搬运机器人　　d) 摆臂式搬运机器人　　e) 关节式搬运机器人

图5-1　搬运机器人分类

◇ 龙门式搬运机器人　龙门式搬运机器人坐标系主要由 X 轴、Y 轴和 Z 轴组成，多采用模块化结构，可依据负载位置、大小等选择对应直线运动单元及组合结构形式（在移动轴上添加旋转轴便可成为4轴或5轴搬运机器人）。它的结构形式决定其负载能力，可实现大物料、重吨位搬运，该机器人采用直角坐标系，编程方便快捷，广泛应用于生产线转运及机床上下料等大批量生产过程，如图5-2所示。

◇ 悬臂式搬运机器人　悬臂式搬运机器人坐标系主要由 X 轴、Y 轴和 Z 轴组成。它也

可随不同的应用采取不同的结构形式（在 Z 轴的
下端添加旋转轴或摆动轴就可以延伸成为 4 轴或 5
轴机器人）。此类机器人，多数结构为 Z 轴随 Y 轴
移动，但有时针对特定的场合，Y 轴也可在 Z 轴下
方，方便进入设备内部进行搬运作业，广泛应用于
卧式机床、立式机床及特定机床内部和冲压机热处
理机床的自动上下料，如图 5-3 所示。

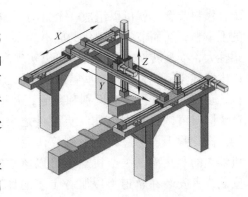

◇ 侧壁式搬运机器人　侧壁式搬运机器人坐
标系主要由 X 轴、Y 轴和 Z 轴组成。它也可随不同
的应用采取不同的结构形式（在 Z 轴的下端添加
旋转轴或摆动轴就可以延伸成为 4 轴或 5 轴机器

图 5-2　龙门式搬运机器人

人）。此类机器人专用性强，主要应用于立体库类，如档案自动存取、全自动银行保管箱存
取系统等，图 5-4 所示为侧壁式搬运机器人在档案自动存储馆工作。

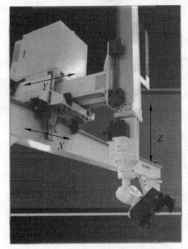

图 5-3　悬臂式搬运机器人

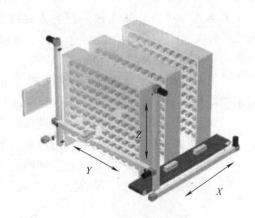

图 5-4　侧壁式搬运机器人

◇ 摆臂式搬运机器人　摆臂式搬运机器人坐标系
主要由 X 轴、Y 轴和 Z 轴组成。Z 轴主要是升降，也
称为主轴。Y 轴的移动主要通过外加滑轨，X 轴末端
连接控制器，其绕 X 轴的转动，实现 4 轴联动。此类
机器人具有较高的强度和稳定性，广泛应用于国内外
生产厂家，是关节式机器人的理想替代品，但相对于
关节式搬运机器人其负载能力小，图 5-5 所示为摆臂
式搬运机器人进行箱体搬运。

◇ 关节式搬运机器人　关节式搬运机器人是当今
工业中常见的机型之一，其拥有 5 ～ 6 个轴，行为动
作类似于人的手臂，具有结构紧凑、占地空间小、相

图 5-5　摆臂式搬运机器人

对工作空间大、自由度高等特点，适用于几乎任何轨迹或角度的工作。采用标准关节机器人

配合供料装置，就可以组成一个自动化加工单元。一个机器人可以服务于多种类型加工设备的上下料，从而节省自动化的成本。由于采用关节机器人单元，使产品的设计制造周期短、柔性大，换型转换方便，甚至可以实现产品形状变化较大的柔性制造。有的关节型机器人可以内置视觉系统，对于一些特殊的产品还可以通过增加视觉识别装置对工件的放置位置、相位、正反面等进行自动识别和判断，并根据结果进行相应的动作，实现智能化的自动化生产，同时可以让机器人在装夹工件之余，进行工件的清洗、吹干、检验和去毛刺等作业，大大提高了机器人的利用率。关节机器人可以落地安装、天吊安装或者安装在轨道上以服务更多的加工设备。例如 FANUC R－1000iA、R－2000iB 等机器人可用于冲压薄板材的搬运，而 ABB IRB140、IRB6660 等多用于热锻机床之间的搬运，图 5-6 所示为关节式搬运机器人进行钣金件搬运作业。

图 5-6　关节式搬运机器人

综上所述，龙门式搬运机器人、悬臂式搬运机器人、侧壁式搬运机器人、摆臂式搬运机器人均在直角坐标系下作业，其工作的行为方式主要是通过完成沿着 X、Y、Z 轴上的线性运动，无法满足对放置位置、相位等有特别要求的工件的上下料需要。同时如果采用直角式（桁架式）机器人上下料，则对厂房高度有一定的要求且机床设备需"一"字并列排序。直角式（桁架式）搬运机器人和关节式搬运机器人在实际应用中都有如下特点：

1）能够实时调节动作节拍、移动速率、末端执行器动作状态。
2）可更换不同末端执行器以适应物料形状的不同，方便、快捷。
3）能够与传送带、移动滑轨等辅助设备集成，实现柔性化生产。
4）占地面积相对小、动作空间大，减小厂源限制。

5.2　搬运机器人的系统组成

认知了搬运机器人的种类及其特点，那么搬运机器人是否就是在工业机器人的本体上添加末端执行器（即相应夹具）就可进行相应工作呢？其实不然，搬运机器人是包括相应附属装置及周边设备而形成的一个完整系统。以关节式搬运机器人为例，其工作站主要由操作机、控制系统、搬运系统（气体发生装置、真空发生装置和手爪等）和安全保护装置组成，如图 5-7 所示。操作者可通过示教盒和操作面板进行搬运机器人运动位置和动作程序的示教，设定运动速度、搬运参数等。

关节式搬运机器人常见的本体一般为 4~6 轴，如图 5-8 所示。搬运机器人本体在结构设计上与其他关节式工业机器人本体类似，在负载较小时两者本体可以互换，但负载较大时搬运机器人本体通常会有附加连杆，其依附于轴形成平行四连杆机构，起到支撑整体和稳固末端的作用，且不因臂展伸缩而产生变化。6 轴搬运机器人本体部分具有回转、抬臂、前伸、手腕旋转、手腕弯曲和手腕扭转 6 个独立旋转关节，多数情况下 5 轴搬运机器人略去手腕旋转这一关节运动，4 轴搬运机器人则是略去了手腕旋转和手腕弯曲这两个关节运动。

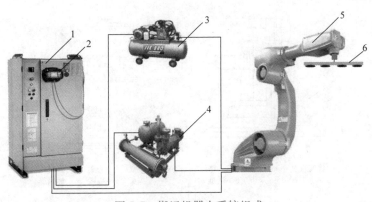

图 5-7 搬运机器人系统组成

1—机器人控制柜 2—示教盒 3—气体发生装置 4—真空发生装置 5—操作机 6—端拾器（手爪）

搬运机器人的末端执行器是夹持工件移动的一种夹具，过去一种执行器（手爪）只能抓取一种或者一类在形状、大小、质量上相似的工件，具有一定局限性。随着科学技术的不断发展，执行器（手爪）也在一定范围内具有可调性，可配备感知器，以确保其具有足够的夹持力，保证足够夹持精度。常见的搬运末端执行器形式有吸附式、夹钳式和仿人式等。

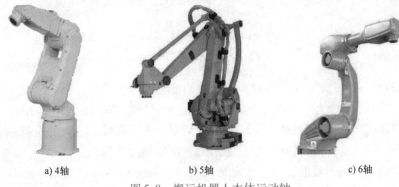

a) 4轴   b) 5轴   c) 6轴

图 5-8 搬运机器人本体运动轴

◇ 吸附式 吸附式末端执行器依据吸力不同可分为气吸附和磁吸附。

1）气吸附主要是利用吸盘内压力和大气压之间的压力差进行工作，依据压力差分为真空吸盘吸附、气流负压气吸附、挤压排气负压气吸附等，工作原理如图5-9所示。

① 真空吸盘吸附通过连接真空发生装置和气体发生装置实现抓取和释放工件，工作时，真空发生装置将吸盘与工件之间的空气吸走使其达到真空状态，此时，吸盘内的气压小于吸盘外大气压，工件在外部压力的作用下被抓取。

② 气流负压气吸附是利用流体力学原理，通过压缩空气（高压）高速流动带走吸盘内气体（低压）使吸盘内形成负压，同样利用吸盘内外压力差完成取件动作，切断压缩空气随即消除吸盘内负压，完成释放工件动作。

③ 挤压排气负压气吸附是利用吸盘变形和拉杆移动改变吸盘内外部压力完成工件吸取和释放动作。

吸盘类型繁多，一般分为普通型和特殊型两种，普通型包括平面吸盘、超平吸盘、椭圆吸盘、波纹管型吸盘和圆形吸盘。特殊型吸盘是为了满足在特殊应用场合而设计使用的，通常可分为专用型吸盘和异型吸盘，特殊型吸盘结构形状因吸附对象的不同而不同。吸盘的结

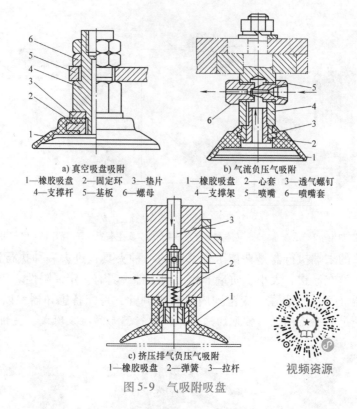

a) 真空吸盘吸附
1—橡胶吸盘 2—固定环 3—垫片
4—支撑杆 5—基板 6—螺母

b) 气流负压气吸附
1—橡胶吸盘 2—心套 3—透气螺钉
4—支撑架 5—喷嘴 6—喷嘴套

c) 挤压排气负压气吸附
1—橡胶吸盘 2—弹簧 3—拉杆

图 5-9　气吸附吸盘

构对吸附能力的大小有很大影响，但材料也对吸附能力有较大影响，目前吸盘常用材料多为丁腈橡胶（NBR）、天然橡胶（NR）和半透明硅胶（SIT5）等。不同结构和材料的吸盘被广泛应用于汽车覆盖件、玻璃板件、金属板材的切割及上下料等场合，适合抓取表面相对光滑、平整、坚硬及微小材料，具有高效、无污染、定位精度高等优点。

2）磁吸附是利用磁力吸取工件，常见的磁力吸盘分为电磁吸盘、永磁吸盘、电永磁吸盘等，工作原理如图 5-10 所示。

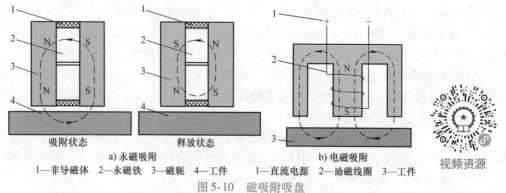

吸附状态　　　　释放状态
a) 永磁吸附
1—非导磁体 2—永磁铁 3—磁轭 4—工件

b) 电磁吸附
1—直流电源 2—励磁线圈 3—工件

图 5-10　磁吸附吸盘

① 电磁吸盘是在内部励磁线圈通直流电后产生磁力而吸附导磁性工件。

② 永磁吸盘是利用磁力线通路的连续性及磁场叠加性工作，一般永磁吸盘（多用钕铁硼为内核）的磁路为多个磁系，通过磁系之间的相互运动来控制工作磁极面上的磁场强度，进而实现工件的吸附和释放动作。

视频资源

③ 电永磁吸附是利用永磁磁铁产生磁力，利用励磁线圈对吸力大小进行控制，起到"开、关"作用，电永磁吸盘结合永磁吸盘和电磁吸盘的优点，应用前景十分广泛。

磁吸盘的分类方式多种多样，依据形状可分为矩形磁吸盘、圆形磁吸盘；按吸力大小分普通磁吸盘和强力磁吸盘等。由以上可知，磁吸附只能吸附对磁产生感应的物体，故对于要求不能有剩磁的工件无法使用，且磁力受温度影响较大，所以在高温下工作也不能选择磁吸附，故其在使用过程中有一定局限性。通常适合抓取精度不高且在常温下工作的工件。

◇ **夹钳式**　夹钳式末端执行器通常采用手爪拾取工件，手爪与人手相似，是现代工业机器人广泛应用的一种形式，通过手爪的开启闭合实现对工件的夹取，一般由手爪、驱动机构、传动机构、连接和支承元件组成。该型末端执行器多用于负载大、高温、表面质量不高等吸附式无法进行工作的场合。

手爪是直接与工件接触的部件，其形状将直接影响抓取工件的效果，但在多数情况下只需两个手爪配合就可完成一般工件的夹取，对于复杂工件可以选择三爪或者多爪进行抓取。常见手爪前端形状分 V 形爪、平面形爪、尖形爪等。

1）V 形爪。常用于圆柱形工件，其夹持稳固可靠，误差相对较小，如图 5-11 所示。

2）平面形爪。多数用于夹持方形工件（至少有两个平行面如方形包装盒等），厚板形或者短小棒料，如图 5-12 所示。

3）尖形爪。常用于夹持复杂场合小型工件，避免与周围障碍物相碰撞，也可夹持炽热工件，避免搬运机器人本体受到热损伤，如图 5-13 所示。

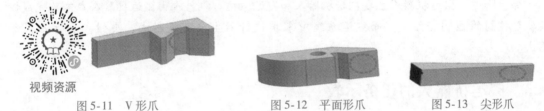

视频资源

图 5-11　V 形爪　　　　　图 5-12　平面形爪　　　　　图 5-13　尖形爪

根据被抓取工件形状、大小及抓取部位的不同，爪面形式常有平滑爪面、齿形爪面和柔性爪面。

1）平滑爪面。指爪面光滑平整，多数用来夹持已加工好的工件表面，保证加工表面无损伤。

2）齿形爪面。指爪面刻有齿纹，主要目的是增加与夹持工件的摩擦力，确保夹持稳固可靠，常用于夹持表面粗糙的毛坯或半成品工件。

3）柔性爪面。柔性爪面内镶有橡胶、泡沫、石棉等物质，起到增加摩擦、保护已加工工件表面、隔热等作用。多用于夹持已加工工件、炽热工件、脆性或薄壁工件等。

◇ **仿人式**　仿人式末端执行器是针对特殊外形工件进行抓取的一类手爪，主要包括柔性手和多指灵巧手。柔性手有多关节柔性手腕，其上每个手指由多个关节链组成，由摩擦轮和牵引丝组成，工作时通过一根牵引线收紧另一根牵引线放松实现抓取，其抓取的工件多为不规则、圆形等轻便工件；多指灵巧手是最完美的仿人手爪，包括多根手指，每根手指都包含 3 个回转自由度且为独立控制，可实现精确操作，广泛应用于核工业、航天工业等高精度作业，如图 5-14。

搬运机器人夹钳式、仿人式手爪一般都需要单独外力进行驱动，即需要连接相应外部信号控制装置及传感系统，以控制搬运机器人手爪实时的动作状态及力的大小，其手爪驱动方

a) 柔性手   b) 多指灵巧手

图 5-14 仿人式手爪

式多为气动、电动和液压驱动（对于轻型和中型的零件多采用气动的手爪，对于重型零件采用液压手爪，对于精度要求高或复杂的场合采用电动伺服的手爪）。驱动装置将产生的力或力矩通过传动装置传递给末端执行器（手爪），以实现抓取与释放动作。依据手爪开启闭合状态，传动装置可分为回转型和移动型。回转型是夹钳式手爪常用形式，是通过斜楔、滑槽、连杆、齿轮螺杆或蜗轮蜗杆等机构组合形成，可适时改变传动比以实现对夹持工件不同力的需求；移动型手爪是指手爪做平面移动或者直线往复移动来实现开启闭合，多用于夹持具有平行面的工件，设计结构相对复杂，应用不如回转型手爪广泛。

综上所述，搬运机器人主要包括机器人和搬运系统。机器人由搬运机器人本体及完成搬运轨迹控制的控制柜组成。而搬运系统中末端执行器主要有吸附式、夹钳式和仿人式等形式。

5.3 搬运机器人的任务示教

搬运是生产制造业必不可少的环节，在机床上下料及中间运输应用中尤为广泛。搬运机器人实现在数控机床上下料及中间运输环节取代人工完成工件的自动搬运装卸功能，主要适用于大批量、重复性强或工件重量较大以及高温、粉尘等恶劣工作环境下，具有定位精确、生产质量稳定、工作节拍可调、运行平稳可靠、维修方便等特点。目前，工业机器人四巨头都有相应的搬运机器人产品（ABB 的 IRB6640 和 IRB6620LX 系列、Midea - KUKA 的 KR QUANTEC extra 系列、FANUC 的 M、R 系列、YASKAWA 的 EPH、EP 系列）。如前文所述，工业机器人任务示教的一项重要内容——运动轨迹，即确定各程序点处工具中心点（TCP）的位姿。对搬运机器人而言，工具中心点因为末端执行器不同而设置在不同位置，就吸附式而言，其 TCP 一般设在法兰中心线与吸盘平面交点处，如图 5-15a 所示，生产再现如图 5-15b所示；夹钳式 TCP 一般设在法兰中心线与手爪前端面交点处，如图 5-16a 所示，生产再现如图5-16b所示。

5.3.1 冷加工搬运作业

在材料冷加工工艺中搬运机器人可为关节式或直角式，末端执行器可以为吸附式或夹钳式，具体采用哪一类需依据实际场地及负载情况等诸多因素共同决定，现以图 5-17 所示工

a) 吸盘式TCP

工具中心点在法兰中心线与吸盘平面的交点处

b) 生产再现

图 5-15　吸附式 TCP 点及生产再现

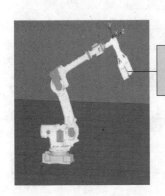

a) 夹钳式TCP

工具中心点在法兰中心线与手爪前端面的交点处

b) 生产再现

图 5-16　夹钳式 TCP 点及生产再现

件搬运为例，选择龙门式（5 轴）搬运机器人，末端执行器为双气动手爪（一个负责抓取毛坯及将其放到工作台卡盘上，另一个用于从卡盘上取下加工完的工件），采用在线示教方式输入搬运任务程序。此程序由编号 1～13 的 13 个程序点组成，每个程序点的用途说明见表 5-1。具体任务编程可参照图 5-18 所示流程开展。

视频资源

图 5-17　冷加工搬运机器人运动轨迹

表 5-1　程序点说明（冷加工搬运作业）

表5-1 程序点说明（冷加工搬运作业）

程序点	说明	手爪状态	程序点	说明	手爪状态
程序点1	机器人原点		程序点8	搬运中间点	吸附
程序点2	移动中间点		程序点9	搬运中间点	吸附
程序点3	搬运临近点		程序点10	搬运作业点	放置
程序点4	搬运作业点	吸附	程序点11	搬运规避点	
程序点5	搬运中间点	吸附	程序点12	移动中间点	
程序点6	搬运中间点	吸附	程序点13	机器人原点	
程序点7	搬运中间点	吸附			

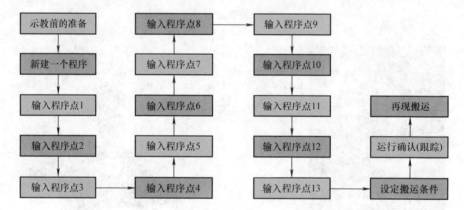

图5-18 冷加工搬运机器人任务示教流程

（1）示教前的准备 示教前，请做如下准备：

1）确认自己和机器人之间保持安全距离。

2）机器人原点确认。

（2）新建任务程序 点按示教盒的相关菜单或按钮，新建一个任务程序，如"Handle_cold"。

（3）程序点的输入 在示教模式下，手动操作移动龙门式搬运机器人按图5-17所示的轨迹设定程序点1至程序点13，程序点1和程序点13需设置在同一点，可提高机器人效率，此外程序点1至程序点13处的机器人末端工具需处于与工件和夹具互不干涉的位置。具体示教方法见表5-2。

表5-2 冷加工搬运机器人任务示教

程序点	示教方法
程序点1 （机器人原点）	❶ 按第3章手动操作机器人要领移动机器人到搬运原点 ❷ 动作类型选择"PTP" ❸ 确认并保存程序点1为搬运机器人原点
程序点2 （移动中间点）	❶ 手动操作搬运机器人到移动中间点，并调整手爪姿态 ❷ 动作类型选择"PTP" ❸ 确认并保存程序点2为搬运机器人作业移动中间点

（续）

程序点	示 教 方 法
程序点 3 （搬运临近点）	❶ 手动操作搬运机器人到搬运作业临近点，并调整手爪姿态 ❷ 动作类型选择"PTP" ❸ 确认并保存程序点 3 为搬运机器人作业临近点
程序点 4 （搬运作业点）	❶ 手动操作搬运机器人移动到搬运起始点且保持手爪位姿不变 ❷ 动作类型选择"直线插补" ❸ 再次确认程序点，保证其为作业起始点 ❹ 若有需要可直接输入搬运指令（吸附）
程序点 5 （搬运中间点）	❶ 手动操作搬运机器人到搬运中间点，并适度调整手爪姿态 ❷ 动作类型选择"直线插补" ❸ 确认并保存程序点 5 为搬运机器人作业中间点
程序点 6～9 （搬运中间点）	❶ 手动操作搬运机器人到搬运中间点，并适度调整手爪姿态 ❷ 动作类型选择"PTP" ❸ 确认并保存程序点 6～9 搬运机器人作业中间点
程序点 10 （搬运作业点）	❶ 手动操作搬运机器人移动到搬运结束点且调整手爪位姿以适合安放工件 ❷ 动作类型选择"直线插补" ❸ 再次确认程序点，保证其为作业结束点 ❹ 若有需要可直接输入搬运指令（放置）
程序点 11 （搬运规避点）	❶ 手动操作搬运机器人到搬运作业规避点 ❷ 动作类型选择"直线插补" ❸ 确认并保存程序点 11 为搬运机器人作业规避点
程序点 12 （移动中间点）	❶ 手动操作搬运机器人到移动中间点，并调整手爪姿态 ❷ 动作类型选择"PTP" ❸ 确认并保存程序点 12 为搬运机器人作业移动中间点
程序点 13 （机器人原点）	❶ 手动操作搬运机器人到机器人原点 ❷ 动作类型选择"PTP" ❸ 确认并保存程序点 13 为搬运机器人原点

123

　　（4）设定动作次序　搬运机器人的任务程序简单易懂，与其他六关节机器人程序均有类似之处，本例中搬运动作次序的设定，主要涉及以下几个方面：

　　1）在作业开始指令中设定搬运开始动作次序。

　　2）在作业结束指令中设定搬运结束动作次序。

　　3）合理调节手爪的夹持力。

　　（5）检查试运行　确认搬运机器人周围安全，按如下操作进行跟踪测试任务程序。

　　1）打开要测试的程序文件。

　　2）移动光标到程序开头位置（首行）。

　　3）按住示教盒上的有关【跟踪功能键】，实现搬运机器人单步或连续运转。

　　（6）再现搬运

　　1）打开要再现的任务程序，并将光标移动到程序的开始位置（首行），将示教盒上的【模式旋钮】设定到"再现/自动"状态。

　　2）点按示教盒上【伺服 ON 按钮】，接通伺服电源。

　　3）点按【启动按钮】，搬运机器人开始运行。

5.3.2 热加工搬运作业

在材料热加工工艺中，搬运机器人可用关节式或直角式，末端执行器多为夹钳式，具体采用哪一类需依据实际场地及负载情况等诸多因素共同决定，现以图 5-19 所示工件搬运为例，选择关节式（6轴）搬运机器人，末端执行器为夹钳式，采用在线示教方式为机器人输入搬运任务程序。此程序由编号 1~10 的 10 个程序点组成，每个程序点的用途说明见表 5-3。具体任务编程可参照图 5-20 所示流程开展。

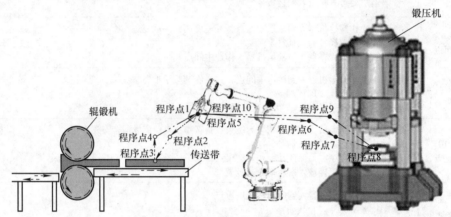

图 5-19　热加工搬运机器人运动轨迹

表 5-3　程序点说明（热加工搬运作业）

程序点	说明	手爪状态	程序点	说明	手爪状态
程序点 1	机器人原点		程序点 6	搬运中间点	夹持
程序点 2	搬运临近点		程序点 7	搬运中间点	夹持
程序点 3	搬运作业点	夹持	程序点 8	搬运作业点	放置
程序点 4	搬运中间点	夹持	程序点 9	搬运规避点	
程序点 5	搬运中间点	夹持	程序点 10	机器人原点	

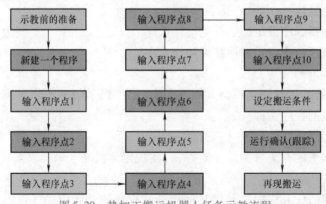

图 5-20　热加工搬运机器人任务示教流程

（1）示教前的准备　开始示教前，请做如下准备：

1）确认自己和机器人之间保持安全距离。

2）机器人原点确认。通过机器人机械臂各关节处的标记或调用原点程序复位机器人。

（2）新建任务程序　点按示教盒的相关菜单或按钮，新建一个任务程序，如"Handle_hot"。

（3）程序点的输入　在示教模式下，手动操作移动搬运机器人按图 5-19 所示的路径设定程序点 1 至程序点 10，程序点 1 和程序点 10 需设置在同一点，可方便编写程序，此外程序点 1 至程序点 10 需处于与工件、夹具互不干涉的位置，具体示教方法可参照表 5-4。

表 5-4　热加工搬运机器人任务示教

程序点	示教方法
程序点 1 （机器人原点）	❶ 按第 3 章手动操作机器人要领移动机器人到搬运原点 ❷ 动作类型选择"PTP" ❸ 确认并保存程序点 1 为搬运机器人原点
程序点 2 （搬运临近点）	❶ 手动操作搬运机器人到搬运作业临近点，并调整夹钳姿态 ❷ 动作类型选择"PTP" ❸ 确认并保存程序点 2 为搬运机器人作业临近点
程序点 3 （搬运作业点）	❶ 手动操作搬运机器人移动到搬运起始点且保持夹钳位姿不变 ❷ 动作类型选择"直线插补" ❸ 再次确认程序点，保证其为作业起始点 ❹ 若有需要可直接输入搬运指令（夹持）
程序点 4 （搬运中间点）	❶ 手动操作搬运机器人到搬运中间点，并适度调整夹钳姿态 ❷ 动作类型选择"直线插补" ❸ 确认并保存程序点 4 为搬运机器人作业中间点
程序点 5 和 6 （搬运中间点）	❶ 手动操作搬运机器人到搬运中间点，并适度调整夹钳姿态 ❷ 动作类型选择"PTP" ❸ 确认并保存程序点 5 和 6 为搬运机器人作业中间点
程序点 7 （搬运中间点）	❶ 手动操作搬运机器人到搬运中间点，并适度调整夹钳姿态 ❷ 动作类型选择"直线插补" ❸ 确认并保存程序点 7 为搬运机器人作业中间点
程序点 8 （搬运作业点）	❶ 手动操作搬运机器人移动到搬运终止点且调整夹钳位姿以适合安放工件 ❷ 动作类型选择"直线插补" ❸ 再次确认程序点，保证其为作业终止点 ❹ 若有需要可直接输入搬运指令（放置）
程序点 9 （搬运规避点）	❶ 手动操作搬运机器人到搬运作业规避点 ❷ 动作类型选择"直线插补" ❸ 确认并保存程序点 9 为搬运机器人作业规避点
程序点 10 （机器人原点）	❶ 手动操作搬运机器人到机器人原点 ❷ 动作类型选择"PTP" ❸ 确认并保存程序点 10 为搬运机器人原点

步骤（4）设定动作次序、步骤（5）检查试运行和步骤（6）再现搬运的操作与上例相似，不再赘述。

综上所述，搬运机器人编程时运动轨迹上的关键点坐标位置通过示教方式获取，然后存入程序的运动指令中。动作类型为"PTP"和"直线插补"即可满足基本搬运要求，但对于改造或优化生产线等情况，一般需在离线编程软件上建立相应模型模拟实际生产环境，且搬运机器人任务程序的编制、运动轨迹的规划以及任务程序的调试均在一台计算机上独立完成，不需要机器人本身的参与，并能评估机器人搬运节拍，达到优化目的，减少出错，同时也可减轻编程员的劳动强度。

5.4 搬运机器人的周边设备与工位布局

用机器人完成一项搬运工作，除需要搬运机器人（机器人和搬运设备）以外，还需要一些辅助周边设备。同时，为了节约生产空间，合理的机器人工位布局尤为重要。

5.4.1 周边设备

目前，常见的搬运机器人辅助装置有增加移动范围的滑移平台、合适的搬运系统装置和安全保护装置等，下面做简单介绍。

1）滑移平台。对于某些搬运场合，由于搬运空间大，搬运机器人的末端工具无法到达指定的搬运位置或姿态，此时可通过增加外部轴的办法来增加机器人的自由度。其中增加滑移平台是搬运机器人增加自由度最常用的方法，滑移平台可安装在地面上或安装在龙门架上，如图5-21所示。

a）地面安装   b）龙门架安装

图 5-21 滑移平台安装方式

2）搬运系统。搬运系统主要包括真空发生装置、气体发生装置、液压发生装置等，均为标准件。一般的真空发生装置和气体发生装置均可满足吸盘和气动夹钳所需的动力，企业常用空气控压站对整个车间提供压缩空气和抽真空；液压发生装置的动力元件（电动机、液压泵等）布置在搬运机器人周围，执行元件（液压缸）与夹钳一体，需安装在搬运机器人末端法兰上，与气动夹钳相类似。

5.4.2 工位布局

由搬运机器人组成的加工单元或柔性化生产，可完全代替人工实现物料自动搬运，因此搬运机器人工作站布局是否合理将直接影响搬运速率和生产节拍。根据车间场地面积，在有利于提高生产节拍的前提下，搬运机器人工作站可采用 L 型、环状、"品"字、"一"字等布局。

◇ L 型布局 将搬运机器人安装在龙门架上，使其行走在机床上方，可大限度节约地面空间，如图 5-22 所示。

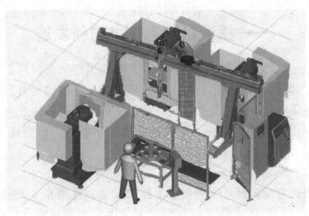

图 5-22　L 型布局

◇ 环状布局　　又称"岛式加工单元"，如图 5-23 所示，以关节式搬运机器人为中心，机床围绕其周围形成环状，进行工件搬运加工，可提高生产效率、节约空间，适合小空间厂房作业。

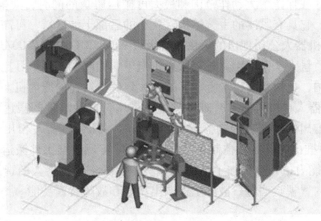

图 5-23　环状布局

◇ "一"字布局　　如图 5-24 所示，直角桁架机器人通常要求设备成一字排列，对厂房高度、长度具有一定要求，因其工作运动方式为直线编程，故很难满足对放置位置、相位等有特别要求工件的上下料作业需要。

图 5-24　"一"字布局

知 识 拓 展
——搬运机器人技术的新发展

搬运机器人技术是机器人技术、搬运技术和传感技术的融合，目前搬运机器人已广泛应用于实际生产，发挥其强大和优越的特性。经过研发人员不断地努力，搬运机器人技术取得了长足进步，可实现柔性化、无人化、一体化搬运工作，集高效生产、稳定运行、节约空间等优势于一体，展现出搬运机器人强大的功能，现从机器人、传感技术及应用日益广泛的AGV搬运车等方面介绍搬运机器人技术的新进展。

1. 机器人系统

搬运机器人的出现为全球经济发展提供了巨大动力，使得整个制造业逐渐向"柔性化、无人化"方向发展，目前机器人技术已日趋完善，逐渐实现规模化与产业化，未来将朝着标准化、轻巧化、智能化方向发展。在此背景下，搬运机器人公司如何针对不同类型客户进行定制产品的研发和创新，成为搬运行业新的研究课题。

◇ 操作机　日本 FANUC 机器人公司推出万能机器人 FANUC R – 2000iB（图 5-25），在搬运应用方面，FANUC R – 2000iB 拥有优越的性能：通过对垂直多关节结构进行最优化设计，使得 R – 2000iB 在保持最大动作范围和最大可搬运质量的同时，大幅度减轻自身质量，实现紧凑机身设计。它具有紧凑的手腕结构、狭小的后部干涉区域、可高密度布置机构等特点。又如瑞士 ABB 机器人公司推出的最快速升级版 ABB IRB 6660 – 100/3.3（图 5-26），可解决坯件体积大、质量大、搬运距离长等压力机上下料面临的难题，且比同类产品速度提高15%，缩短生产节拍，视为目前市场上能够处理大坯件最快速的压力机上下料机器人。

◇ 控制器　机器人单机操作有时难以满足大型构件或散堆件的搬运。为此，国外一些著名的机器人公司推出的机器人控制器都可实现同时对几台机器人和几个外部轴的协同控制，如 FANUC 公司推出的机器人控制柜 R – 30iA，可实现散堆工件搬运（图 5-27），大幅度提高 CPU 的处理能力，并且增加了新的软件功能，可实现机器人的智能化与网络化，具有高速动作性能、内置视觉功能、散堆工件取出功能和故障诊断功能。

图 5-25　FANUC R – 2000iB　　　　　　　　　图 5-26　ABB IRB 6660 – 100/3.3

◇ 示教盒　一般来讲，一个机器人单元包括一台机器人和一个带有示教盒的控制单元

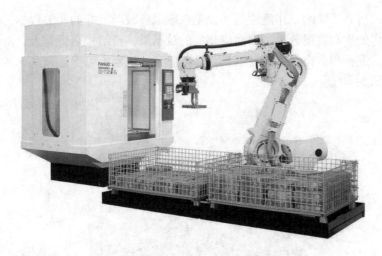

图 5-27　散堆工件的拾取和搬运

手持设备，能够远程监控机器人（它收集信号并提供信息的智能显示）。传统的点对点模式，受线缆方式的局限，费用昂贵并且示教盒只能用于单台机器人。COMAU 公司的无线示教盒 WiTP（图 5-28）与机器人控制单元之间采用了该公司的专利技术"配对－解配对"安全连接程序，多个控制器可由一个示教盒控制。同时，它可与其他 Wi－Fi 资源实现数据传送与接收，有效范围达 100m，且各系统间无干扰。

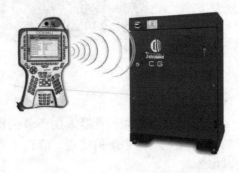

图 5-28　COMAU 无线示教盒 WiTP

2. 传感技术

随着制造生产的繁重化和人口红利的逐渐消失，众多企业向无人化、自动化、柔性化转型，追求生产产品的高精度和质量的优越性。传感技术应用到搬运机器人中，极大地拓宽了搬运机器人的应用范围，提高了生产效率，保证了产品质量的稳定性和可追溯性。图 5-29 所示为带有视觉系统和立体传感器的搬运系统。

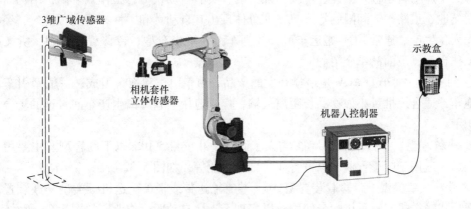

图 5-29　搬运机器人视觉传感系统

搬运机器人传感系统的工作流程是：视觉系统采集被测目标的相关数据，控制柜内置相应系统进行图像处理和数据分析，转换成相应的数据量，传给搬运机器人，机器人以接收到的数据为依据，进行相应作业。通过携带立体传感器，机器人可搬运杂乱无章的部件，简化排列工序，如图5-30所示。

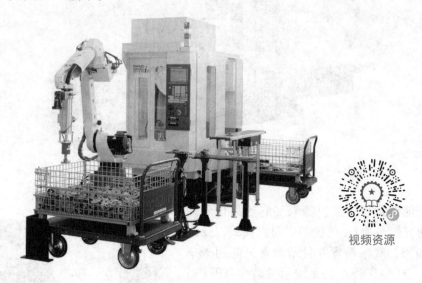

视频资源

图5-30 小型工件的散堆拾取

带有传感器的搬运机器人生产节拍稳定、产品质量高、产品周期明确、生产安排易控制。机器人与传感系统的使用，降低了人工对产品质量和稳定性的影响，保证了产品的一致性。

3. AGV搬运车

AGV搬运车是一种无人搬运车（Automated Guided Vehicle），是指装备有电磁或光学等自动导引装置，能够沿规定的导引路径行驶，具有安全保护以及各种移载功能的运输车。工业应用中无需驾驶员的搬运车，通常可通过计算机程序或电磁轨道信息控制其移动，属于轮式移动搬运机器人范畴，广泛应用于汽车底盘合装、汽车零部件装配、烟草、电力、医药、化工等的生产物料运输、柔性装配线、加工线，具有行动快捷，工作效率高，结构简单，有效摆脱场地、道路、空间限制等优势，充分体现出其自动性和柔性，可实现高效、经济、灵活的无人化生产。通常AGV搬运车可分为列车型、平板车型、带移载装置型、货叉型及带升降工作台型，下面简单介绍。

◇ 列车型 列车型AGV是最早开发的产品，由牵引车和拖车组成，一辆牵引车可带若干节拖车，适合成批量小件物品长距离运输，广泛应用于仓库离生产车间较远的场合，如图5-31所示。

◇ 平板车型 平板车型AGV多需人工卸载，载重量500kg以下的轻型车主要用于小件物品搬运，适用于电子行业、家电行业、食品行业等，如图5-32所示。

◇ 带移载装置型 带移载装置型AGV装有输送带或辊子输送机等类型移载装置，通常和地面板式输送机或辊子机配合使用，以实现无人化自动搬运作业，如图5-33所示。

◇ 货叉型 货叉型AGV类似于人工驾驶的叉车起重机，本身具有自动装卸能力，主要用于物料自动搬运作业以及在组装线上做组装移动工作台使用，如图5-34所示。

图 5-31　列车型 AGV

图 5-32　平板车型 AGV

图 5-33　带移载装置型 AGV

图 5-34　货叉型 AGV

◇ 带升降工作台型　带升降工作台型 AGV 主要应用于机器制造业和汽车制造业的组装作业，因带有升降工作台，可使操作者在最佳高度下作业，提高工作质量和效率，如图5-35所示。

图 5-35　带升降工作台型 AGV

本 章 小 结

搬运机器人是工业机器人当中一员，同样具有3个或3个以上可自由编程的轴，通过轴之间的相互配合可将搬运手爪准确移动到预定空间位置，实现物件的抓取、移位和放置动作，按结构形式分，搬运机器人可分为龙门式、悬臂式、侧壁式、摆臂式和关节式等。

搬运机器人单机可独立准确地完成机床上下料及中间搬运，双机或多机可形成搬运作业的集成系统，实现像加工单元、流水线和柔性加工单元的机加工自动化。关节式搬运机器人依据安装方法分为落地式、落地行走式、天吊行走式；直角式搬运机器人主要以"一"字型排列方式居多，搬运机器人安装场地会因实际工作条件不同而发生相应变化，几种安装方法也会进行相应组合，以达到最佳效果。

搬运机器人任务编程简单，主要为运动轨迹和动作次序的示教。对于搬运作业而言，其机器人控制点（TCP）可依据实际条件进行设置，如吸盘类手爪多设置为法兰中心线与吸盘底面的交点处，夹钳类手爪多设置在法兰中心线与手爪前端面的交点处，作业时要求机器人手爪贴近工件以实现抓取动作。

思 考 练 习

1. 填空

（1）从结构形式上看，搬运机器人可分为_____、_____、_____、_____和关节式搬运机器人。

（2）搬运机器人常见的末端执行器主要有_____、_____和_____等。

（3）图5-36所示为吸附式搬运机器人系统组成示意图。其中，编号1表示_____，编号2表示_____，编号3表示_____，编号6表示_____。

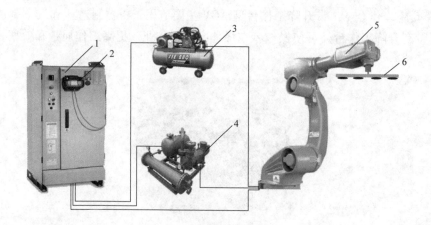

图5-36 题1（3）图

2. 选择

(1) 依据压力差的不同，可将气吸附分为（　　）。

①真空吸盘吸附；②气流负压气吸附；③挤压排气负压气吸附

A. ①②　　　　　　B. ①③　　　　　　C. ②③　　　　　　D. ①②③

(2) 搬运机器人任务编程主要是完成（　　）的示教。

①运动轨迹；②工艺条件；③动作次序

A. ①②　　　　　　B. ①③　　　　　　C. ②③　　　　　　D. ①②③

3. 判断

(1) 根据车间场地面积，在有利于提高生产节拍的前提下，搬运机器人工作站可采用 L 型、环状、"品"字和"一"字等布局。（　　）

(2) 关节式搬运机器人本体在负载较小的情况下可以与其他通用关节机器人本体进行互换。（　　）

(3) 关于搬运机器人的 TCP，吸盘类一般设置在法兰中心线与吸盘底面的交点处，而夹钳类通常设置在法兰中心线与手爪前端面的交点处。（　　）

4. 综合应用

(1) 简述气吸附与磁吸附的异同点。

(2) 图 5-37 所示是某品牌游戏机钣金件生产线，该生产线主要由 5 台压力机和 6 台垂直多关节搬运机器人组成。产品采用 Q235 冷板材，生产工序依次为落料→一次拉伸→二次拉伸→冲孔（大孔）→冲孔（周边小孔），各工序间物料搬运均由机器人完成。依图画出落料至一次拉伸工序间机器人物料搬运轨迹示意图并完成表 5-5（请在相应选项下打"√"或选择序号）。

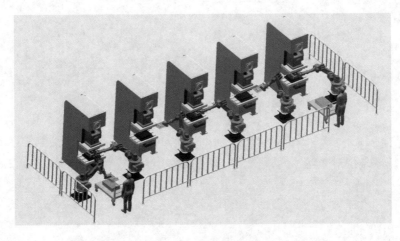

图 5-37　题 4（2）图

表5-5 机器人上下料任务示教

程序点	上下料		动作类型	
	作业点	①原点；②中间点；③规避点；④临近点	PTP	直线插补

第 6 章

Chapter

码垛机器人认知与应用

码垛机器人是经历了人工码垛、码垛机码垛两个阶段而出现的自动化码垛作业智能化设备。码垛机器人的出现，不仅可改善劳动环境，还对减轻劳动强度，保证人身安全，降低能耗，减少辅助设备资源，提高劳动生产率等方面具有重要意义。码垛机器人可使运输工业加快码垛效率，提升物流速度，获得整齐统一的物垛，减少物料破损与浪费。因此，码垛机器人将逐步取代传统码垛机以实现生产制造"新自动化、新无人化"，码垛行业也因码垛机器人出现而步入"新起点"。

本章着重对码垛机器人的特点、基本系统组成、周边设备和工位布局进行介绍，并结合实例说明码垛任务示教的基本要领和注意事项，旨在加深大家对码垛机器人及其任务编程的认知。

 【学习目标】

知识目标

1. 了解码垛机器人的分类及特点。
2. 掌握码垛机器人的系统组成及其功能。
3. 熟悉码垛机器人任务示教的基本流程。
4. 熟悉码垛机器人周边设备与布局。

能力目标

1. 能够识别码垛机器人工作站的基本构成。
2. 能够完成简单的机器人码垛任务示教。

情感目标

1. 增长见识、激发兴趣。
2. 遵守行规、细致操作。

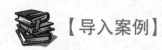【导入案例】

机器人"泥瓦匠"为建筑"添砖加瓦"

中国以房地产为代表的传统建筑业已经达到了前所未有的规模，这极大地加快了城市化进程，但高耗能、高污染、高浪费、粗放型的现场人工作业，对生态、城市、产业结构等都带来了极其严重的影响。近年来，"雾霾"迷城，引起了国家对环境问题的高度重视，频繁出台应对政策。"建筑产业化"以其能够减少施工扬尘、噪声环境污染，降低建筑成本，提高建筑工程质量和品质等优势，又一次为业界瞩目，成为了传统建筑模式转型发展的必由之路。建筑产业化的主要特征是经济重心由初级产品向制造业转移，用工业化生产的方式"制造"建筑。随着瓦匠机器人的迅速兴起，机器人很快就会在建筑工地上替代人类的角色。

2016 年，澳大利亚工程师马克·皮瓦茨（Mark Pivac）开发出世界首台全自动化砌砖机器人"哈德良"（Hadrian X）。它可以一天 24h 连续不间断工作，每小时能砌 1000 块砖，两天内就能砌筑好一栋房子，一年能够建成 150 栋房屋。这位"新鲜出炉"的机器人"工匠明星"是如何工作的呢？Hadrian X 采用三维计算机辅助设计（CAD）计算房子的形状和结构，通过 3D 扫描周围环境后，能够精确地计算出每一块砖块的位置，随后用 28m 长的铰接伸缩臂抓取砖块，用压力挤出砂浆或者胶粘剂，涂在待粘结的砖块上，而后按顺序"堆砌"砖块。同时，它还可以自动裁切砖块，为电线、水管等其他设施预留位置，整个过程不需要人类"插手"。Hadrian X 机器人可以包下工程中的大量"粗活"，从而减轻人力上的投入。

——资料来源：科技日报、搜狐网、雷锋网

6.1 码垛机器人的分类及特点

码垛机器人作为新的智能化码垛装备，具有作业高效、码垛稳定等优点，可使工人避免繁重的体力劳动，已在各个行业的包装物流线中发挥重大作用。归纳起来，码垛机器人主要优点有：

1) 占地面积小，动作范围大，减少厂源浪费。
2) 能耗低，降低运行成本。
3) 提高生产效率，避免繁重体力劳动，实现"无人"或"少人"码垛。
4) 改善工人劳作条件，摆脱有毒、有害环境。

5）柔性高、适应性强，可实现不同物料码垛。

6）定位准确，稳定性高。

码垛机器人同样为工业机器人当中一员，其结构形式和其他类型机器人相似（尤其是搬运机器人），码垛机器人与搬运机器人在本体结构上没有过大区别，通常可认为码垛机器人本体比搬运机器人大，在实际生产当中码垛机器人多为四轴且多数带有辅助连杆，连杆主要起增加力矩和平衡的作用，码垛机器人多不能进行横向或纵向移动，安装在物流线末端，故常见的码垛机器人多为关节式码垛机器人、摆臂式码垛机器人和龙门式码垛机器人，如图6-1所示。有关码垛机器人的特点可参考第5章，不再赘述。

a) 关节式码垛机器人

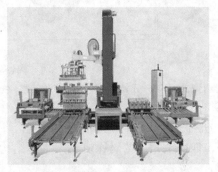

b) 摆臂式码垛机器人

c) 龙门式码垛机器人

图6-1 码垛机器人分类

6.2 码垛机器人的系统组成

码垛机器人同搬运机器人一样需要相应的辅助设备组成一个柔性化系统，才能进行码垛作业。以关节式为例，常见的码垛机器人主要由操作机、控制系统、码垛系统（气体发生装置、液压发生装置）和安全保护装置组成，如图6-2所示。操作者可通过示教盒和操作面板进行码垛机器人运动位置和动作程序的示教，设定运动速度、码垛参数等。

常见关节式码垛机器人本体多为四轴，也有五、六轴码垛机器人，但在实际包装码垛物流线中五、六轴码垛机器人相对较少。码垛主要在物流线末端进行，码垛机器人安装在底座（或固定座）上，其位置的高低由生产线高度、托盘高度及码垛层数共同决定，多数情况下，码垛精度的要求没有机床上下料搬运精度高，为节约成本、减少投入资金、提高效益，

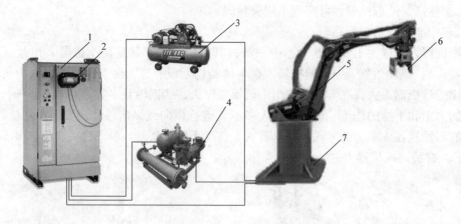

图 6-2　码垛机器人系统组成

1—机器人控制柜　2—示教盒　3—气体发生装置　4—真空发生装置　5—操作机　6—夹板式手爪　7—底座

四轴码垛机器人足以满足日常码垛要求。图 6-3 所示为 Midea – KUKA、FANUC、ABB、YASKAWA 四巨头相应的码垛机器人本体结构。

a) Midea-KUKA KR 700 PA　　　　b) FANUC M–410iB

c) ABB IRB 660　　　　d) YASKAWA MPL80

图 6-3　四巨头码垛机器人本体结构

码垛机器人的末端执行器是夹持物品移动的一种装置，其原理结构与搬运机器人类似，常见形式有吸附式、夹板式、抓取式、组合式。

◇ 吸附式　在码垛中，吸附式末端执行器主要为气吸附。广泛应用于医药、食品、烟酒等行业。有关吸附式手爪的原理、特点可参考第 5 章相关部分，不再赘述。

◇ 夹板式　夹板式手爪是码垛过程中最常用的一类手爪，常见的夹板式手爪有单板式和双板式，如图 6-4 所示。手爪主要用于整箱或规则盒码垛，可用于各行各业，夹板式手爪夹持力度比吸附式手爪大，可一次码一箱（盒）或多箱（盒），并且两侧板光滑不会损伤码垛产品外观。单板式与双板式的侧板一般都会有可旋转爪钩，需单独机构控制，工作状态下爪钩与侧板成 90°，起到撑托物件防止在高速运动中物料脱落的作用。

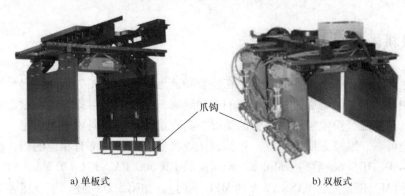

爪钩

a) 单板式　　　　　　　　　　　　　　　b) 双板式

图 6-4　夹板式手爪

◇ 抓取式　抓取式手爪可灵活适应不同形状和内含物（如大米、砂砾、塑料、水泥、化肥等）物料袋的码垛。图 6-5 所示为 ABB 公司配套 IRB 460 和 IRB 660 码垛机器人专用的即插即用 FlexGripper 抓取式手爪，采用不锈钢制作，可满足极端条件下作业的要求。

◇ 组合式　组合式是通过组合以获得各单组手爪优势的一种手爪，灵活性较大，各单组手爪之间既可单独使用又可配合使用，可同时满足多个工位的码垛，图 6-6 所示为 ABB 公司配套 IRB 460 和 IRB 660 码垛机器人专用的即插即用 FlexGripper 组合式手爪。

码垛机器人手爪需单独外力进行驱动，同搬运机器人一样，需要连接相应外部信号控制装置及传感系统，以控制码垛机器人手爪实时的动作状态及力的大小，其手爪驱动方式多为气动和液压驱动。通常在保证相同夹紧力情况

图 6-5　抓取式手爪

下，气动比液压负载小、卫生、成本低、易获取，故实际码垛中以压缩空气为驱动力的居多。

综上所述，码垛机器人主要包括机器人和码垛系统。机器人由搬运机器人本体及完成码垛排列控制的控制柜组成。

吸盘

爪钩

视频资源

图 6-6　组合式手爪

6.3　码垛机器人的任务示教

　　码垛是生产制造业必不可少的环节，在包装物流运输行业中尤为广泛。码垛机器人在物流生产线末端取代人工或码垛机完成工件的自动码垛，主要适应对象为大批量、重复性强或是工作环境具有高温、粉尘等条件恶劣的情况，具有定位精确、码垛质量稳定、工作节拍可调、运行平稳可靠、维修方便等特点。目前，工业机器人四巨头都有相应的码垛机器人产品（ABB 的 IRB460、IRB660 系列，Midea－KUKA 的 KR 300 PA、KR 470 PA、KR 700 PA 系列，FANUC 的 M、R 系列，YASKAWA 的 MPL 系列）。如第 5 章所述，工业机器人任务示教的一项重要内容——运动轨迹，即确定各程序点处工具中心点（TCP）的位姿。对码垛机器人而言，TCP 随末端执行器不同而设置在不同的位置，就吸附式而言，其 TCP 一般设在法兰中心线与吸盘所在平面交点的连线上并延伸一段距离，距离的长短依据吸附物料高度确定，如图6-7a 所示，生产再现如图 6-7b 所示。夹板式和抓取式的 TCP 一般设在法兰中心线与手爪前端面交点处，抓取式如图 6-8a 所示，生产再现如图 6-8b 所示；而组合式 TCP 设定点需依据起主要作用的单组手爪确定。

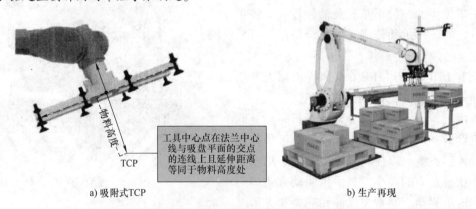

物料高度

TCP

工具中心点在法兰中心线与吸盘平面的交点的连线上且延伸距离等同于物料高度处

a) 吸附式TCP

b) 生产再现

图 6-7　吸附式 TCP 点及生产再现

　　码垛机器人在包装物流生产线中可为关节式、龙门式或摆臂式，具体采用哪一类需依据生产需求及企业实际来确定，末端执行器可选择吸附式、夹板式、抓取式或组合式，依据码垛产品形状、重量等因素确定。通过前几章的学习，在熟练操作机器人本体基础上，结合常

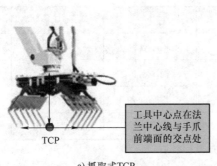

工具中心点在法兰中心线与手爪前端面的交点处

TCP

a) 抓取式TCP

b) 生产再现

图 6-8　抓取式 TCP 点及生产再现

用码垛指令，即可完成码垛任务示教。现以图 6-9 所示的工件码垛为例，选择关节式（四轴）码垛机器人，末端执行器为抓取式，采用在线示教方式为机器人输入码垛任务程序，以 A 垛 I 位置码垛为例，阐述码垛任务编程，A 垛的 II、III、IV、V 位置可按照 I 位置操作类似进行。此程序由编号 1～8 的 8 个程序点组成，每个程序点的用途说明见表 6-1。具体任务编程可参照图 6-10 所示流程开展。

（1）示教前的准备　开始示教前，请做如下准备：

1）确认自己和机器人之间保持安全距离。

2）机器人原点确认。

（2）新建任务程序　点按示教盒的相关菜单或按钮，新建一个任务程序，如"Pallet_bag"。

（3）程序点的输入　在示教模式下，手动操作移动关节式码垛机器人按图 6-9 所示的轨迹设定程序点 1 至程序点 8（程序点 1 和程序点 8 设置在同一点可提高作业效率），此外程序点 1 至程序点 8 的机器人末端工具需处于与工件、夹具互不干涉的位置，具体示教方法可参照表 6-2。

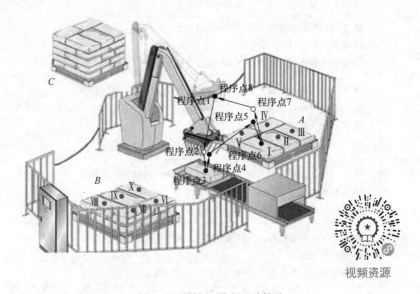

视频资源

图 6-9　码垛机器人运动轨迹

表6-1 程序点说明（码垛作业）

程序点	说明	手爪状态	程序点	说明	手爪状态
程序点1	机器人原点		程序点5	码垛中间点	夹持
程序点2	码垛临近点		程序点6	码垛作业点	放置
程序点3	码垛作业点	夹持	程序点7	码垛规避点	
程序点4	码垛中间点	夹持	程序点8	机器人原点	

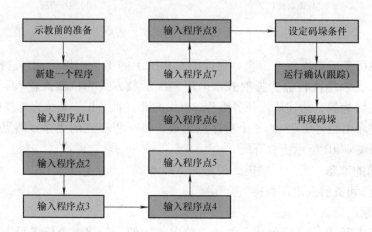

图6-10 码垛机器人任务示教流程

表6-2 码垛机器人任务示教

程序点	示教方法
程序点1 （机器人原点）	❶ 按第3章手动操作机器人要领移动机器人到码垛原点位置 ❷ 动作类型选择"PTP" ❸ 确认并保存程序点1为码垛机器人原点
程序点2 （码垛临近点）	❶ 手动操作码垛机器人到码垛作业临近点，并调整手爪姿态 ❷ 动作类型选择"PTP" ❸ 确认并保存程序点2为码垛机器人作业临近点
程序点3 （码垛作业点）	❶ 手动操作码垛机器人移动到码垛起始点且保持手爪位姿不变 ❷ 动作类型选择"直线插补" ❸ 再次确认程序点，保证其为作业起始点 ❹ 若有需要可直接输入码垛指令
程序点4 （码垛中间点）	❶ 手动操作码垛机器人到码垛中间点，并适度调整手爪姿态 ❷ 动作类型选择"直线插补" ❸ 确认并保存程序点4为码垛机器人作业中间点
程序点5 （码垛中间点）	❶ 手动操作码垛机器人到码垛中间点，并适度调整手爪姿态 ❷ 动作类型选择"PTP" ❸ 确认并保存程序点5为码垛机器人作业中间点

（续）

程序点	示教方法
程序点 6 （码垛作业点）	❶ 手动操作码垛机器人移动到码垛终止点且调整手爪位姿以适合安放工件 ❷ 动作类型选择"直线插补" ❸ 再次确认程序点，保证其为作业终止点 ❹ 若有需要可直接输入码垛指令
程序点 7 （码垛规避点）	❶ 手动操作码垛机器人到码垛作业规避点 ❷ 动作类型选择"直线插补" ❸ 确认并保存程序点 7 为码垛机器人作业规避点
程序点 8 （机器人原点）	❶ 手动操作码垛机器人到机器人原点 ❷ 动作类型选择"PTP" ❸ 确认并保存程序点 8 为码垛机器人原点

143

（4）设定工艺条件　码垛机器人的作业程序简单易懂，与其他六关节工业机器人程序均有类似之处，本例中码垛工艺条件的输入主要是垛型参数。

◇ 设定码垛参数　码垛参数设定主要为 TCP 设定、物料重心设定、托盘坐标系设定、末端执行器姿态设定、物料重量设定、码垛层数设定、计时指令设定等。

（5）检查试运行　确认码垛机器人周围安全，按如下操作进行跟踪测试任务程序。

1）打开要测试的程序文件。

2）移动光标到程序开头位置。

3）按住示教盒上的有关【跟踪功能键】，实现码垛机器人单步或连续运转。

（6）再现码垛

1）打开要再现的作业程序，并将光标移动到程序的开始位置，将示教盒上的【模式开关】调整到"再现/自动"状态。

2）按示教盒上【伺服 ON 按钮】，接通伺服电源。

3）按【启动按钮】，码垛机器人开始运行。

码垛机器人编程时运动轨迹上的关键点坐标位置可通过示教或坐标赋值的方式进行设定，在实际生产中若托盘相对较大，可采用示教方式寻找关键点，以此可节省大量时间；若产品尺寸同托盘码垛尺寸较合理，可采用坐标赋值方式获取关键点。为方便直观展现，如图 6-9 所示，A 垛展示第一层码垛情况，B 垛展示第二层码垛情况，C 垛展示码垛完成情况。由图可知，此码垛每层与临层排布都不相同，实际生产中称之为"3-2"加"2-3"码垛形式，现依据图 6-11 所示码垛产品，着重说明赋值获取关键点，图中圆点为产品的几何中心点，需找到托盘上表面这些几何点垂直投影点所在位置。

产品外观尺寸为 1500mm×1000mm×40mm，托盘尺寸为 3000mm×2500mm×20mm，则由几何关系可得 Ⅰ、Ⅱ、Ⅲ、Ⅳ、Ⅴ 在托盘上表面的坐标依次为（750，500，0）、（750，1500，0）、（750，2500，0）、（2000，2250，0）、（2000，750，0），据此可建立相应坐标系找出图 6-9 所示 B 垛程序点 Ⅵ、Ⅶ、Ⅷ、Ⅸ、Ⅹ。在实际移动码垛机器人寻找关键点时，可借助校准针提高程序点的示教精度，如图 6-12 所示。

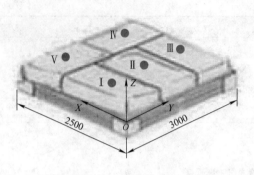

图 6-11　码垛产品

校准针

图 6-12　校准针

144

第一层码垛示教完毕，第二层只需在第一层的基础上将 Z 方向加上产品高度 40mm 即可，示教方式如同第一层，第三层可调用第一层程序并在第二层的基础上加上产品高度，第四层可调用第二层程序并在第三层的基础上加上产品高度，以此类推，之后将编写程序存入运动指令中。动作类型常为"PTP"和"直线插补"，即可满足基本码垛要求，但对于改造或优化生产线等情况，一般可在离线编程软件上建立相应模型，模拟实际生产环境，且码垛机器人任务程序的编制、运动轨迹的规划以及任务程序的调试均在计算机上完成，不需要机器人实体。目前国内外著名机器人制造商提供有专用工艺包，如 ABB 公司的 RobotStudio Palletizing PowerPac 专业码垛软件，极大地加快了码垛程序输入速度，节约工时、降低成本、易于控制生产节拍，可达到优化的目的，减少出错的同时也减轻编程人员的劳动强度。

6.4　码垛机器人的周边设备与工位布局

码垛机器人工作站是一种集成化系统，可与生产系统相连接形成一个完整的集成化包装码垛生产线。码垛机器人完成一项码垛工作，除需要码垛机器人（机器人和码垛设备）外，还需要一些辅助周边设备。同时，为节约生产空间，合理的机器人工位布局尤为重要。

6.4.1　周边设备

目前，常见的码垛机器人辅助装置有金属检测机、重量复检机、自动剔除机、倒袋机、整形机、待码输送机、传送带、码垛系统等装置，下面简单介绍。

◇ 金属检测机　对于有些码垛场合，像食品、医药、化妆品、纺织品的码垛，为防止在生产制造过程中混入金属等异物，需要金属检测机进行流水线检测，如图 6-13 所示。

◇ 重量复检机　重量复检机在自动化码垛流水作业中起重要作用，其可以检测出前工序是否漏装、多装，以及对合格品、欠重品、超重品进行统计，进而使产品质量得到控制，如图 6-14 所示。

◇ 自动剔除机　自动剔除机安装在金属检测机和重量复检机之后，主要用于剔除含金属异物及重量不合格的产品，如图 6-15 所示。

◇ 倒袋机　倒袋机是将输送过来的袋装码垛物按照预定程序进行输送、倒袋、转位等操作，以使码垛物按流程进入后续工序，如图 6-16 所示。

图 6-13　金属检测机

图 6-14　重量复检机

图 6-15　自动剔除机

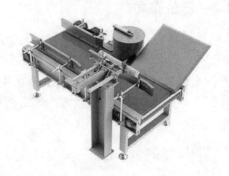

图 6-16　倒袋机

◇ **整形机**　整形机主要针对袋装码垛物的外形整形，经整形机整形后袋装码垛物内可能存在的积聚物会均匀分散，使外形整齐，之后进入后续工序，如图 6-17 所示。

◇ **待码输送机**　待码输送机是码垛机器人生产线的专用输送设备，码垛货物聚集于此，便于码垛机器人末端执行器抓取，可提高码垛机器人的灵活性，如图 6-18 所示。

图 6-17　整形机

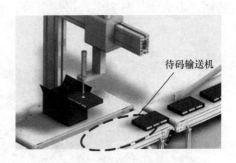

待码输送机

图 6-18　待码输送机

◇ **输送带**　输送带是自动化码垛生产线上必不可少的一种设备，针对不同的厂源条件可选择不同的形式，如图 6-19 所示。

◇ **码垛系统**　此部分可参考第 5 章搬运系统的相关部分，不再赘述。

a) 组合式   b) 转弯式

图 6-19　输送带

6.4.2　工位布局

　　码垛机器人工作站的布局是以提高生产效率、节约场地、实现最佳物流码垛为目的，在实际生产中，常见的码垛工作站布局主要有全面式码垛和集中式码垛两种。

　　◇ 全面式码垛　码垛机器人安装在生产线末端，可针对一条或两条生产线，具有较小的输送带成本与占地面积，较大的灵活性并可增加生产量，如图 6-20 所示。

图 6-20　全面式码垛

　　◇ 集中式码垛　码垛机器人被集中安装在某一区域，可将所有生产线集中在一起，具有较高的输送带成本，节省生产区域资源，节约人员维护成本，一人便可全部操纵，如图 6-21所示。

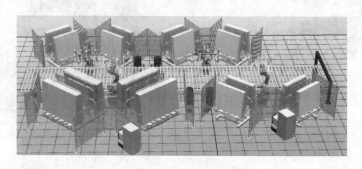

图 6-21　集中式码垛

　　在实际生产码垛中，按码垛进出情况常规划有一进一出、一进两出、两进两出和四进四出等形式。

◇ 一进一出　一进一出常出现在厂源相对较小、码垛线生产比较繁忙的情况，此类型码垛速度较快，托盘分布在机器人左侧或右侧，缺点是需人工换托盘，浪费时间。如图6-22所示。

◇ 一进两出　在一进一出的基础上添加输出托盘，一侧满盘信号输入，机器人不会停止等待，直接码垛另一侧，码垛效率明显提高，如图6-23所示。

图 6-22　一进一出

图 6-23　一进两出

◇ 两进两出　两进两出是两条输送带输入，两条码垛输出，多数两进两出系统无需人工干预，码垛机器人自动定位摆放托盘，是目前应用最多的一种码垛形式，也是性价比最高的一种规划形式，如图6-24所示。

◇ 四进四出　四进四出系统多具有自动更换托盘功能，主要应用于多条生产线的中等产量或低等产量的码垛，如图6-25所示。

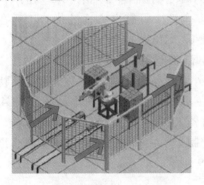

图 6-24　两进两出

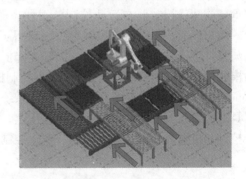

图 6-25　四进四出

知 识 拓 展
——码垛机器人技术的新发展

在全球生产制造最大利益化趋势下，码垛逐渐成为各个企业生产的瓶颈，为满足不同类型产品的码垛，各大机器人制造企业抓住机遇，不断研发创新，推出更人性化、更效益化的码垛机器人。码垛机器人的出现为全球经济发展带来了巨大动力，使得整个包装物流业逐渐向"自动化、无人化"方向发展。鉴于码垛机器人同搬运机器人比较相似，仅从码垛机器人本体及控制器两方面介绍其最新进展。

◇ 操作机　ABB 机器人公司推出全球最快码垛机器人 IRB 460（图 6-26）。在码垛应用方面，IRB 460 拥有目前各种机器人无法超越的码垛速度，其操作节拍可达每小时 2190 次，运行速度比常规机器人提升 15%，工作半径达到 2.4m，占地面积比一般码垛机器人节省 20%；Midea－KUKA 公司推出的精细化工堆垛机器人 KR 180－2 PA Arctic，可在 －30℃ 条件下以 180kg 的全负荷进行工作，且无防护罩和额外加热装置，创造了目前码垛机器人在寒冷条件下的极限，如图 6-27 所示。

图 6-26　ABB IRB 460

图 6-27　KR 180－2 PA Arctic

◇ 控制器　机器人本体在结构上不断进行优化的同时，控制器同样也在进行着变革，以逐步适应高速扩展的生产要求。ABB 公司新出品的 IRC5 控制器，如图 6-28 所示，不仅继承了前几代控制器在运动控制、柔性、通用性、安全性、可靠性方面的优势，还在模块化、用户界面、多机器人控制等方面取得了全新性突破。IRC5 控制器只通过一个接入点就可与整个工作站的机器人通信，大幅度降低成本，若增加机器人数量，只需额外增加一个驱动模块。在 IRC5 控制器中融合了业界控制机器人及外围设备最先进操作系统，最具特色的 Robotware OS 是目前市场上最强的操作系统。Midea－KUKA 机器人公司出品的 KR C4 控制器具有高效、安全、灵活和智能化等优点，使其在机器人行业保持着较高的领导地位，将安全控制、机器人控制、运动控制、逻辑控制及工艺控制集中在一个开放高效的数据标准构架中，具有高性能、可升级和灵活性等特点，如图 6-29 所示。

图 6-28　IRC5 控制器

图 6-29　KR C4 控制器

本章小结

码垛机器人是工业机器人当中的一员，四轴码垛机器人占据多数。通过编程控制驱动各轴将码垛末端执行器准确移动到预定空间位置，实现物件的抓取和放置动作。码垛机器人按结构形式不同，可分为龙门式、摆臂式和关节式等。

码垛机器人如同其他机器人一样，既可单独进行码垛又可集成形成码垛工作站，以实现包装码垛流水线生产，码垛机器人配合相应辅助设备可实现对不同形状、不同尺码、不同重量的物料进行码垛。码垛工作站可分为全面式码垛和集中式码垛，具体采用哪一类，需依据生产码垛实际需求进行选择，按照码垛物料进出方式，码垛工作站可分为"一进一出""一进两出""两进两出""四进四出"等形式，实际生产码垛中需依据实际情况选择，以达到最优性价比，实现利益最大化。

码垛机器人任务编程简单，运动轨迹、工艺条件、动作次序仍为重点。特别需要注意，码垛之前要输入相应物料指标参数（如重量），避免码垛机器人频繁重量报警。码垛机器人控制点（TCP）可依据实际条件进行设置，吸附式手爪的 TCP 多设在法兰中心线与吸盘所在平面交点的连线上并延伸一段距离，距离的长短依据吸附物料的高度确定；夹板式和抓取式手爪的 TCP 一般设在法兰中心线与手爪前端面交点处，以保证示教时 TCP 点始终在托盘的上表面，利于码垛程序的编制。

思 考 练 习

1. 填空

（1）从结构形式上看，码垛机器人可分为_____、_____和关节式码垛机器人。

（2）码垛机器人常见的末端执行器分_____、_____、_____和_____。

（3）常见的码垛机器人主要由_____、_____、_____和安全保护装置组成。

（4）码垛机器人工作站按进出物料方式可分为_____、_____、_____、和四进四出等形式。

2. 选择

（1）在实际生产当中常见的码垛机器人工作站工位布局是（   ）。

①全面式码垛；②集中式码垛；③一进一出式码垛；④两进两出式码垛；

⑤一进两出式码垛；⑥三进三出式码垛

A. ①②   B. ①②③   C. ③④⑤⑥   D. ③④⑤

（2）对医药品码垛工作站而言，码垛辅助设备主要有（   ）。

①金属检测机；②重量复检机；③自动剔除机；④倒袋机；⑤整形机；

⑥待码输送机；⑦传送带；⑧码垛系统装置；⑨安全保护装置

A. ①②③⑦⑧⑨ B. ①③⑤⑦⑧⑨   C. ②③④⑦⑧⑨   D. ①②③④⑤⑥⑦⑧⑨

3. 判断

（1）根据车间场地面积，在利于提高生产节拍的前提下，搬运机器人工作站可采用 L 型、环状、"品"字、"一"字等布局。   （   ）

（2）关节式码垛机器人本体与关节式搬运机器人没有任何区别，在任何情况下都可以互

换。　　　　　　　　　　　　　　　　　　　　　　　　　　　　　　　　（　　）

（3）关于码垛机器人的 TCP 点，吸附式多设在法兰中心线与吸盘所在平面交点的连线上并延伸一段距离，这段距离等同于物料高度，而夹板式同抓取式多设在法兰中心线与手爪前端面交点处。　　　　　　　　　　　　　　　　　　　　　　　（　　）

4. 综合应用

（1）简述码垛机器人与搬运机器人的异同点。

（2）图 6-30 所示为某食品包装流水生产线，主要由产品生产供给线、小箱输送包装线和大箱输送包装线等部分构成。依图画出 A 位置码垛运动轨迹示意图（按照 2-3、3-2 码垛）。

（3）依图 6-30 所示，并结合 A 点位置示教过程完成表 6-3（请在相应选项下打"√"或选择序号。阴影部分为码垛机器人原点，产品外观尺寸为 1800mm×1200mm×30mm，托盘尺寸为 3600mm×3000mm×20mm）。

图 6-30　题 4（2）（3）图

Ⅰ—产品生产供给线　Ⅱ—小箱输送包装线　Ⅲ—大箱输送包装线

表 6-3　机器人码垛任务示教

程序点	码垛作业		动作类型	
	作业点	①原点；②中间点；③规避点；④临近点	PTP	直线插补

第 7 章

Chapter

焊接机器人认知与应用

众所周知，焊接加工一方面要求焊工具有熟练的操作技能、丰富的实践经验和稳定的焊接水平；另一方面，焊接又是一种劳动条件差、烟尘多、热辐射大、危险性高的工作。工业机器人的出现使人们自然而然地想到用它替代人的手工焊接，这样不仅可以减轻焊工的劳动强度，同时也可以保证焊接质量和提高生产效率。据不完全统计，全世界在役的工业机器人大约有近一半用于各种形式的焊接加工领域。随着先进制造技术的发展，焊接产品制造的自动化、柔性化与智能化已成为必然趋势。而在焊接生产中，采用机器人焊接则是焊接自动化技术现代化的主要标志。

本章将对焊接机器人的特点、基本系统组成、周边设备和工位布局进行简要介绍，并结合实例说明焊接任务示教的基本要领和注意事项，旨在加深大家对焊接机器人及其任务示教的认知。

 【学习目标】

知识目标

1. 了解焊接机器人的分类及特点。
2. 掌握焊接机器人系统的基本组成。
3. 熟悉焊接机器人任务示教的基本流程。
4. 熟悉焊接机器人典型周边设备与布局。

能力目标

1. 能够识别常见焊接机器人工作站的基本构成。
2. 能够完成简单的机器人弧焊和点焊任务示教。

情感目标

1. 增长见识、激发兴趣。
2. 遵守行规、细致操作。

【导入案例】

中国共享单车"骑"向海外，原来是焊接机器人惹的"货"

中国素有"自行车王国"之称，但随着工业社会的快速发展，自行车渐渐被汽车所代替。不过在当下，自行车大有"卷土重来"之势。受优步、滴滴打车的启发，ofo、摩拜等创业公司通过智能手机应用、GPS定位以及扫描二维码等移动互联网技术，正在向出行市民提供便利、廉价的自行车分享服务，以解决市民公共出行的"最后一公里"问题，也有助于解决城市交通拥堵和环境污染问题。这就是被消费者视为绿色出行"新宠儿"的共享单车。

据第三方数据研究机构比达咨询发布的《2016中国共享单车市场研究报告》显示，截至2016年底，中国共享单车市场整体用户数量已达到1886万；预计2017年，共享单车市场用户规模将继续保持大幅增长，年底将达5000万用户规模。为迅速抢占市场份额，共享单车各大商家使出"洪荒之力"在全国多个城市"攻城掠寨""火药味"愈演愈烈。与传统单车迥然不同的是，共享单车作为"移动互联网＋物联网"的产物，很多部件正向智能化迈进，全铝车身、加厚车架、实心轮胎、齿轮传导、扫码即开的智能锁、嵌入芯片……，这些功能促使制造商不断实现智能制造的技术进步。共享单车的"跑马圈地"很大程度取决于投放速度与数量的双向指标，因此在这个制造环节中焊接机器人就好比制造研发的"心脏"，其强大的"造血"能力成为商家决胜于千里之外的关键。广州凯路仕集团2016年末投入3000多万元引进120台自动化焊接机器人，专供小鸣单车的钢车架焊接生产，每台焊接机器人一天可以焊接300个车架，整条生产线1.5个小时就可以生产出800～1000个车架组。与之前相比，节约了70%的人力。现在工厂每天产能都保持在1万多辆，若"开足马力"生产，一天产能可以高达2万辆以上。

在深耕国内市场的同时，国内部分共享单车品牌也开始将目光投向海外。截至目前，ofo覆盖了国内40多个城市，同时还在美国、英国、新加坡开始运营，并将登陆更多国家。随着ofo、摩拜、小鸣、小蓝等多个品牌的中国共享单车"骑"向海外，中国的自行车制造业"走出去"也迎来了更广阔的渠道。在这一过程中，凭借着制造工艺、技术创新等方面的优异表现，国际社会对中国制造有了更为深入的认识。一头连着互联网技术，一头接着传统制造业，共享单车推动的产业融合为自行车制造业带来了良好的发展机遇，未来包括共享汽车在内的商业模式也可能推动汽车制造业等行业快速发展。这对其他相关制造业发展及"走出去"也有一定的借鉴意义。

——资料来源：南方日报、人民日报、OFweek 机器人网

7.1 焊接机器人的分类及特点

焊接机器人作为当前广泛使用的先进自动化焊接设备，具有通用性强、工作稳定的优点，并且操作简便、功能丰富，越来越受到人们的重视。使用机器人完成一项焊接任务只需要操作者对它进行一次示教，机器人即可精确地再现示教的每一步操作。如果让机器人去做另一项工作，无须改变任何硬件，只要对它再做一次示教即可。归纳起来，焊接机器人的主要优点如下：

1）稳定和提高焊接质量，保证焊缝的均匀性。

2）提高劳动生产率，一天可 24h 连续生产。

3）改善工人劳动条件，可在有害环境下工作。

4）降低对工人操作技术的要求。

5）缩短产品改型换代的准备周期，减少相应的设备投资。

6）可实现小批量产品的焊接自动化。

7）能在空间站建设、核电站维修、深水焊接等极限条件下完成人工难以进行的焊接作业。

8）为焊接柔性生产线提供技术基础。

焊接机器人其实就是在焊接生产领域代替焊工从事焊接任务的工业机器人。在这些焊接机器人中，有的是为某种焊接方式专门设计的，而大多数的焊接机器人其实就是通用的工业机器人装上某种焊接工具构成的。世界各国生产的焊接用机器人基本上都属关节型机器人，绝大部分有 6 个轴。其中，1、2、3 轴可将末端工具（即焊接工具，如焊枪、焊钳等）送到不同的空间位置，而 4、5、6 轴解决末端工具姿态的不同要求。目前焊接机器人应用中比较普遍的主要有 3 种：点焊机器人、弧焊机器人和激光焊接机器人，如图 7-1 所示。

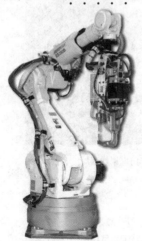  

a) 点焊机器人　　　　　　　　b) 弧焊机器人　　　　　　　c) 激光焊接机器人

图 7-1　焊接机器人分类

◇ 点焊机器人 点焊机器人是用于点焊自动作业的工业机器人，其末端持握的作业工具是焊钳。实际上，工业机器人在焊接领域应用最早是从汽车装配生产线上的电阻点焊开始的，如图7-2所示。这主要在于点焊过程比较简单，只需点位控制，至于焊钳在点与点之间的移动轨迹则没有严格要求，对机器人的精度和重复精度的控制要求比较低。

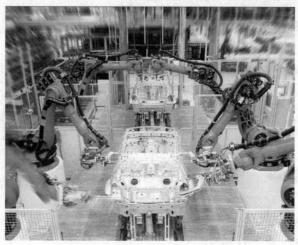

图7-2 汽车车身的机器人点焊作业

一般来说，装配一台汽车车体大约需完成3000~5000个焊点，而其中约60%的焊点是由机器人完成的。最初，点焊机器人只用于增强焊作业，即往已拼接好的工件上增加焊点。后来，为了保证拼接精度，又让机器人完成定位焊作业，如图7-3所示。如今，点焊机器人已经成为汽车生产行业的支柱。如此，点焊机器人逐渐被要求有更全面的作业性能，点焊机器人不但要有足够的负载能力，而且在点与点之间移位时速度要快，动作要平稳，定位要准确，以减少移位的时间，提高工作效率。具体要求如下：

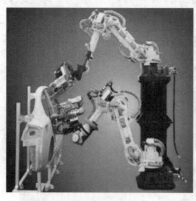
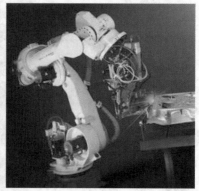

a) 车门框架定位焊　　　　　　　　　　　b) 车门框架增强焊

图7-3 汽车车门的机器人点焊作业

1）安装面积小，工作空间大。
2）快速完成小节距的多点定位（如每0.3~0.4s移动30~50mm节距后定位）。
3）定位精度高（±0.25mm），以确保焊接质量。

4）持重大（50~150kg），以方便携带内装变压器的焊钳。

5）内存容量大，示教简单，节省工时。

6）点焊速度与生产线速度相匹配，且安全可靠性好。

◇ 弧焊机器人　弧焊机器人是用于弧焊（主要有熔化极气体保护焊和非熔化极气体保护焊，如图 7-4 所示）自动作业的工业机器人，其末端持握的工具是弧焊作业用的各种焊枪。事实上，弧焊过程比点焊过程要复杂得多，被焊工件由于局部加热熔化和冷却而产生变形，焊缝轨迹会发生变化。手工焊时，有经验的焊工可以根据眼睛所观察到的实际焊缝位置适时调整焊枪位置、姿态和行走速度，以适应焊缝轨迹的变化。然而，机器人要适应这种变化，必须首先像人一样要"看"到这种变化，然后采取相应的措施调整焊枪位置和姿态，以实现对焊缝的实时跟踪。由于弧焊过程伴有强烈弧光、烟尘、熔滴过渡不稳定从而引起焊丝短路、大电流强磁场等复杂环境因素，机器人要检测和识别焊缝所需要的特征信号的提取并不像其他加工制造过程那么容易。因此，焊接机器人的应用并不是一开始就用于电弧焊作业，而是伴随焊接传感器的开发及其在焊接机器人中的应用，使机器人弧焊作业的焊缝跟踪与控制问题得到有效解决。焊接机器人在汽车制造中的应用也相继从原来比较单一的汽车装配点焊很快地发展为汽车零部件及其装配过程中的电弧焊，如图 7-5 所示。由于弧焊工艺早已在诸多行业中得到普及，使得弧焊机器人在通用机械、金属结构等行业中得到广泛应用，如图 7-6 所示，在数量上大有超过点焊机器人之势。

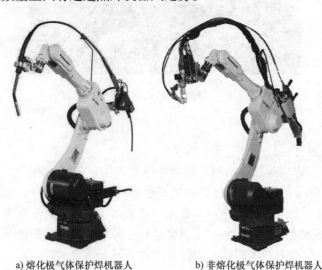

a) 熔化极气体保护焊机器人　　　b) 非熔化极气体保护焊机器人

图 7-4　弧焊机器人

为适应弧焊作业，对弧焊机器人的性能有着特殊的要求。在弧焊作业过程中，焊枪应跟踪工件的焊道运动，并不断填充金属形成焊缝。因此运动过程中速度的稳定性和轨迹精度是两项重要指标。一般情况下，焊接速度约为 5~50mm/s，轨迹精度约为 ±0.2~±0.5mm。由于焊枪的姿态对焊缝质量也有一定的影响，所以希望在跟踪焊道的同时，焊枪姿态的可调范围尽量大。其他一些基本性能要求如下：

1）能够通过示教盒设定焊接条件（电流、电压、速度等）。

2）摆动功能。

a) 座椅支架　　　　　　　　　　b) 消声器

图7-5　汽车零部件的机器人弧焊作业

图7-6　工程机械的机器人弧焊作业

3）坡口填充功能。

4）焊接异常检测功能。

5）焊接传感器（焊接起始点检测、焊缝跟踪）的接口功能。

◇ 激光焊接机器人　激光焊接机器人是用于激光焊自动作业的工业机器人，通过高精度工业机器人来实现更加柔性的激光加工作业，其末端持握的工具是激光加工头。现代金属加工对焊接强度和外观效果等质量的要求越来越高，传统的焊接手段由于极大的热输入，不可避免地会带来工件扭曲变形等问题。为弥补工件变形，需要大量的后续加工手段，从而导致费用增加。而采用全自动的激光焊接技术，具有最小的热输入量，产生极小的热影响区，在显著提高焊接产品品质的同时，减少了后续工作的时间。另外，由于焊接速度快和焊缝深宽比大，能够极大地提高焊接效率和稳定性。近年来激光技术飞速发展，涌现出可与机器人柔性耦合的、采用光纤传输的高功率工业型激光器，促进了机器人技术与激光技术的结合，而汽车产业的发展需求带动了激光加工机器人产业的形成与发展。从20世纪90年代开始，德国、美国、日本等发达国家投入大量的人力物力研发激光加工机器人。进入2000年，德国的KUKA、瑞典的ABB、日本的FANUC等机器人公司相继研制出激光焊接、切割机器人的系列产品，如图7-7所示。目前在国内外汽车产业中，激光焊接、激光切割机器人已成为最先进的制造技术，获得了广泛应用（图7-8）。德国大众汽车、美国通用汽车、日本丰田

汽车等汽车装配生产线上，已大量采用激光焊接机器人代替传统的电阻点焊设备，不仅提高

a) 激光焊接机器人   b) 激光切割机器人

图 7-7 激光加工机器人

图 7-8 汽车车身的激光焊接作业

了产品质量和档次，还减轻了汽车车身重量，节约了大量材料，使企业获得了很高的经济效益，提高了企业市场竞争能力。在中国，一汽大众、上海大众等汽车公司也引进了激光焊接机器人生产线。

激光焊接成为一种成熟、无接触的焊接方式已经多年，极高的能量密度使得高速加工和低热输入量成为可能。与机器人电弧焊相比，机器人激光焊的焊缝跟踪精度要求更高。根据一般要求，机器人电弧焊的焊缝跟踪精度必须控制在电极或焊丝直径的 1/2 以内，在具有填充丝的条件下，焊缝跟踪精度可适当放宽。但对激光焊接而言，焊接时激光照射在工件表面的光斑直径通常小于 0.6mm，远小于焊丝直径（通常大于 1.0mm），并且激光焊接时通常又不加填充焊丝，因此，激光焊接中若光斑位置稍有偏差，便会造成偏焊、漏焊。图 7-9 所示为上海大众某型轿车车顶的机器人激光焊接，除了在工装夹具上采取措施防止焊接变形外，还在机器人激光焊枪前安装了高精度激光传感器用于焊缝轨迹的跟踪。其他一些基本性能要求如下：

1）高精度轨迹（≤0.1mm）。

2）持重大（30~50kg），以便携带激光加工头。

3）可与激光器进行高速通信。

4）机械臂刚性好，工作范围大。

5）具备良好的振动抑制和控制修正功能。

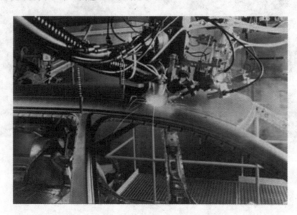

图7-9　汽车车顶的机器人激光焊接

7.2　焊接机器人的系统组成

了解了焊接机器人的种类及其特点，那么焊接机器人是不是可以理解为在通用工业机器人上装备一把焊接工具，仅此而已呢？其实不然，焊接机器人是包括各种焊接附属装置及周边设备在内的柔性焊接系统，而不只是一台以规划的速度和姿态携带焊接工具移动的单机。

7.2.1　点焊机器人

点焊机器人主要由操作机、控制系统和点焊焊接系统三部分组成，如图7-10所示。操作者可通过示教盒和操作面板进行点焊机器人运动位置和动作程序的示教，设定运动速度、点焊参数等。点焊机器人按照示教程序规定的动作、顺序和参数进行点焊作业，其过程是完全自动化的。

为适应灵活的动作要求，点焊机器人本体通常选用关节型工业机器人，一般具有6个自由度。驱动方式主要有液压驱动和电气驱动两种。其中，电气驱动具有保养维修简便、能耗低、速度高、精度高、安全性好等优点，因此应用较为广泛。

点焊机器人控制系统由本体控制和焊接控制两部分组成。本体控制部分主要是实现机器人本体的运动控制；焊接控制部分则负责对点焊控制器进行控制，发出焊接开始指令，自动控制和调整焊接参数（如电流、压力、时间），控制焊钳的大小行程及夹紧/松开动作。

点焊焊接系统主要由点焊控制器（时控器）、焊钳（含阻焊变压器）及水、电、气等辅助部分组成。点焊控制器是由微处理器及部分外围接口芯片组成的控制系统，它可根据预定的焊接监控程序，完成焊接参数输入、焊接程序控制及焊接系统的故障自诊断，并实现与机器人控制柜、示教盒的通信联系。机器人点焊用焊钳种类繁多，按外形结构有C型和X型2种，如图7-11所示。C型焊钳用于点焊垂直及近于垂直倾斜位置的焊点；X型焊钳则主要用

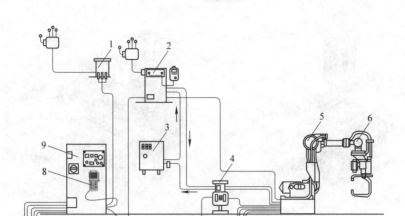

图 7-10　点焊机器人系统组成

1—机器人变压器　2—焊接控制器　3—水冷机　4—气/水管路组合体　5—操作机　6—焊钳
7—供电及控制电缆　8—示教盒　9—控制柜

于点焊水平及近于水平倾斜位置的焊点。

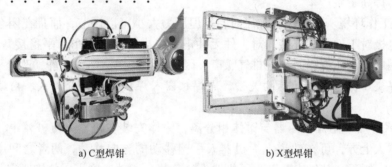

a) C 型焊钳　　　　　　　　　　b) X 型焊钳

图 7-11　点焊机器人焊钳（按外形结构）

按电极臂加压驱动方式，点焊机器人焊钳又分为气动焊钳和伺服焊钳 2 种。

◇ 气动焊钳　气动焊钳是目前点焊机器人比较常用的，如图 7-12a 所示。它利用气缸来加压，一般具有 2～3 个行程，能够使电极完成大开、小开和闭合 3 个动作，电极压力一旦调定后是不能随意变化的。

◇ 伺服焊钳　采用伺服电动机驱动完成焊钳的张开和闭合，因此其张开度可以根据实际需要任意选定并预置，而且电极间的压紧力也可以无级调节，如图 7-12b 所示。

与气动焊钳相比，伺服焊钳具有如下优点：

1）提高工件的表面质量。伺服焊钳由于采用的是伺服电动机，电极的动作速度在接触到工件前，可由高速准确调整至低速。这样就可以形成电极对工件的软接触，减轻电极冲击所造成的压痕，从而也减小了后续工件表面修磨处理量，提高了工件的表面质量。而且，利用伺服控制技术可以对焊接参数进行数字化控制管理，可以保证提供最合适的焊接参数数据，确保焊接质量。

2）提高生产效率。伺服焊钳的加压、放开动作由机器人自动控制，每个焊点的焊接周期可大幅度降低。机器人在点与点之间的移动过程中，焊钳就开始闭合，在焊完一点后，焊

159

a) 气动焊钳   b) 伺服焊钳

图 7-12　点焊机器人焊钳（按电极臂加压驱动方式）

钳一边张开，机器人一边位移，不必等机器人到位后焊钳才闭合或焊钳完全张开后机器人再移动。与气动焊钳相比，伺服焊钳的动作路径可以控制到最短，缩短生产节拍，在最短的焊接循环时间里建立一致性的电极间压力。由于在焊接循环中省去了预压时间，该焊钳比气动加压快5倍，提高了生产率。

3）改善工作环境。焊钳闭合加压时，不但压力大小可以调节，而且在闭合时两电极为轻轻闭合，电极对工件是软连接，对工件无冲击，减小了撞击变形，平稳接触工件无噪声，更不会在使用气动加压焊钳时出现排气噪声。因此，该焊钳清洁、安静，改善了操作环境。

依据阻焊变压器与焊钳的结构关系，点焊机器人焊钳可分为分离式、内藏式和一体式三种：

◇ 分离式焊钳　阻焊变压器与钳体相分离，钳体安装在机器人机械臂上，而阻焊变压器悬挂在机器人上方，可在轨道上沿机器人手腕移动的方向移动，两者之间用二次电缆相连，如图 7-13a 所示。其优点是减小了机器人的负载，运动速度高，价格便宜。分离式焊钳的主要缺点是需要大容量的阻焊变压器，电力损耗较大，能源利用率低。此外，粗大的二次电缆在焊钳上引起的拉伸力和扭转力作用于机器人机械臂上，限制了点焊工作区间与焊接位置的选择。

◇ 内藏式焊钳　这种结构是将阻焊变压器安放到机器人机械臂内，使其尽可能地接近钳体，变压器的二次电缆可以在内部移动，如图 7-13b 所示。当采用这种形式的焊钳时，必须同机器人本体统一设计，如直角坐标机器人就采用这种结构形式。另外，极（球）坐标的点焊机器人也可以采取这种结构。其优点是二次电缆较短，变压器的容量可以减小，但是会使机器人本体的设计变得复杂。

◇ 一体式焊钳　所谓一体式就是将阻焊变压器和钳体安装在一起，然后共同固定在机器人机械臂末端法兰盘上，如图 7-13c 所示，主要优点是省掉了粗大的二次电缆及悬挂变压器的工作架，直接将焊接变压器的输出端连到焊钳的上下电极臂上。另一个优点是节省能量，例如，输出电流12000A，分离式焊钳需75kVA的变压器，而一体式焊钳只需25kVA。一体式焊钳的缺点是焊钳重量显著增大，体积也变大，要求机器人本体的承载能力大于60kg。此外，焊钳重量在机器人活动手腕上产生惯性力易引起过载，这就要求在设计时，尽量减小焊钳重心与机器人机械臂轴心线间的距离。

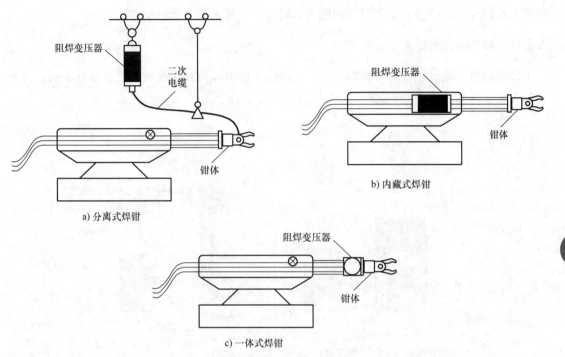

图 7-13　点焊机器人焊钳（按阻焊变压器与焊钳的结构）

与点焊机器人连接的焊钳，按照焊钳的变压器形式，可分为中频焊钳和工频焊钳。中频焊钳是利用逆变技术将工频电转化为 1000Hz 的中频电。这两种焊钳最主要的区别就是变压器本身，分别装载中频变压器和工频变压器，而焊钳的机械结构原理完全相同。中频焊钳相对于工频焊钳主要有以下优点：

1）直流焊接。焊机采用 1kHz 逆变电源，三相交流电经变压器次级整流，可提供出连续的直流焊接电流，从而提高热效率，消除电流尖峰，增加焊接电流工艺范围，消除输出极的电感消耗，无"集肤"效应。因此，大大提高了焊接质量。

2）焊接变压器小型化。焊接变压器的铁心截面积与输入交流频率成反比，故中频输入可减小变压器铁心截面积，也就减小了变压器的体积和重量。中频整流焊接变压器的质量约为单相交流式的 1/5 ~ 1/3，而焊钳质量约减小 1/3 ~ 1/2。这一点对机器人焊钳来讲非常重要，可使机器人本体的负载能力减小，在降低成本的同时可以获得更快的运动速度。

3）提高电流控制的响应速度，实现工频电阻焊机无法实现的焊接工艺。以 1kHz 逆变电源为例，焊钳可实现本周波控制，其电流控制响应速度为 1ms（工频焊机的响应速度最快为 20ms），从而有利于提高焊接质量，并可以方便地实现焊接电流控制。

4）三相平衡负载，降低了电网成本；功率因数高，节能效果好。

综上所述，点焊机器人焊钳主要以驱动和控制两者组合的形式来区分，可以采用工频气动式、工频伺服式、中频气动式、中频伺服式。这几种形式应该说各有特点，每种都有其特定的用户，从技术优势和发展趋势来看，中频伺服机器人焊钳应为未来的主流，它集中了中频直流点焊和伺服驱动的优势，是其他形式无法比拟的。国内方面上述 4 种形式焊钳都有使用，其中工频气动机器人焊钳以成本低、技术相对成熟，应用最多，中频气动机器人焊钳的应用也比较广泛，特别是在焊钳结构较大或超大时，基本采用此种形式。

7.2.2 弧焊机器人

弧焊机器人的组成与点焊机器人基本相同，主要由操作机、控制系统、弧焊系统和安全设备几部分组成，如图7-14所示。

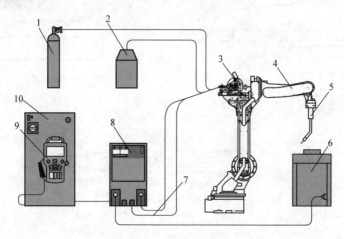

图7-14 弧焊机器人系统组成

1—气瓶 2—焊丝桶 3—送丝机 4—操作机 5—焊枪 6—工作台 7—供电及控制电缆 8—弧焊电源
9—示教盒 10—机器人控制柜

弧焊机器人操作机的结构与点焊机器人基本相似，主要区别在于末端执行器——焊枪。图7-15所示为弧焊机器人气保护焊用的各种典型焊枪。从理论上讲，虽然5自由度机器人就可以用于电弧焊，但是对复杂形状的焊缝，用5自由度机器人会难以胜任。因此，除非焊缝比较简单，否则应尽量选用6自由度机器人，以保证焊枪的任意空间位置和姿态。

a) 电缆外置式机器人气保焊枪　　b) 电缆内藏式机器人气保焊枪　　c) 机器人氩弧焊焊枪

图7-15 弧焊机器人用焊枪

弧焊机器人控制系统在控制原理、功能及组成上和通用工业机器人基本相同。目前最流行的是采用分级控制的系统结构，一般分为两级：上级具有存储单元，可实现重复编程、存储多种操作程序，负责程序管理、坐标变换、轨迹生成等；下级由若干处理器组成，每一处理器负责一个关节的动作控制及状态检测，实时性好，易于实现高速、高精度控制。此外，弧焊机器人周边设备的控制，如工件定位夹紧、变位调控，设有单独的控制装置，可以单独编程，同时又可以和机器人控制装置进行信息交换，由机器人控制系统实现全部作业的协调控制。

弧焊系统是完成弧焊作业的核心装备，主要由弧焊电源、送丝机、焊枪和气瓶等组成。弧焊机器人多采用气体保护焊（CO_2、MIG、MAG 和 TIG），通常使用的晶闸管式、逆变式、波形控制式、脉冲或非脉冲式等焊接电源都可以装到机器人上进行电弧焊。由于机器人控制柜采用数字控制，而焊接电源多为模拟控制，所以需要在焊接电源与控制柜之间加一个接口。近年来，国外机器人生产厂都有自己特定的配套焊接设备（如 FANUC 弧焊机器人采用美国林肯焊接电源，如图 7-16 所示），这些焊接设备内已插入相应的接口板，所以在有些弧焊机器人系统中并没有附加接口板。应该指出，在弧焊机器人工作周期中电弧时间所占的比例较大，因此在选择焊接电源时，一般应按持续率 100% 来确定电源的容量。另外，送丝机可以装在机器人的上臂上，也可以放在机器人之外，前者焊枪到送丝机之间的软管较短，有利于保持送丝的稳定性；而后者软管较长，当机器人把焊枪送到某些位置，使软管处于多弯曲状态时会严重影响送丝的质量。因此，送丝机的安装方式一定要考虑保证送丝稳定性的问题。

163

美国林肯
焊接电源

图 7-16　FANUC 弧焊机器人选配美国林肯焊接电源

安全设备是弧焊机器人系统安全运行的重要保障，主要包括驱动系统过热自断电保护、动作超限位自断电保护、超速自断电保护、机器人系统工作空间干涉自断电保护和人工急停断电保护等，它们起到防止机器人伤人或保护周边设备的作用。在机器人的末端焊枪上还装有各类触觉或接近传感器，可以使机器人在过分接近工件或发生碰撞时停止工作（相当于暂停或急停开关）。当发生碰撞时，一定要检验焊枪是否被碰歪，否则由于工具中心点的变化，焊接的路径将会发生较大的变化，从而焊出废品。

7.2.3　激光焊接机器人

机器人是高度柔性的加工系统，这就要求激光器必须具有高度柔性，所以目前激光焊接机器人都选用可光纤传输的激光器（如固体激光器、半导体激光器、光纤激光器等）。在机器人手臂的夹持下，运动由机器人的运动决定，因此能匹配完全的自由轨迹加工，完成平面曲线、空间的多组直线、异形曲线等特殊轨迹的激光焊接。如图7-17所示，智能化激光焊接机器人主要由以下几部分组成：

1）大功率可光纤传输激光器。

2）光纤耦合和传输系统。

3）激光光束变换光学系统。

4）6自由度机器人本体。

5）机器人数字控制系统（控制器、示教盒）。

6）激光加工头。

7）材料进给系统（高压气体、送丝机、送粉器）。

8）焊缝跟踪系统（包括视觉传感器、图像处理单元、伺服控制单元、运动执行机构及专用电缆等）。

9）焊接质量检测系统（包括视觉传感器、图像处理单元、缺陷识别系统及专用电缆等）。

10）激光加工工作台。

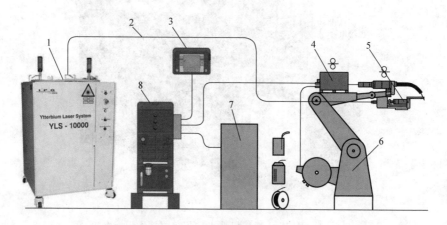

图7-17　激光焊接机器人系统组成

1—激光器　2—光导系统　3—遥控盒　4—送丝机　5—激光加工头　6—操作机　7—机器人控制柜　8—焊接电源

从大功率激光器发出的激光，经光纤耦合传输到激光光束变换光学系统，再经过整形聚焦后进入激光加工头。根据用途不同（切割、焊接、熔覆）选择不同的激光加工头（图7-18），并配用不同的材料进给系统（高压气体、送丝机、送粉器）。激光加工头装于6自由度机器人本体手臂末端，其运动轨迹和激光加工参数由机器人数字控制系统提供指令进行。先由激光加工操作人员在机器人示教盒上进行在线示教或在计算机上进行离线编程。材料进给系统将材料（高压气体、金属丝、金属粉末）与激光同步输入到激光加工头，高功率激光与进给材料同步作用完成加工任务。在加工过程中，机器视觉系统对加工区进行检测，检测信号反馈至机器人控制系统，从而实现加工过程的实时控制，具体的控制系统架构如图 7-19 所示。

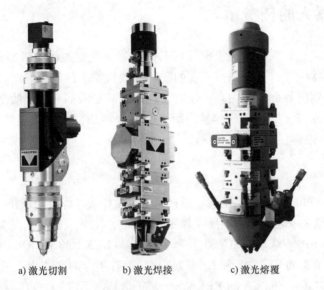

a) 激光切割　　　b) 激光焊接　　　c) 激光熔覆

图 7-18　激光加工头

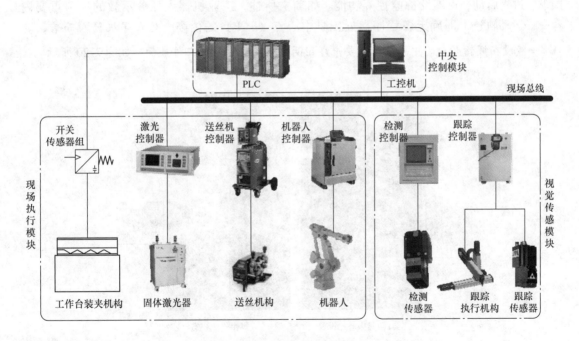

图 7-19　激光焊接机器人控制系统架构

综上所述，焊接机器人主要包括机器人和焊接设备两部分。机器人由机器人本体和控制柜（硬件及软件）组成。而焊接装备，以弧焊及点焊为例，则由焊接电源（包括其控制系统）、送丝机（弧焊）、焊枪（焊钳）等部分组成。对于智能机器人还应有传感系统，如激光或摄像传感器及其控制装置等。

7.3 焊接机器人的任务示教

知道了典型焊接机器人的系统组成及其工作原理，究竟如何给机器人输入任务程序呢？这一技术在实际焊接生产过程是如何实现的呢？焊接机器人的编程方法目前还是以在线示教方式为主，但编程器的界面比过去有了较大改进，尤其是液晶显示屏的采用使新的焊接机器人的编程界面更趋友好、操作更加容易。所以，下面将从两大应用领域（点焊和熔焊）逐一揭晓焊接机器人在线任务示教的要领。

7.3.1 点焊作业

点焊是最广为人知的电阻焊接工艺，通常用于板材焊接。焊接限于在一个或几个点上，将工件互相重叠。规则之一是要使用电极（焊钳）。目前，工业机器人四巨头都有相应的点焊机器人产品（ABB 的 IRB6600 和 IRB7600 系列、Midea – KUKA 的 KR QUANTEC 系列、FANUC 的 R 系列、YASKAWA 的 VS、MS 和 ES 系列），且都有相应的商业化应用软件，例如 ABB 的 RobotWare – Spot、Midea – KUKA 的 KUKA. ServoGun、FANUC 的 Spot Tool Software，这些专业软件提供功能强大的点焊指令（SPOT），将点焊化繁为简，可实现快速精确定位，并具有焊钳操纵、过程启动、点焊设备监控等功能。如前文所述，工业机器人任务示教的一项重要内容——运动轨迹，即确定各程序点处工具中心点（TCP）的位姿。对点焊机器人而言，其TCP一般设在焊钳开口的中点处，且要求焊钳两电极垂直于被焊工件表面，如图 7-20 所示。

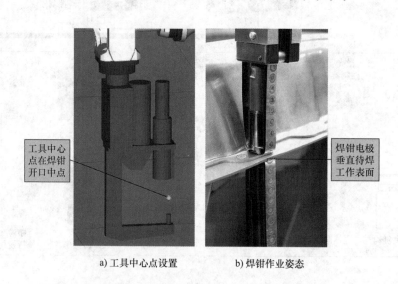

工具中心点在焊钳开口中点

焊钳电极垂直待焊工作表面

a) 工具中心点设置   b) 焊钳作业姿态

图 7-20　点焊机器人 TCP 和焊钳作业姿态

以图 7-21 所示工件焊接为例，采用在线示教方式为机器人输入两块薄板（板厚 2mm）的点焊任务程序。此程序由编号 1 ~ 5 的 5 个程序点组成，每个程序点的用途说明见表 7-1。本例中使用的焊钳为气动焊钳，通过气缸来实现焊钳的大开、小开和闭合三种动作。具体作业编程可参照图7-22所示的流程开展。

(1) 示教前的准备 开始示教前，请做如下准备：

1）工件表面清理。使用物理或化学方式将薄板表面的铁锈、油污等杂质清理干净。

2）工件装夹。利用夹具将薄板固定。

3）安全确认。确认自己和机器人之间保持安全距离。

4）机器人原点确认。通过机器人机械臂各关节处的标记或调用原点程序复位机器人。

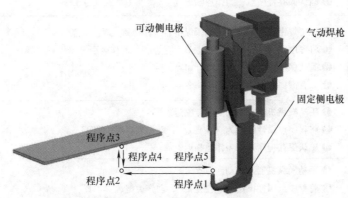

★为提高工作效率，通常将程序点5和程序点1设在同一位置。

图7-21 点焊机器人运动轨迹

表7-1 程序点说明（点焊作业）

程序点	说 明	焊钳动作
程序点 1	机器人原点	
程序点 2	作业临近点	大开→小开
程序点 3	点焊作业点	小开→闭合
程序点 4	作业临近点	闭合→小开
程序点 5	机器人原点	小开→大开

图7-22 点焊机器人任务示教流程

(2) 新建任务程序 点按示教盒的相关菜单或按钮，新建一个任务程序，如"Spot_sheet"。

(3) 程序点的输入 手动操纵机器人依次移动到程序点1~5的位置。处于待机位置的程序点1和程序点5，要求机器人末端工具处于与工件、夹具互不干涉的位置。另外，机器人末端工具在各程序点间移动时，也要处于与工件、夹具互不干涉的位置。具体示教方法请参照表7-2。

表7-2 点焊机器人任务示教

程序点	示教方法
程序点1 （机器人原点）	❶ 按第3章手动操纵机器人要领移动机器人到原点 ❷ 将程序点属性设定为"空走点"，动作类型选"PTP" ❸ 确认保存程序点1为机器人原点
程序点2 （作业临近点）	❶ 手动操纵机器人移动到作业临近点，调整焊钳姿态 ❷ 将程序点属性设定为"空走点"，动作类型选"PTP" ❸ 确认保存程序点2为作业临近点
程序点3 （点焊作业点）	❶ 保持焊钳姿态不变，手动操纵机器人移动到点焊作业点 ❷ 将程序点属性设定为"作业点/焊接点"，动作类型选"PTP" ❸ 确认保存程序点3为作业开始点 ❹ 如有需要，手动插入点焊指令
程序点4 （作业临近点）	❶ 手动操纵机器人移动到作业临近点 ❷ 将程序点属性设定为"空走点"，动作类型选"PTP" ❸ 确认保存程序点4为作业临近点
程序点5 （机器人原点）	❶ 手动操纵机器人移动到原点 ❷ 将程序点属性设定为"空走点"，动作类型选"PTP" ❸ 确认保存程序点5为机器人原点

提示

对于程序点4和程序点5的示教，利用便利的文件编辑功能（逆序粘贴），可快速完成前行路线的复制。

（4）设定工艺条件 本例中焊接工艺条件的输入，主要涉及两个方面：一是设定焊钳参数（文件）；二是在焊机上设定焊接参数，如电流、压力、时间等。

◇ 设定焊钳参数 焊钳条件的设定主要包括焊钳号、焊钳类型、焊钳状态等。本例中这些参数保持系统默认。

◇ 设定焊接参数 点焊时的焊接电源和焊接时间，需在焊机上设定。设定方法可参照所使用的焊机说明书。随后可用点焊指令（SPOT）指定设定的工艺条件的编号。有关焊接电流、压力和时间的设定，可参考表7-3。

表7-3 点焊工艺条件设定

板厚/mm	大电流－短时间			小电流－长时间		
	时间（周期）	压力/kgf	电流/A	时间（周期）	压力/kgf	电流/A
1.0	10	225	8800	36	75	5600
2.0	20	470	13000	64	150	8000
3.0	32	820	17400	105	260	10000

注：1周期大约10～20ms。

（5）检查试运行 为确认示教的轨迹，需测试运行（跟踪）一下程序。跟踪时，因不执行具体点焊指令，所以能空运行。确认机器人附近安全后，按以下步骤执行作业程序的测试运转。

1）打开要测试的程序文件。

2）移动光标至期望跟踪程序点所在命令行。

3）持续按住示教盒上的有关【跟踪功能键】，实现机器人的单步或连续运转。

（6）再现施焊 轨迹经测试无误后，将【模式旋钮】对准"再现/自动"位置，开始进行实际焊接。在确认机器人的运行范围内没有其他人员或障碍物后，接通保护气体，采用手动或自动方式实现自动点焊作业。

1）打开要再现的任务程序，并移动光标到程序开头。

2）切换【模式旋钮】至"再现/自动"状态。

3）按示教盒上的【伺服 ON 按钮】，接通伺服电源。

4）按【启动按钮】，机器人开始运行。

至此，焊接机器人的简单点焊任务示教与再现操作完毕。

7.3.2 熔焊作业

熔焊，又叫熔化焊，是在不施加压力的情况下，将待焊处的母材加热熔化，外加（或不加）填充材料，以形成焊缝的一种最常见的焊接方法。上文提及的电弧焊和激光焊均属于熔焊范畴。目前，工业机器人四巨头都有相应的机器人产品（ABB 的 IRB1400、IRB1500 和 IRB1600 系列、Midea – KUKA 的 KR 5 和 KR 16 系列、FANUC 的 R 和 M 系列、YASKAWA 的 VA 和 MA 系列），且都有相应的商业化应用软件，例如 ABB 的 RobotWare – Arc，Midea – KUKA 的 KUKA. ArcTech、KU-KA. LaserTech、 KUKA. SeamTech、 KUKA. TouchSense，FANUC 的 Arc Tool Software，这些专业软件提供功能强大的弧焊指令（表 7-4），可快速地将熔焊（电弧焊和激光焊）投入运行和编制焊接程序，并具有接触传感、焊缝跟踪等功能。同点焊机器人 TCP 设置有所不同，弧

工具中心点在焊枪尖头

图 7-23 弧焊机器人工具中心点

焊机器人TCP一般设置在焊枪尖头（图7-23），而激光焊接机器人TCP设置在激光焦点上。实际作业时，需根据作业位置和板厚调整焊枪角度。以平（角）焊为例，主要采用前倾角焊（前进焊）和后倾角焊（后退焊）两种方式，如图7-24所示。板厚相同的话，焊枪倾角基本上为10°~25°，焊枪立得太直或太倒的话，难以产生熔深。前倾角焊接时，焊枪指向待焊部位，焊枪在焊丝后面移动，因电弧具有预热效果，焊接速度较快，熔深浅、焊道宽，所以一般薄板的焊接采用此法；而后倾角焊接时，焊枪指向已完成的焊缝，焊枪在焊丝前面移动，能够获得较大的熔深和较窄的焊道，通常用于厚板的焊接。同时，在板对板的连接之中，焊枪与坡口垂直。对于对称的平角焊而言，焊枪要与拐角成45°角（图7-25）。

表 7-4　工业机器人行业四巨头的弧焊指令

类别	弧焊指令			
	ABB	FANUC	YASKAWA	Midea – KUKA
焊接开始	ArcLStart／ArcCStart	Arc Start	ARCON	ARC_ ON
焊接结束	ArcLEnd／ArcCEnd	Arc End	ARCOF	ARC_ OFF

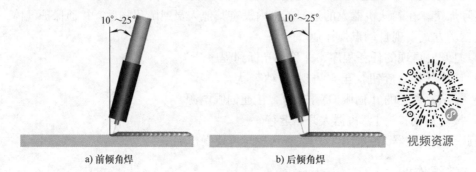

a) 前倾角焊　　　　　　　　　　b) 后倾角焊

图 7-24　前倾角焊和后倾角焊

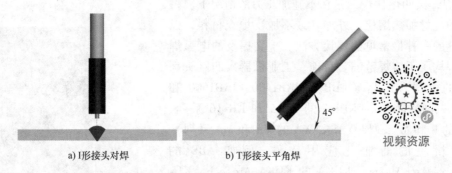

a) I形接头对焊　　　　　　　　b) T形接头平角焊

图 7-25　焊枪作业姿态

正如前文提及的，采用机器人进行熔焊作业主要涉及以下动作类型：直线、圆弧及其附加摆动功能。

◇　直线作业　机器人完成直线焊缝的焊接仅需示教 2 个程序点（直线的两端点），动作类型选"直线插补"。以图 7-26 所示的运动轨迹为例，程序点 1~4 间的运动均为直线移动，且程序点 2→程序点 3 为焊接区间。具体示教方法见表 7-5。

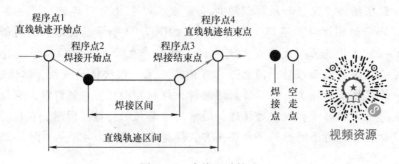

图 7-26　直线运动轨迹

表 7-5 直线轨迹任务示教

程序点	示教方法
程序点 1 （直线轨迹开始点）	❶ 将机器人移动到直线轨迹开始点 ❷ 将程序点属性设定为"空走点"，动作类型选"PTP"或"直线插补" ❸ 确认并保存程序点 1 为直线轨迹开始点
程序点 2 （焊接开始点）	❶ 将机器人移动到焊接开始点 ❷ 将程序点属性设定为"焊接点"，动作类型选"直线插补" ❸ 确认并保存程序点 2 为焊接开始点
程序点 3 （焊接结束点）	❶ 将机器人移动到焊接结束点 ❷ 将程序点属性设定为"空走点"，动作类型选"直线插补" ❸ 确认并保存程序点 3 为焊接结束点
程序点 4 （直线轨迹结束点）	❶ 将机器人移动到直线轨迹结束点 ❷ 将程序点属性设定为"空走点"，动作类型选"直线插补" ❸ 确认并保存程序点 4 为圆弧焊接结束点

◇ 圆弧作业 机器人完成弧形焊缝的焊接通常需示教3个以上的程序点（圆弧开始点、圆弧中间点和圆弧结束点），动作类型选"圆弧插补"。当只有一个圆弧时（图 7-27），用"圆弧插补"示教程序点 2~4 三点即可。用"PTP"或"直线插补"示教进入圆弧插补前的程序点 1 时，程序点 1 至程序点 2 自动按直线轨迹运动。具体示教方法见表 7-6。

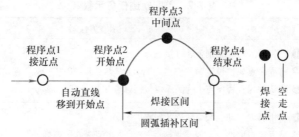

图 7-27 单一圆弧运动轨迹

表 7-6 单一圆弧作业轨迹示教

程序点	示教方法
程序点 1 （圆弧焊接接近点）	❶ 将机器人移动到圆弧轨迹接近点 ❷ 将程序点属性设定为"空走点"，动作类型选"PTP"或"直线插补" ❸ 确认并保存程序点 1 为圆弧焊接接近点
程序点 2 （圆弧焊接开始点）	❶ 将机器人移动到圆弧轨迹开始点 ❷ 将程序点属性设定为"焊接点"，动作类型选"圆弧插补" ❸ 确认并保存程序点 2 为圆弧焊接开始点
程序点 3 （圆弧焊接中间点）	❶ 将机器人移动到圆弧轨迹中间点 ❷ 将程序点属性设定为"焊接点"，动作类型选"圆弧插补" ❸ 确认并保存程序点 3 为圆弧焊接中间点

171

（续）

程序点	示教方法
程序点4 （圆弧焊接结束点）	❶ 将机器人移动到圆弧轨迹结束点 ❷ 将程序点属性设定为"空走点"，动作类型选"圆弧插补" ❸ 确认并保存程序点4为圆弧焊接结束点

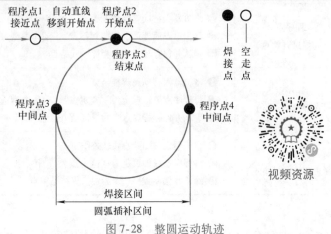

图7-28　整圆运动轨迹

示教图7-28所示的整圆轨迹时，用"圆弧插补"示教程序点2~5四点。同单一圆弧示教类似，用"PTP"或"直线插补"示教进入圆弧插补前的程序点1时，程序点1至程序点2自动按直线轨迹运动。当存在多个圆弧中间点时，机器人将通过当前程序点和后面2个临近程序点来计算和生成圆弧轨迹。只有在圆弧插补区间临结束时才使用当前程序点、上一临近程序点和下一临近程序点。例如图7-28，机器人将分别按程序点2~4三点、程序点3~5三点完成圆弧插补计算。具体示教方法见表7-7。

表7-7　整圆轨迹任务示教

程序点	示教方法
程序点1 （圆弧焊接接近点）	❶ 将机器人移动到圆弧轨迹接近点 ❷ 将程序点属性设定为"空走点"，动作类型选"PTP"或"直线插补" ❸ 确认并保存程序点1为圆弧焊接接近点
程序点2 （圆弧焊接开始点）	❶ 将机器人移动到圆弧轨迹开始点 ❷ 将程序点属性设定为"焊接点"，动作类型选"圆弧插补" ❸ 确认并保存程序点2为圆弧焊接开始点
程序点3 （圆弧焊接中间点）	❶ 将机器人移动到圆弧轨迹中间点 ❷ 将程序点属性设定为"焊接点"，动作类型选"圆弧插补" ❸ 确认并保存程序点3为圆弧焊接中间点
程序点4 （圆弧焊接中间点）	❶ 将机器人移动到圆弧轨迹中间点 ❷ 将程序点属性设定为"焊接点"，动作类型选"圆弧插补" ❸ 确认并保存程序点4为圆弧焊接中间点
程序点5 （圆弧焊接结束点）	❶ 将机器人移动到圆弧轨迹结束点 ❷ 将程序点属性设定为"空走点"，动作类型选"圆弧插补" ❸ 确认并保存程序点5为圆弧焊接结束点

需要注意的是，在示教图7-29所示的连续圆弧轨迹时，通常需要执行圆弧分离。即在

程序点 4（前圆弧与后圆弧的连接点）的相同位置处加入"PTP"或"直线插补"的程序点。机器人将分别按程序点 2 ~ 4 三点、程序点 6 ~ 8 三点完成前、后圆弧插补计算。具体示教方法见表 7-8。

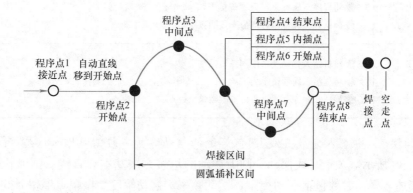

图 7-29　连续圆弧运动轨迹

表 7-8　连续圆弧轨迹任务示教

程序点	示教方法
程序点 1 （圆弧焊接接近点）	❶ 将机器人移动到圆弧轨迹接近点 ❷ 将程序点属性设定为"空走点"，动作类型选"PTP"或"直线插补" ❸ 确认并保存程序点 1 为圆弧焊接接近点
程序点 2 （首段圆弧开始点/ 焊接开始点）	❶ 将机器人移动到首段圆弧轨迹开始点 ❷ 将程序点属性设定为"焊接点"，动作类型选"圆弧插补" ❸ 确认并保存程序点 2 为首段圆弧开始点/焊接开始点
程序点 3 （首段圆弧中间点/ 焊接中间点）	❶ 将机器人移动到首段圆弧轨迹中间点 ❷ 将程序点属性设定为"焊接点"，动作类型选"圆弧插补" ❸ 确认并保存程序点 3 为首段圆弧中间点/焊接中间点
程序点 4 （首段圆弧结束点/ 焊接中间点）	❶ 将机器人移动到首段圆弧轨迹结束点 ❷ 将程序点属性设定为"焊接点"，动作类型选"圆弧插补" ❸ 确认并保存程序点 4 为首段圆弧结束点/焊接中间点
程序点 5 （两段圆弧分割点/ 焊接中间点）	❶ 保持程序点 4 位置不动，根据需要调整作业姿态 ❷ 将程序点属性设定为"焊接点"，动作类型选"PTP"或"直线插补" ❸ 确认并保存程序点 5 为两段圆弧分割点/焊接中间点
程序点 6 （末段圆弧开始点/ 焊接中间点）	❶ 保持程序点 4 位置不动，根据需要调整作业姿态 ❷ 将程序点属性设定为"焊接点"，动作类型选"圆弧插补" ❸ 确认并保存程序点 6 为末段圆弧开始点/焊接中间点

（续）

程序点	示教方法
程序点7 （末段圆弧中间点/ 焊接中间点）	❶ 将机器人移动到末段圆弧轨迹中间点 ❷ 将程序点属性设定为"焊接点"，动作类型选"圆弧插补" ❸ 确认并保存程序点7为末段圆弧中间点/焊接中间点
程序点8 （末段圆弧结束点/ 焊接结束点）	❶ 将机器人移动到末段圆弧轨迹结束点 ❷ 将程序点属性设定为"空走点"，动作类型选"圆弧插补" ❸ 确认并保存程序点8为末段圆弧结束点/焊接结束点

◇ 附加摆动 机器人完成直线/圆弧焊缝的摆动焊接一般需要增加1~2个振幅点的示教，如图7-30所示。关于直线摆动、圆弧摆动的示教方法基本和直线、圆弧轨迹的示教相同，不再赘述。摆动参数包括摆动类型、摆动频率、摆动幅度、振幅点停留时间以及主路径移动速度等，可参考机器人操作手册及工艺要求进行设置。

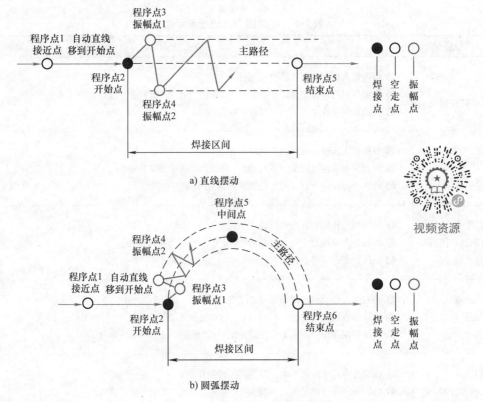

图 7-30 弧焊机器人的摆动示教

下面以图7-31所示工件焊接为例，采用在线示教方式为机器人输入 *AB*、*CD* 两段弧焊任务程序。此程序由编号1~9的9个程序点组成，每个程序点的用途说明见表7-9。本例中使用前倾角焊法，具体任务编程可参照图7-32所示流程开展。

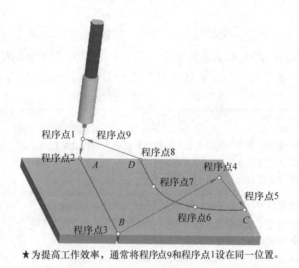

★为提高工作效率，通常将程序点9和程序点1设在同一位置。

图 7-31 弧焊机器人运动轨迹

表 7-9 程序点说明（弧焊作业）

程序点	说 明	程序点	说 明	程序点	说 明
程序点 1	作业临近点	程序点 4	作业过渡点	程序点 7	焊接中间点
程序点 2	焊接开始点	程序点 5	焊接开始点	程序点 8	焊接结束点
程序点 3	焊接结束点	程序点 6	焊接中间点	程序点 9	作业临近点

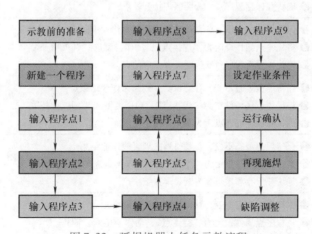

图 7-32 弧焊机器人任务示教流程

（1）示教前的准备 开始示教前，请做如下准备：

1）工件表面清理。使用砂纸、抛光机等工具清理钢板焊缝区，不能有铁锈、油污等杂质。

2）工件装夹。利用夹具将钢板固定在机器人工作台上。

3）安全确认。确认自己和机器人之间保持安全距离。

4）机器人原点确认。通过机器人机械臂各关节处的标记或调用原点程序复位机器人。

（2）新建任务程序 点按示教盒的相关菜单或按钮，新建一个任务程序，如"Arc_

sheet"。

（3）程序点的输入 手动操纵机器人分别移动到程序点1~9的位置。作业位置附近的程序点1和程序点9，要求机器人末端工具处于与工件、夹具互不干涉的位置。同时，机器人在整个移动过程中，也要处于与工件、夹具互不干涉的位置。具体示教方法请参照表7-10。

表7-10 弧焊机器人任务示教

程序点	示教方法
程序点1 （作业临近点）	❶ 按第3章手动操纵机器人要领移动机器人到作业临近点，调整焊枪姿态 ❷ 将程序点属性设定为"空走点"，动作类型选"直线插补" ❸ 确认并保存程序点1为作业临近点
程序点2 （焊接开始点）	❶ 保持焊枪姿态不变，移动机器人到直线作业开始点 ❷ 将程序点属性设定为"焊接点"，动作类型选"直线插补" ❸ 确认并保存程序点2为直线焊接开始点 ❹ 如有需要，手动输入弧焊作业命令
程序点3 （焊接结束点）	❶ 保持焊枪姿态不变，移动机器人到直线作业结束点 ❷ 将程序点属性设定为"空走点"，动作类型选"直线插补" ❸ 确认并保存程序点3为直线焊接结束点
程序点4 （作业过渡点）	❶ 保持焊枪姿态不变，移动机器人到作业过渡点 ❷ 将程序点属性设定为"空走点"，动作类型选"PTP" ❸ 确认并保存程序点4为作业过渡点
程序点5 （焊接开始点）	❶ 保持焊枪姿态不变，移动机器人到圆弧作业开始点 ❷ 将程序点属性设定为"焊接点"，动作类型选"圆弧插补" ❸ 确认并保存程序点5为圆弧焊接开始点
程序点6 （焊接中间点）	❶ 保持焊枪姿态不变，移动机器人到圆弧作业中间点 ❷ 将程序点属性设定为"焊接点"，动作类型选"圆弧插补" ❸ 确认并保存程序点6为圆弧焊接中间点
程序点7 （焊接中间点）	❶ 保持焊枪姿态不变，移动机器人到圆弧作业结束点 ❷ 将程序点属性设定为"焊接点"，动作类型选"圆弧插补" ❸ 确认并保存程序点7为圆弧焊接中间点
程序点8 （焊接结束点）	❶ 保持焊枪姿态不变，移动机器人到直线作业结束点 ❷ 将程序点属性设定为"空走点"，动作类型选"直线插补" ❸ 确认并保存程序点8为圆弧焊接结束点
程序点9 （作业临近点）	❶ 保持焊枪姿态不变，移动机器人到作业临近点 ❷ 将程序点属性设定为"空走点"，动作类型选"PTP" ❸ 确认并保存程序点9为作业临近点

提 示

　　对于程序点9的示教，利用便利的文件编辑功能（复制），可快速完成程序点1的复制。

　　关于步骤（4）设定工艺条件、步骤（5）检查试运行和步骤（6）再现焊接，操作与点焊机器任务示教流程相似，不再赘述。

至此，焊接机器人的简单弧焊任务编程操作完毕。

综上所述，焊接机器人示教时运动轨迹上的关键点坐标位置通过示教方式获取，然后存入程序的运动指令中。这对于一些复杂形状的焊缝轨迹来说，必须花费大量的时间来示教，从而降低了机器人的使用效率，也增加了示教人员的劳动强度。目前解决的方法有两种：一是示教编程时只是粗略获取焊接机器人运动轨迹上的几个关键点，然后通过焊接传感功能（通常是电弧传感器或激光视觉传感器，可参考本章的知识拓展部分）自动跟踪实际的焊缝轨迹；二是采取完全离线编程的办法，使焊接机器人任务程序的编制、运动轨迹的规划以及任务程序的调试均在一台计算机上独立完成，不需要机器人本身参与。如今焊接机器人离线编程系统多数可在三维图形环境下运行，编程界面友好、方便，而且获取运动轨迹的坐标位置通常可以采用"虚拟示教"的办法，用鼠标轻松点击三维虚拟环境中工件的焊接部位即可获得该点的空间坐标。在有些系统中，可通过 CAD 图形文件事先定义的焊接位置直接生成作业轨迹，然后自动生成机器人程序并下载到机器人控制系统。从而大大提高了机器人的示教效率，也减轻了示教人员的劳动强度。

7.4　焊接机器人的周边设备与布局

为完成一项焊接作业，除需要焊接机器人（机器人和焊接设备）以外，还需要实用的周边设备。同时，为节约生产空间，合理的机器人工位布局尤为重要。

7.4.1　周边设备

目前，常见的焊接机器人辅助装置有变位机、滑移平台、清枪装置和工具快换装置等。下面对它们做简单介绍。

1）变位机。对于某些焊接场合，由于工件空间几何形状过于复杂，使焊接机器人的末端工具无法到达指定的焊接位置或姿态，此时可以通过增加 1~3 个外部轴的办法来增加机器人的自由度。其中一种做法是采用变位机让焊接工件移动或转动，使工件上的待焊部位进入机器人的作业空间，如图 7-33 所示。

变位机是机器人焊接生产线及焊接柔性加工单元的重要组成部分。根据实际生产的需要，

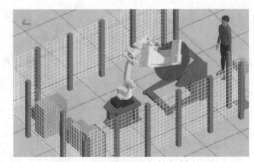

图 7-33　焊接机器人外部轴扩展

焊接变位机有多种形式，如单回转式、双回转式和倾翻回转式，如图 7-34 所示。在焊接作业前和焊接过程中，变位机通过夹具来装夹和定位被焊工件。具体选用何种形式的变位机，取决于工件的结构特点和工艺程序。同时，为充分发挥机器人的效能，焊接机器人系统通常采用两台以上变位机，如图 7-35 所示。其中一台进行焊接作业时，另一台则完成工件的卸载和装夹，从而使整个系统获得较高的效能。

变位机的安装必须使工件的变位均处在机器人动作范围之内，并需要合理分解机器人本体和变位机的各自职能，使两者按照统一的动作规划进行作业，如图 7-36 所示，机器人和变位机之间的运动存在两种形式：非协调运动和协调运动。

a) 倾翻回转式变位机

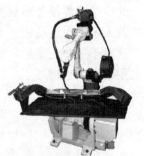

b) 变位机及夹具

图 7-34 焊接变位机

1号变位机 2号变位机   3号变位机 4号变位机

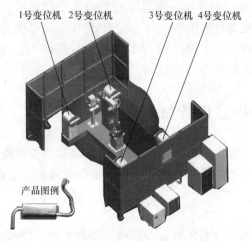

产品图例

图 7-35 汽车消声器机器人焊接系统

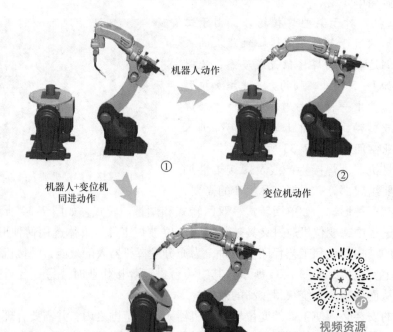

机器人动作

①

②

机器人+变位机
同进动作

变位机动作

③

视频资源

图 7-36 焊接机器人和变位机动作分解

◇ **非协调运动**　此方式主要用于焊接时工件需要变位，但不需要变位机与机器人做协调运动的场合，如图 7-37 所示的骑坐式管 – 板船型焊作业。回转工作台的运动一般不是由机器人控制柜直接控制的，而是由一个外加的可编程序控制器（PLC）来控制的。任务示教时，机器人控制柜只负责发送"开始旋转"和接受"旋转到位"信号。

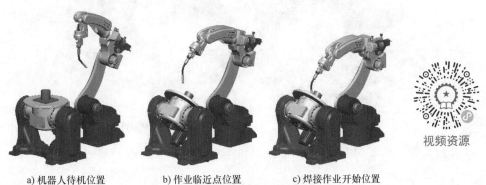

视频资源

179

a）机器人待机位置　　　　b）作业临近点位置　　　　c）焊接作业开始位置

图 7-37　骑坐式管 – 板船型焊作业

◇ **协调运动**　在焊接过程中，若能使待焊区域各点的熔池始终保持水平或稍微下坡状态，焊缝外观较平滑、美观，焊接质量也较好。这就需要焊接时变位机必须不断改变工件的位置和姿态，并且变位机的运动和机器人的运动必须能共同合成焊接轨迹，保持焊接速度和工具姿态，这就是变位机和机器人的协调运动，如图 7-38 所示。

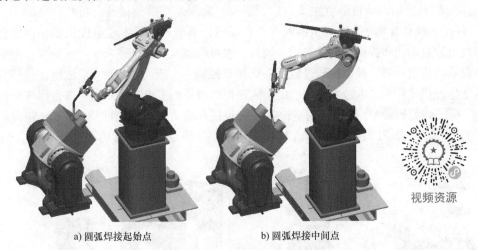

视频资源

a）圆弧焊接起始点　　　　　　　　b）圆弧焊接中间点

图 7-38　焊接机器人和变位机的协调运动

2）滑移平台。随着机器人应用领域的不断延伸，经常遇到大型结构件的焊接作业。针对这些场合，可以把机器人本体装在可移动的滑移平台或龙门架上，以扩大机器人本体的作业空间；或者采用变位机和滑移平台的组合，确保工件的待焊部位和机器人都处于最佳焊接位置和姿态，如图 7-39 所示。滑移平台的动作控制可以看成是机器人关节坐标系下的一轴。

a) 挖掘机中心支架

b) 挖掘机动臂

图 7-39　工程机械结构件的机器人焊接作业

180

> **提示**
>
> 机器人系统中运动轴的一般切换顺序为：基本轴→手腕轴→外部轴。

3）清枪装置。机器人在施焊过程中焊钳的电极头氧化磨损，焊枪喷嘴内外残留的焊渣以及焊丝干伸长度的变化等势必影响到产品的焊接质量及其稳定性。焊钳电极修磨机（点焊）和焊枪自动清枪站（弧焊）正是在这种背景下产生的，如图 7-40 所示。目前国内焊接机器人生产配套使用的清枪装置主要有广州极动、宾采尔和泰佰亿等公司的产品。

◇ 焊钳电极修磨机　为点焊机器人配备自动电极修磨机，可实现电极头工作面氧化磨损后的修磨过程自动化和提高生产线节拍。同时，也可避免人员频繁进入生产线所带来的安全隐患。电极修磨机由机器人控制柜通过数字 I/O 接口控制，一般通过编制专门的电极修磨程序块以供其他作业程序调用。电极修磨完成后，需根据修磨量的多少对焊钳的工作行程进行补偿。

◇ 焊枪自动清枪站　焊枪自动清枪站主要包括焊枪清洗机、喷硅油/防飞溅装置和焊丝剪断装置三部分，如图 7-41 所示。焊枪清洗机主要功能是清除喷嘴内表面的飞溅，以保证

a) 焊钳电极修磨机

b) 焊枪自动清枪站

图 7-40　焊接机器人清枪装置

视频资源

图 7-41　焊枪自动清枪站
1—焊枪清洗机　2—喷硅油/防飞溅装置　3—焊丝剪断装置

保护气体的通畅；喷硅油/防飞溅装置喷出的防溅液可以减少焊渣的附着，降低维护频率；而焊丝剪断装置主要用于利用焊丝进行起始点检测的场合，以保证焊丝的干伸长度一定，提高检测的精度和起弧的性能。同焊钳电极修磨机的动作控制相似，自动清枪站也是通过机器人控制柜的数字 I/O 接口进行控制。编制一个完整的清枪程序模块一般需要 15 ~ 18 个程序点，见表 7-11。

表 7-11　程序点说明（清枪动作）

程序点	说　明	程序点	说　明	程序点	说　明
程序点 1	移向剪丝位置	程序点 6	移向清枪位置	程序点 11	喷油前一点
程序点 2	剪丝前一点	程序点 7	清枪前一点	程序点 12	喷油位置
程序点 3	剪丝位置	程序点 8	清枪位置	程序点 13	喷油前一点
程序点 4	剪丝前一点	程序点 9	清枪前一点	程序点 14	焊枪抬起
程序点 5	焊枪抬起	程序点 10	焊枪抬起	程序点 15	回到原点位置

4）工具快换装置。在多任务环境下，一台机器人甚至可以完成抓物、搬运、安装、焊接、卸料等多种任务，机器人可以根据程序要求和任务性质，自动更换机器人手腕上的工具，完成相应的任务。图 7-42 所示为针对点焊机器人多任务需求而开发的自动工具转换装置。一个工具自动更换装置由三部分构成，分别是连接器、主侧和工具侧。主侧安装在机器人上，工具侧安装在工具上，两侧可以自动气压锁紧，连接的同时可以连通和传递电信号、气体、水等介质。机器人工具快换装置为自动更换各种工具并连通介质提供了极大的柔性，实现了机器人功能的多样化和生产线效率的最大化，能够快速适应多品种小批量生产现场。

a) 机器人末端法兰连接器　　　　b) 主侧　　　　c) 工具侧

图 7-42　自动工具转换装置

同样，在弧焊机器人作业过程中，焊枪是一个重要的执行工具，需要定期更换或清理焊枪配件，如导电嘴、喷嘴等，这样不仅浪费工时，还增加维护费用。采用自动换枪装置（图 7-43）可有效解决此问题，使得机器人空闲时间大为缩短，焊接过程的稳定性、系统的可用性、产品质量和生产效率都大幅度提高，适用于不同填充材料或必须在工作过程中改变焊接方法的自动焊接作业场合。关于焊接机器人工具转换装置的控制与编程，基本与自动清枪站编程类似，不再赘述。

焊接机器人是成熟、标准、批量生产的高科技产品，但其周边设备是非标准的，需要专业设计和非标产品制造。周边设备设计的依据是焊接工件，由于焊接工件的差异很大，需要的周边设备差异也就很大，繁简不一。从焊接工件的焊接要求分析，周边设备的用途大致可分为三种类型：

◇ 简易型　周边设备仅用于支持机器人本体和装夹焊件，如平台、夹具等。

◇ 工位变换型　除具有简易型具备的功能外，还具有工位变换功能。其设备构成除简易型的装置外，还可能包括单、双回转和倾翻回转式变位机等。

◇ 协调焊接型　除具有简易型具备的功能外，还具有协调焊接功能。其设备构成除简易型的装置外，还可能包括一个或多个做成外部轴的变位机、滑移平台等。

图 7-43　自动换枪装置

7.4.2　工位布局

焊接机器人与周边设备组成的系统称为焊接机器人集成系统（工作站）。焊接机器人具有生产效率高，一天可 24h 连续生产等突出特点，机器人工作站的工位布局是否合理将直接影响到企业的产能。表 7-12 列出了常见的焊接机器人工作站的工位布局形式。

表 7-12　焊接机器人工作站的工位布局

序号	类型	标准配置	图示	
			三维	二维
1	工作台_双工位_并排	①机器人系统；②焊接电源；③机器人焊枪；④清枪装置；⑤机器人底座；⑥工装夹具；⑦防护房；⑧地台		
2	工作台_双工位_A型	①机器人系统；②焊接电源；③机器人焊枪；④清枪装置；⑤机器人底座；⑥工装夹具；⑦防护房；⑧地台		

（续）

序号	类型	标准配置	图示	
			三维	二维
3	工作台_双工位_H型	①机器人系统；②焊接电源；③机器人焊枪；④清枪装置；⑤机器人底座；⑥工装夹具；⑦防护房；⑧地台	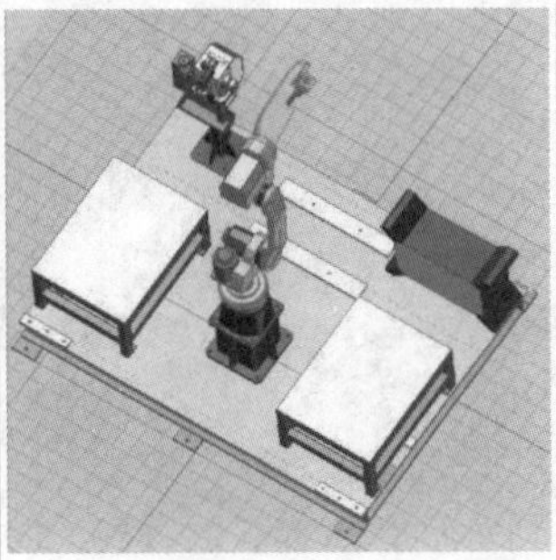	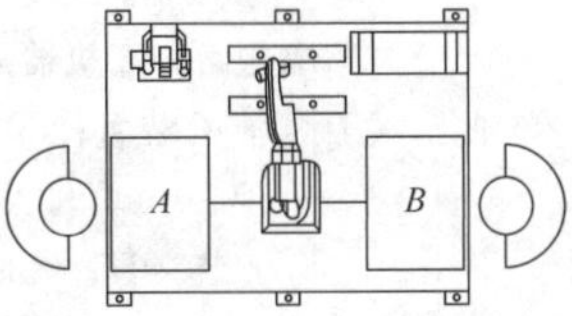
4	工作台_双工位_倒A型	①机器人系统；②焊接电源；③机器人焊枪；④清枪装置；⑤机器人底座；⑥工装夹具；⑦防护房；⑧地台	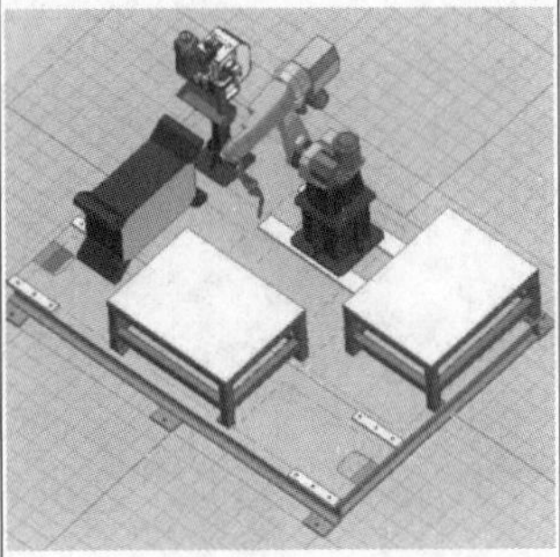	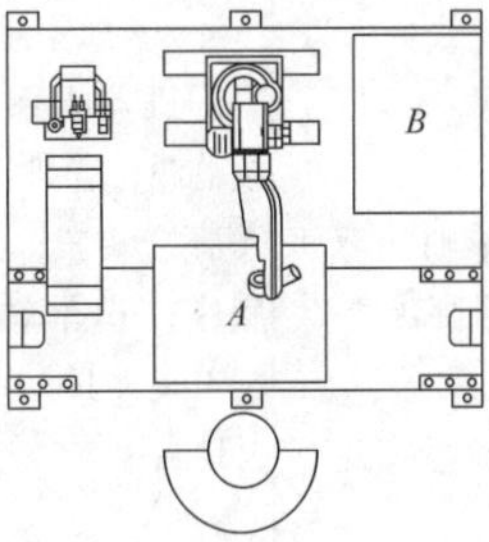
5	工作台_双工位_转台型	①机器人系统；②焊接电源；③机器人焊枪；④清枪装置；⑤机器人底座；⑥旋转工作台；⑦工装夹具；⑧防护房；⑨地台	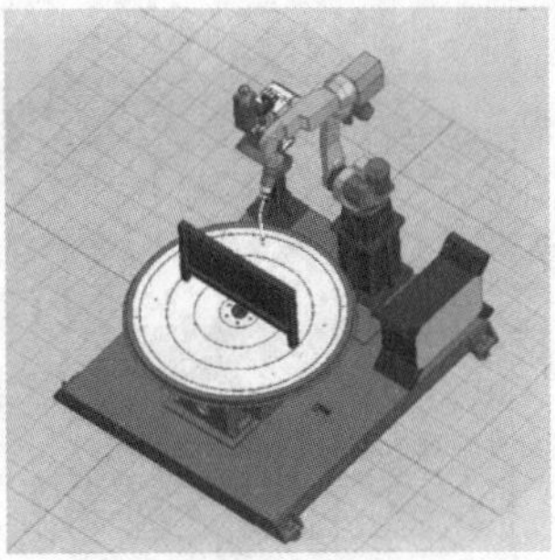	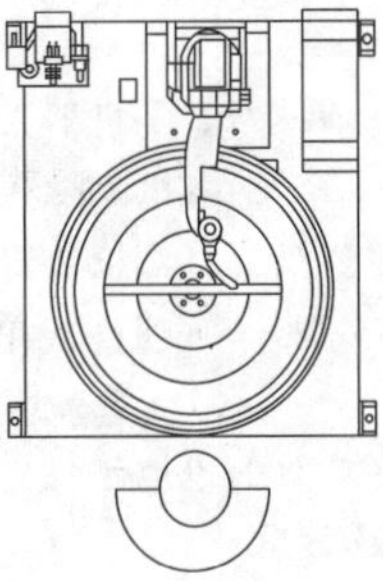
6	单轴_单工位	①机器人系统；②焊接电源；③机器人焊枪；④清枪装置；⑤机器人底座；⑥单轴变位机；⑦工装夹具；⑧防护房；⑨地台	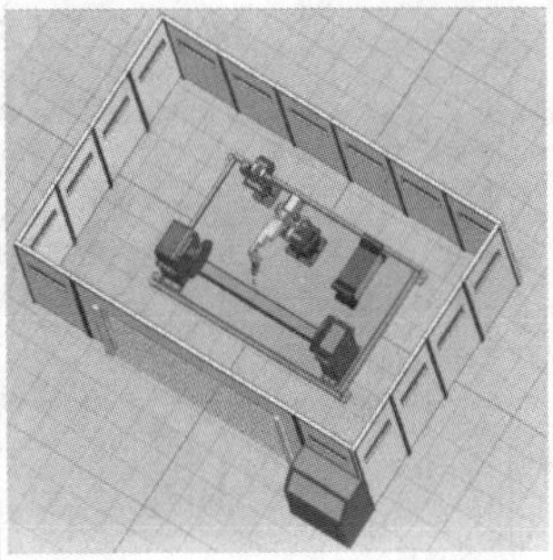	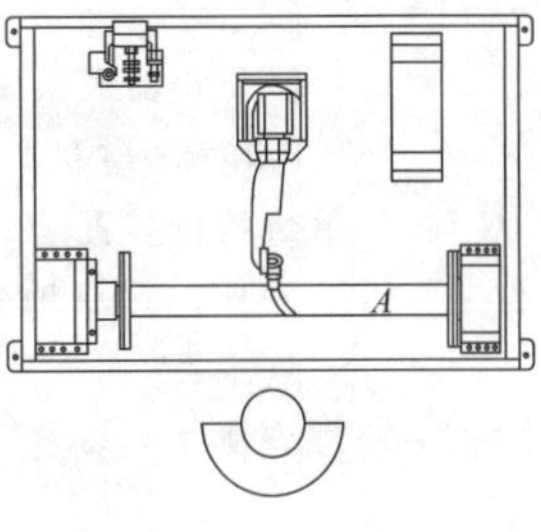

（续）

序号	类型	标准配置	图示	
			三维	二维
7	单轴_双工位_A型	①机器人系统；②焊接电源；③机器人焊枪；④清枪装置；⑤机器人底座；⑥单轴变位机；⑦工装夹具；⑧防护房；⑨地台		
8	单轴_双工位_翻转型	①机器人系统；②焊接电源；③机器人焊枪；④清枪装置；⑤机器人底座；⑥单轴变位机；⑦工装夹具；⑧防护房；⑨地台		
9	单轴_双工位_转台型	①机器人系统；②焊接电源；③机器人焊枪；④清枪装置；⑤机器人底座；⑥单轴变位机；⑦工装夹具；⑧防护房；⑨地台		
10	双轴_单工位	①机器人系统；②焊接电源；③机器人焊枪；④清枪装置；⑤机器人底座；⑥双轴变位机；⑦工装夹具；⑧防护房；⑨地台		

（续）

序号	类型	标准配置	图示	
			三维	二维
11	双轴_双工位_A型	①机器人系统；②焊接电源；③机器人焊枪；④清枪装置；⑤机器人底座；⑥双轴变位机；⑦工装夹具；⑧防护房；⑨地台	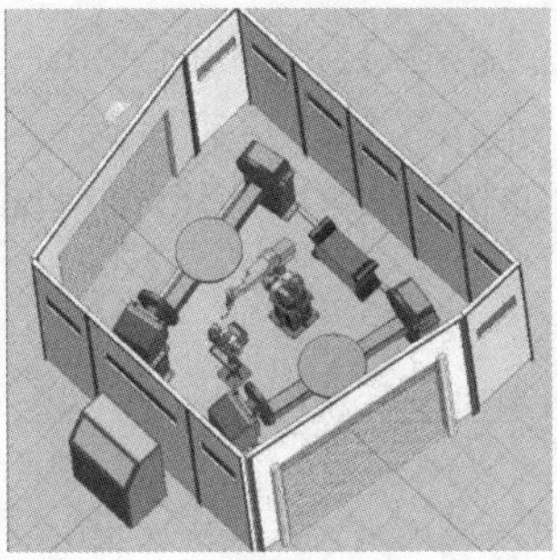	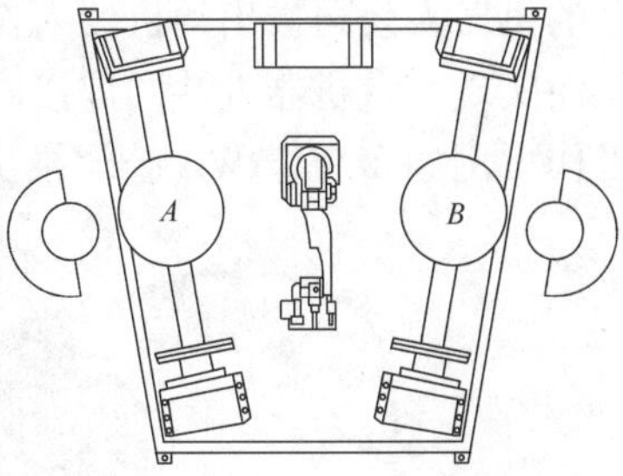
12	双轴_双工位_H型	①机器人系统；②焊接电源；③机器人焊枪；④清枪装置；⑤机器人底座；⑥双轴变位机；⑦工装夹具；⑧防护房；⑨地台	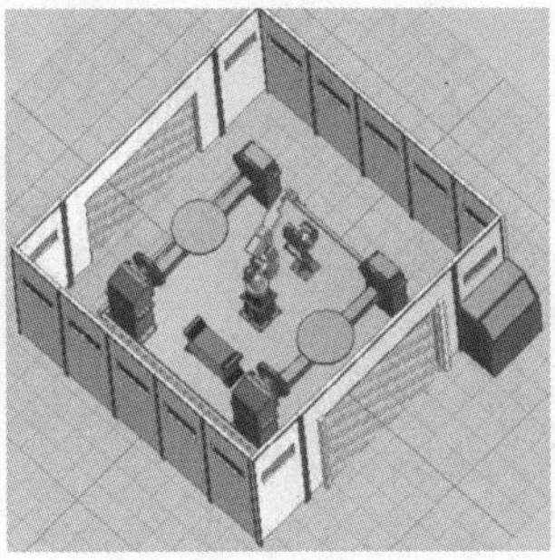	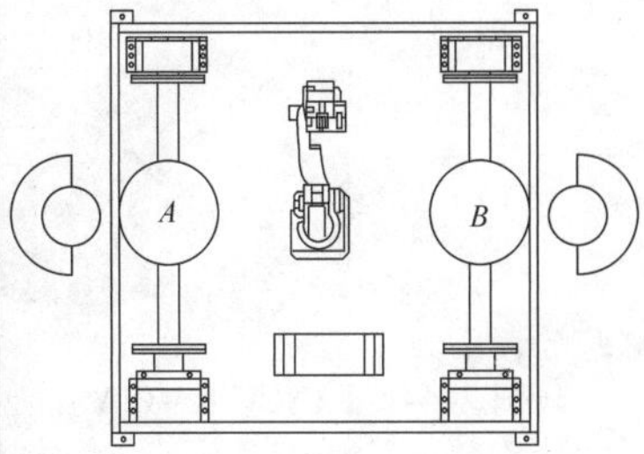

185

知 识 拓 展
——焊接机器人技术的新发展

焊接机器人技术是机器人技术、焊接技术和系统工程技术的融合，焊接机器人能否在实际生产中得到应用，发挥其优越的特性，取决于人们对上述技术的融合程度。经过几十年的努力，焊接机器人技术取得了长足进步，下面将从机器人系统、焊接电源、传感技术三方面介绍焊接机器人技术的新进展。

1. 机器人系统

在全球经济发展进入"中速"阶段，整个制造业的发展模式正由速度效益转变为质量效益。在此大背景下，焊接机器人公司如何针对细分客户进行量身定制的产品研发和创新，成为各行各业新的研究课题。

◇ 操作机　日本FANUC机器人公司于2012年推出针对狭小空间作业的FANUC R-0iA机器人（图7-44）。在弧焊应用方面，FANUC R-0iA拥有优越的性能：首先，通过优化成功地设计了轻量和紧凑的机器人手臂，在保持原有可靠性的同时，实现了优异的性价比；其次，采用先进的伺服技术，提高机器人的动作速度和精确度，最大程度上减少操作员的干预，提高了弧焊系统的工作效率；再次，FANUC R-0iA与林肯新型弧焊电源之间实现了数字通信，能够进行机器人和焊接电源的高速协调控制，从而实现高品质焊接；最后，提供薄板软钢低飞溅、高品质脉冲焊接等多种焊接方法，几乎可以用于所有应用，有效地提升了焊接能力。

◇ 控制器　机器人单机操作很难满足复杂焊道或大型构件的焊接需求。为此，一些著名的机器人公司推出的机器人控制器都可实现同时对几台机器人和几个外部轴的协同控制，从而实现几台机器人共同焊接同一工件（图 7-45）或者实现搬运机器人与焊接机器人协同工作。例如 YASKAWA 公司推出的机器人控制柜可以协调控制多达 72 个轴。

视频资源

图 7-44　FANUC R-0iA 弧焊机器人　　　　图 7-45　多机协同工作模式

2. 焊接电源

焊接作为工业生产的重要环节，效率的提高对总的生产率的提高有着举足轻重的作用。对于如何改善焊接质量和提高焊接生产率方面，学者们做了大量研究，主要包括两个方面：①以提高焊接材料的熔化速度为目的的高熔敷效率焊接，主要用于厚板焊接；②以提高焊接速度为目的的高速焊接，主要用于薄板焊接。

◇ 双丝焊接技术　双丝焊是近年发展起来的一种高速高效焊接方法，如图 7-46 所示，焊接薄板时可显著提高焊接速度（达到 3~6m/min），焊接厚板时可提高熔敷效率。除了高速高效外，双丝焊接还能在熔敷效率增加时保持较低的热输入，热影响区小，焊接变形小，焊接气孔率低。由于焊接速度非常高，特别适合采用机器人焊接，因此机器人的应用也推动了这一先进焊接技术的发展。目前双丝焊主要有两种方法：Twin arc 法和 Tandem 法，如图 7-47 所示。两种方法焊接设备的基本组成类似，都由 2 个焊接电源、2 个送丝机和 1 个共用的送双丝的电缆组成。Twin arc 法的主要生产厂家有德国的 SKS、Benzel 和 Nimark 公司，美国的 Miller 公司。Tandem 法的主要生产厂家有德国的 CLOOS、

图 7-46　Fronius 机器人双丝焊系统

奥地利的 Fronius 和美国的 Lincoln 公司。

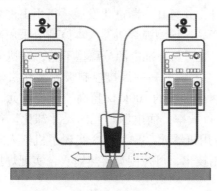
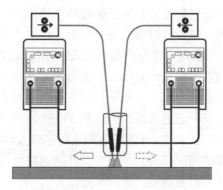

a) Twin arc 法　　　　　　　　　　　　　b) Tandem 法

图 7-47　双丝焊的两种基本方法

◇ 激光/电弧复合热源技术　激光/电弧复合热源焊接技术是激光焊与气体保护焊的联合（如激光/TIG、激光/MIG、激光/MAG 等，如图 7-48 所示），两种焊接热源同时作用于一个焊接熔池。该技术最早出现在 20 世纪 70 年代末，但由于激光器的昂贵价格，限制了其在工业中的应用。随着激光器和电弧焊设备性能的提高，以及激光器价格的不断降低，同时为了满足生产的迫切需求，激光/电弧复合热源焊接技术得到了越来越多的应用。该技术之所以受到青睐是由于其兼顾各热源之长而补各自之短，具有 "1 + 1 > 2" 或更多的 "协同效应"。与激光焊接相比，对装配间隙的要求降低，进而降低了焊前工件制备成本；另外由于使用填充焊丝，消除了激光焊接时存在的固有缺陷，焊缝更加致密。与电弧焊相比，提高了电弧的稳定性和功率密度，提高了焊接速度和焊缝熔深，热影响区变小，降低了工件的变形，消除了起弧时的熔化不良缺陷。

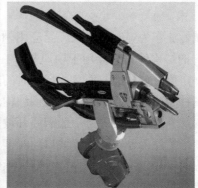

a) LaserHybrid 复合焊　　　　　　　　b) LaserHybrid+Tandem 复合焊

图 7-48　激光/电弧复合热源焊接

◇ 电源融合技术　在标准的弧焊机器人系统中，机器人和焊接电源是两种不同类型的产品，它们之间通过模拟或数字接口进行通信，数据交换量有限。为满足用户对低综合成本、高生产率、高可维护性、高焊接品质的要求，并打破焊接电源和机器人两者间的壁垒，目前业界已推出电源融合型弧焊专用机器人，图7-49所示的日本松下TAWERS机器人就是其中一例。它集中了各种优秀的焊接功能于一身，并且在不断进化发展，衍生出许多优秀的焊接工法，是弧焊机器人发展史上里程碑式的产品。该型弧焊机器人本体部分采用高速、高刚度的TA系列（焊枪电缆外置式）本体；控制装置与标准电源分离型不同，在机器人控制器下部内置了焊接电源单元，进行波形控制的"大脑"——焊接控制板安装在机器人控制柜中。在电源单元中搭载了目前该级别世界上速度最快的100kHz超高速逆变单元，即便在脉冲模式下，它的功率也能达到350A、60%的负载率，而电源单元的尺寸却比以往的全数字电源缩小了1/3。作为焊机制造厂家开发的专用机器人，TAWERS实现了机器人与高性能焊接电源的完美结合，采用全软件高速波形控制技术，可控制焊接热输入，实现焊接飞溅极小化，适于高速焊接。

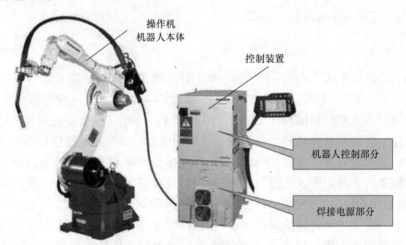

图7-49　松下TAWERS电源融合型弧焊机器人

3. 传感技术

工程机械行业作为焊接机器人广泛应用领域之一，其产品（挖掘机、装载机、起重机、路面机械等）的结构件大量应用于中厚板。在中厚板的大型结构件焊接中，很难保证焊接夹具上的工件定位十分精准；而且，焊接时的热量经常会使结构件发生变形，这些都是焊接线位置发生偏移的原因。所以，焊接大型结构件时，检测并计算偏移量、进行位置纠正的功能必不可少。此外，中厚板焊接一般需要开坡口，由于前期坡口的加工精度、工件组对、焊接过程导致变形等原因，实际焊缝坡口的宽度并不一致，也会产生错边等缺陷。这些问题在焊前示教编程时不易解决。根据焊接机器人系统的使用效率，用户在实际生产中也不可能接受对同样规格的每个工件逐一焊前示教编程，以修正上述焊接线偏离及坡口宽度的变化。智能化传感技术（接触传感、电弧传感和光学传感）的应用是解决上述问题的有效途径。

◇ 接触传感　就机器人焊接作业而言，焊接机器人的运动轨迹控制主要指初始焊位导引与焊缝跟踪控制技术。其中，焊接机器人的初始焊位导引可采用接触传感功能。接触传感的原理如图7-50所示。机器人将加载有传感电压的焊丝移向工件，当焊丝和工件接触时，焊丝与工件之间的电位差变为0V。将电位差为0V的位置记忆成工件位置，反映在程序点上。焊丝接触传感具有位置纠正的三方向传感、开始点传感、焊接长度传感、圆弧传感等功能，并可以纠正偏移量，在日本 KOBELCO 焊接机器人系统中得到广泛应用。

◇ 电弧传感　电弧传感跟踪控制技术是通过检测焊接过程中电弧电压、电弧电流、弧光辐射和电弧声等电弧现象本身的信号，提供有关电弧轴线是否偏离焊接对缝的信息，进行实时控制的。KOBELCO 焊接机器人的电弧传感功能广泛应用于工程实际。焊枪在焊缝坡口内进行摆动（往返动作）时，导电嘴与母材之间的距离（焊丝干伸长度）会发生变化。焊丝干伸长度越长，焊接电流越小，反之则电流越大。由于上述特性，在焊接线未偏移的状态下，摆动到中央部位时焊接电流最小，摆动到两端时焊接电流最大（图 7-51a）。焊接线存在偏移

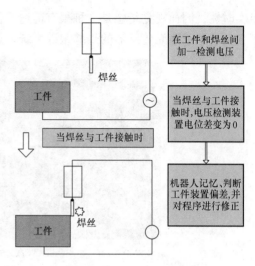

图 7-50　接触传感原理

时，摆动到右端或左端的焊丝干伸长度会有所不同，所以摆动到右端或左端的焊接电流也不同。电弧传感可以捕捉到变化，从而检测出焊接线的横向（摆动方向）位置偏移。同理，焊接线在上下方向（焊丝干伸长度方向）发生变化时，摆动往返区间内的焊接电流平均值和基准电流（一般使用设定电流）也会发生变化。电弧传感捕捉到变化，即可检测焊接线上下方向的位置偏移（图 7-51b）。电弧传感不需要在焊枪上安装特殊设备，在焊接过程中即可检测出焊枪的位置偏移程度，并及时纠正，这是非常实用的先进传感技术，在 KOBELCO 焊接机器人系统中得到广泛应用。

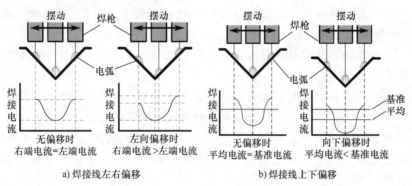

图 7-51　电弧传感原理

◇ 光学传感　光学传感器可分为点、线、面三种形式。它以可见光、激光或者红外线为光源，以光电元件为接受单元，利用光电元件提取反射的结构光，得到焊枪位置信息。常见的光学传感器包括红外光传感器、光电二极管和光电晶体管、CCD（电荷耦合器件）、PSD（激光测距传感器）和 SSPD（自扫描光电二极管阵列）等。随着计算机视觉技术的发展，焊缝跟踪引入了视觉传感技术。与其他传感器相比，视觉传感具有提供信息丰富、灵敏度和测量精度高，抗电磁场干扰能力强，与工件无接触的优点，适合各种坡口形状，可以同时进行焊缝跟踪控制和焊接质量控制。而计算机技术和图像处理技术的不断发展，又容易满

足实时性，因而视觉传感是一种很有前途的传感方法。SERVO ROBOT 及 META 公司都开发了各自的基于激光传感器的焊缝跟踪系统，如图 7-52 所示。

a) SERVO ROBOT ROBO-TRAC激光传感器　　b) META SLS-050激光传感器

图 7-52　激光视觉传感器

本 章 小 结

焊接机器人是具有三个或三个以上可自由编程的轴，并能将焊接工具按要求送到预定空间位置，按要求轨迹及速度移动焊接工具的工业机器人，包括点焊机器人、弧焊机器人和激光焊接机器人等。

焊接机器人主要包括机器人和焊接设备两部分。机器人由机器人本体和控制柜组成，而焊接设备，以弧焊及点焊为例，则由焊接电源（包括其控制系统）、送丝机（弧焊）、焊枪（焊钳）等部分组成。为满足实际作业需求，通常将焊接机器人与周边设备（如变位机、清枪装置等）组成的系统称为焊接机器人集成系统（工作站）。工作站的工位布局可采用单工位、双工位等多种形式。

焊接机器人作为工业机器人家族的一员，其作业编程无外乎运动轨迹、工艺条件和动作次序的示教。对于点焊作业而言，其机器人控制点（TCP）在焊钳开口的中心处，作业时要求焊钳两电极垂直于被焊工件表面；而对于熔焊来说，其机器人控制点在焊枪尖头（弧焊机器人）或激光焦点上（激光焊接机器人），作业时根据被焊工件的厚度及工艺要求，选用前倾角焊或后倾角焊。

机器人完成直线焊缝任务一般示教 1~2 个程序点即可，选用直线插补进行示教。而完成弧形焊缝施焊通常需示教 3 个以上程序点，选用圆弧插补进行示教。而且，当遇到环形焊缝或连续弧形焊缝时，需要示教的程序点数量将增加。另外，当采用附加摆动功能时，在原有程序点基础上，需要额外示教 1~2 个振幅点。

思 考 练 习

1. 填空

（1）世界各国生产的焊接用机器人基本上都属_____机器人，绝大部分有 6 个轴。其中，1、2、3 轴可将末端焊接工具送到不同的空间位置，而 4、5、6 轴解决末端工具姿态的不同要求。

（2）点焊机器人焊钳按外形结构划分，可分为_____焊钳和 X 型焊钳；按电极臂加压驱动方式又可分为气动焊钳和_____焊钳。

（3）图 7-53 所示为_____机器人系统组成示意图。其中，编号 1 表示_____，编号 3 表示_____，编号 4 表示_____，编号 7 表示_____。

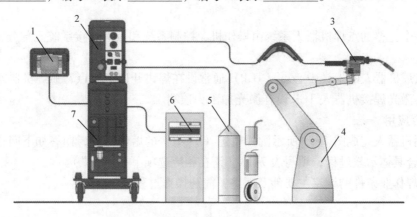

图 7-53　题 1（3）图

（4）图 7-54 所示为某高压开关柜的焊接机器人工作站。该工作站的工位布局属于_____轴_____工位_____型。

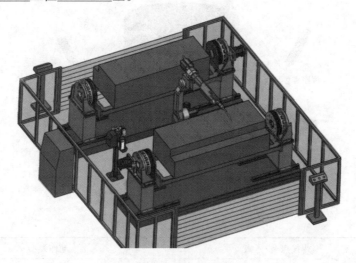

图 7-54　题 1（4）图

2. 选择

（1）通常所说的焊接机器人主要指的是（　　　）。

①点焊机器人；②弧焊机器人；③等离子焊接机器人；④激光焊接机器人

A. ①②　　　　　　　B. ①②④　　　　　　　C. ①③　　　　　　　D. ①②③④

（2）智能化激光加工机器人主要由（　　　）组成。

①激光器；②光导系统；③机器人及其控制系统；④激光加工头；⑤质量检测系统

A. ①②④⑤　　　　　B. ①②③　　　　　　　C. ①③④⑤　　　　　D. ①②③④⑤

（3）焊接机器人的常见周边辅助设备主要有（　　　）。

①变位机；②滑移平台；③清枪装置；④工具快换装置

A. ①②　　　　　　　　B. ①②③　　　　　　　　C. ①③　　　　　　　　D. ①②③④

3. 判断

（1）焊接机器人其实就是在焊接生产领域代替焊工从事焊接任务的工业机器人。

（　　　）

（2）一个完整的点焊机器人系统由操作机、控制系统和点焊焊接系统三部分组成。

（　　　）

（3）点焊机器人的工具中心点（TCP）通常设在焊钳开口中心点，弧焊机器人TCP设在焊枪尖头，激光焊接机器人TCP设在激光加工头顶端。　　　　　　（　　　）

4. 综合应用

（1）用机器人完成图7-55所示圆弧轨迹（A→B）的熔焊作业，回答如下问题：

1）结合具体示教过程，填写表7-13（请在相应选项下打"√"）。

2）熔焊作业条件的设定主要涉及哪些？简述操作过程。

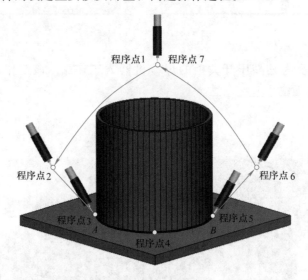

图7-55　题4（1）图

表7-13　圆弧轨迹任务示教

程序点	焊接点/空走点		动作类型		
	焊接点	空走点	PTP	直线插补	圆弧插补
程序点1					
程序点2					
程序点3					
程序点4					
程序点5					
程序点6					
程序点7					

（2）尝试用机器人在试板表面堆焊图 7-56 所示的图案（二选一）。

a) 堆焊图案 1　　　　　　　　　　　　　　　　b) 堆焊图案 2

图 7-56　题 4（2）图

第8章

Chapter

涂装机器人认知与应用

古老的涂装行业，施工技术从涂刷、揩涂、发展到气压涂装、浸涂、辊涂、淋涂以及最近兴起的高压空气涂装、电泳涂装、静电粉末涂装等，涂装技术高度发展的今天，企业已经进入一个新的竞争格局，即更环保、更高效、更低成本，才更有竞争力。加之涂装领域对从业工人健康的影响所带来的争议和顾虑，机器人涂装正成为一个在尝试中不断迈进的新领域，并且，从尝试的成果来看，前景非常广阔。

本章将对涂装机器人的特点、基本系统组成、周边设备和工位布局进行简要介绍，并结合实例说明涂装任务示教的基本要领和注意事项，旨在加深大家对涂装机器人及其任务示教的认知。

 【学习目标】

知识目标

1. 了解涂装机器人的分类及特点。
2. 掌握涂装机器人的系统基本组成。
3. 熟悉涂装机器人任务示教的基本流程。
4. 熟悉涂装机器人典型周边设备与布局。

能力目标

1. 能够认知涂装机器人工作站的基本构成。
2. 能够完成简单的机器人涂装任务示教。

情感目标

1. 增长见识、激发兴趣。
2. 遵守行规、细致操作。

【导入案例】

机器人助力卫生陶瓷施釉新高度，"新生主力军"不再拿"生命换钱"

在陶瓷制品的坯体表面上，一般都要覆盖有一层粉磨得很细的，由长石、石英、黏土以及其他矿物质组成的物料，这层物料经高温焙烧后即形成与坯体牢固结合的玻璃态物质，这一薄层的玻璃态物质称为釉。由于具有光亮、半透明、圆滑和不透水等性质，卫生陶瓷制品施釉后，表面不易玷污，弄脏后也容易洗涤干净。此外，陶釉还可以遮盖坯体上的某些瑕疵，赋予坯体丰富的色彩，提高美观性，起着良好的装饰作用。

施釉是决定卫生陶瓷陶坯质量和档次的一道关键工序。施釉方法有喷釉、浸釉、浇釉、涂刷釉等，其中喷釉是利用压缩空气将釉浆通过喷枪喷涂到产品坯体上。喷釉产生的釉层厚度比较均匀，便于操作，尤其适合卫生洁具（如坐便器、洗脸盆、浴缸等）这类体型较大、形状复杂的产品施釉。目前，国内有 200 多家卫生洁具生产企业，其施釉作业普遍采用人工方式，但是针对卫生洁具表面形状的复杂状况，手工喷釉难以保证釉层厚度的均匀性和一致性等实际问题，而且其作业环境恶劣、劳动强度大、生产效率低、易受外界不良随机因素影响，难以保证釉面质量，从而影响到产品档次的提高。随着"中国制造"走向"中国智造"，采用工业机器人代替繁重的人工劳动已经在生产中得到广泛的应用。尤其是卫生陶瓷制品工艺中的喷釉这一高污染、高强度的生产工序，对于机器人的应用需求尤为强烈。机器人作为喷釉的"新生主力军"，不仅能够适应现场高温、高湿、多粉尘的恶劣环境，减少喷釉对"人体的伤害"，同时也容易保证釉层厚度均匀、不留死角等施釉质量，提高企业的工作效率和降低釉料的浪费率。例如，意大利制造的喷釉机器人每小时可完成 65 件左右的卫生洁具施釉，平均洗脸盆每件需要 45～50s，坐便器每件需要 65～70s，水箱或立柱每件需要 15s。此外，利用手工喷釉每件标准坐便器消耗釉浆 2025cm³，坯体实际附着釉浆为 900cm³；而采用机器人喷釉时，消耗釉浆量 1250cm³，坯体附着釉浆 1100cm³。

当前，我国卫生陶瓷生产自动化程度总体上不高，机器人"主力军"革命性地改变了施釉人员与釉料直接接触的传统施釉方式，让施釉不再是拿"生命换钱"的职业，为卫生陶瓷生产企业带来高的经济效益，具有广泛的市场前景。

——资料来源：中国瓷砖网、荣德机器人网

8.1　涂装机器人的分类及特点

涂装机器人作为一种典型的涂装自动化装备，具有工件涂层均匀，重复精度好，通用性强、工作效率高，能够将工人从有毒、易燃、易爆的工作环境中解放出来的优点，已在汽车、工程机械制造、3C 产品及家具建材等领域得到广泛应用。归纳起来，涂装机器人与传统的机械涂装相比，具有以下优点：

1）显著提高涂料的利用率、降低涂装过程中的VOC（有害挥发性有机物）排放量。

2）显著提高喷枪的运动速度，缩短生产节拍，效率显著高于传统的机械涂装。

3）柔性强，能够适应多品种、小批量的涂装任务。

4）能够精确保证涂装工艺的一致性，获得较高质量的涂装产品。

5）与高速旋杯经典涂装站相比，可以减少大约30% ~40%的喷枪数量，降低系统故障率和维护成本。

目前，国内外的涂装机器人在结构上大多数仍采取与通用工业机器人相似的5或6自由度串联关节式机器人，在其末端加装自动喷枪。按照手腕结构划分，涂装机器人应用中较为普遍的主要有两种：球型手腕涂装机器人和非球型手腕涂装机器人，如图8-1所示。

视频资源

a) 球型手腕涂装机器人　　　　b) 非球型手腕涂装机器人

图8-1　涂装机器人分类

◇ 球型手腕涂装机器人　球型手腕涂装机器人与通用工业机器人手腕结构类似，手腕三个关节轴线相交于一点，即目前绝大多数商用机器人所采用的Bendix手腕，如图8-2所示。该手腕结构能够保证机器人运动学逆解具有解析解，便于离线编程的控制，但是由于其腕部第二关节不能实现360°周转，故工作空间相对较小。采用球型手腕的涂装机器人多为紧

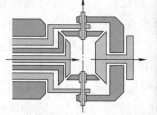

a) Bendix手腕结构　　　b) 采用Bendix手腕构型的涂装机器人

图8-2　Bendix手腕结构及涂装机器人

凑型结构，其工作半径多为0.7~1.2m，多用于小型工件的涂装。

◇ 非球型手腕涂装机器人　非球型手腕涂装机器人，其手腕的3个轴线并非如球型手腕机器人一样相交于一点，而是相交于两点。非球型手腕机器人相对于球型手腕机器人来说更适合于涂装作业。该型涂装机器人每个腕关节转动角度都能达到360°以上，手腕灵活性强，机器人工作空间较大，特别适用于复杂曲面及狭小空间内的涂装作业，但由于非球型手腕运动学逆解没有解析解，增大了机器人控制的难度，难于实现离线编程控制。

非球型手腕涂装机器人根据相邻轴线的位置关系又可分为正交非球型手腕和斜交非球型手腕两种形式，如图8-3所示。图8-3a所示Comau SMART-3S型机器人所采用的即为正交

非球型手腕，其相邻轴线夹角为 90°；而 FANUC P－250iA 型机器人的手腕相邻两轴线不垂直，而是呈一定的角度，即斜交非球型手腕，如图 8-3b 所示。

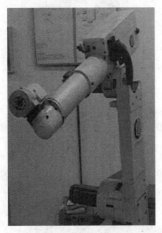

a) 正交非球型手腕

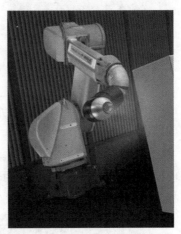

b) 斜交非球型手腕

图 8-3　非球型手腕涂装机器人

现今应用的涂装机器人中很少采用正交非球型手腕，主要是其在结构上相邻腕关节彼此垂直，容易造成从手腕中穿过的管路出现较大的弯折、堵塞甚至折断管路。相反，斜交非球型手腕若做成中空的，各管线从中穿过，直接连接到末端高转速旋杯喷枪上，在作业过程中内部管线较为柔顺，故被各大厂商所采用。

涂装作业环境中充满了易燃、易爆的有害挥发性有机物，除了要求涂装机器人具有出色的重复定位精度和循径能力及较高的防爆性能外，仍有特殊的要求。在涂装作业过程中，高速旋杯喷枪的轴线要与工件表面法线在一条直线上，且高速旋杯喷枪的端面要与工件表面始终保持一恒定的距离，并完成往复蛇形轨迹，这就要求涂装机器人要有足够大的工作空间和尽可能紧凑灵活的手腕，即手腕关节要尽可能短。其他的一些基本性能要求如下：

1）能够通过示教盒方便地设定流量、雾化气压、喷幅气压以及静电量等涂装参数。

2）具有供漆系统，能够方便地进行换色、混色，确保高质量、高精度的工艺调节。

3）具有多种安装方式，如落地、倒置、角度安装和壁挂。

4）能够与转台、滑台、输送链等一系列的工艺辅助设备轻松集成。

5）结构紧凑，减小密闭涂装室（简称喷房）尺寸，降低通风要求。

8.2　涂装机器人的系统组成

典型的涂装机器人工作站主要由操作机、机器人控制系统、供漆系统、自动喷枪/旋杯、喷房、防爆吹扫系统等组成，如图 8-4 所示。

涂装机器人与普通工业机器人相比，操作机的差异除了球型手腕与非球型手腕外，主要是表现在油漆及空气管路和喷枪的布置以及防爆性要求等方面，归纳起来主要特点如下：

1）一般手臂工作范围大，进行涂装作业时可以灵活避障。

2）手腕一般有 2～3 个自由度，轻巧快速，适合内部、狭窄的空间及复杂工件的涂装。

图8-4　涂装机器人系统组成

1—机器人控制柜　2—示教盒　3—供漆系统　4—防爆吹扫系统　5—操作机　6—自动喷枪/旋杯

3）较先进的涂装机器人采用中空手臂和柔性中空手腕，如图8-5所示。采用中空手臂和柔性中空手腕使得软管、线缆可内置，从而避免软管与工件间发生干涉，减少管道粘着薄雾、飞沫，最大程度降低灰尘粘到工件的可能性，缩短生产节拍。

a) 柔性中空手腕

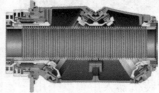

b) 柔性中空手腕内部结构

图8-5　柔性中空手腕及其结构

4）一般在水平手臂搭载涂装工艺系统，从而缩短清洗、换色时间，提高生产效率，节约涂料及清洗液，如图8-6所示。

涂装机器人控制系统主要完成本体和涂装工艺控制。本体控制在控制原理、功能及组成上与通用工业机器人基本相同；涂装工艺的控制则是对供漆系统的控制，即负责对涂料单元控制盘、喷枪/旋杯单元进行控制，发出喷枪/旋杯开关指令，自动控制和调整涂装的参数（如流量、雾化气压、喷幅气压以及静电电压），控制换色阀及涂料混合器完成清洗、换色、混色作业。

图8-6　集成于手臂上的涂装工艺系统

供漆系统主要由涂料单元控制盘、气源、流量调节器、齿轮泵、涂料混合器、换色阀、供漆供气管路及监控管线组成。涂料单元控制盘简称气动盘，它接收机器人控制系统发出的涂装工艺的控制指令，精准控制流量调节器、齿轮泵、喷枪/旋杯完成流量、空气雾化和空气成型的调整；同时控制涂料混合器、换色阀等以实现自动化的颜色切换和指定的自动清洗等功能，实现高质量和高效率的涂装。著名涂装机器人生产商 ABB、FANUC 等均有其自主生产的成熟供漆系统模块配套，图8-7所示为 ABB 生产的采用模块化设计、可实现闭环控制的流量调节器、齿轮泵、涂料混合器及换色阀模块。

对于涂装机器人，根据所采用的涂装工艺不同，机器人"手持"的喷枪及配备的涂装系统也存在差异。传统涂装工艺中空气涂装与高压无气涂装仍被广泛使用，但近年来静电涂

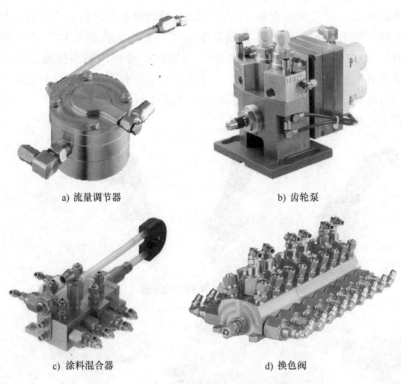

a) 流量调节器　　　　　　　　　　　b) 齿轮泵

c) 涂料混合器　　　　　　　　　　　d) 换色阀

图 8-7　供漆系统主要部件

装，特别是旋杯式静电涂装工艺凭借其高质量、高效率、节能环保等优点已成为现代汽车车身涂装的主要手段之一，并且被广泛应用于其他工业领域。

◇ 空气涂装　所谓空气涂装，就是利用压缩空气的气流，流过喷枪喷嘴孔形成负压，在负压的作用下将涂料从吸管吸入后，经过喷嘴喷出，通过压缩空气对涂料进行吹散，以达到均匀雾化的效果。空气涂装一般用于家具、3C 产品外壳和汽车等产品，图 8-8 所示是较为常见的自动空气喷枪。

a) 日本 明治 FA100H-P　　　b) 美国 DEVILBISS T-AGHV　　　c) 德国 PILOT WA500

图 8-8　自动空气喷枪

◇ 高压无气涂装　高压无气涂装是一种较先进的涂装方法，其采用增压泵将涂料增压至 6～30MPa 的高压，通过很细的喷孔喷出，使涂料形成扇形雾状，具有较高的涂料传递效率和生产效率，表面质量明显优于空气涂装。

◇ 静电涂装　静电涂装一般是以接地的被涂物为阳极，接电源负高压的雾化涂料为阴极，使得涂料雾化颗粒上带电荷，通过静电作用，吸附在工件表面。该方法通常应用于金属表面或导电性良好且结构复杂的表面，或是球面、圆柱面等的涂装，其中高速旋杯式静电喷枪已成为应用最广的工业涂装设备，如图8-9所示。它在工作时利用旋杯的高速旋转运动（一般为30000~60000r/min）产生离心作用，将涂料在旋杯内表面伸展成为薄膜，并通过巨大的加速度使其向旋杯边缘运动，在离心力及强电场的双重作用下涂料破碎为极细的且带电的雾滴，向极性相反的被涂工件运动，沉积于被涂工件表面，形成均匀、平整、光滑、丰满的涂膜，其工作原理如图8-10所示。

a) ABB溶剂性涂料适用高速旋杯式静电喷枪

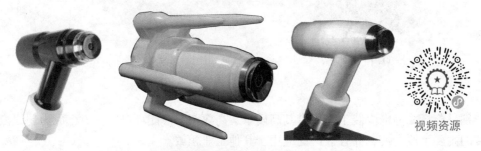

b) ABB水性涂料适用高速旋杯式静电喷枪

图 8-9　高速旋杯式静电喷枪

视频资源

在进行涂装作业时，为了获得高质量的涂膜，除对机器人动作的柔性和精度、供漆系统及自动喷枪/旋杯的精准控制有所要求外，对涂装环境的最佳状态也提出了一定要求，如无尘、恒温、恒湿、工作环境内恒定的供风及对有害挥发性有机物含量的控制等，喷房由此应运而生。一般来说，喷房由涂装作业的工作室、收集有害挥发性有机物的废气舱、排气扇以及可将废气排放到建筑外的排气管等组成。

涂装机器人多在封闭的喷房内涂装工件的内外表面，由于涂装的薄雾是易燃易爆的，如果机器人的某个部件产生火花或

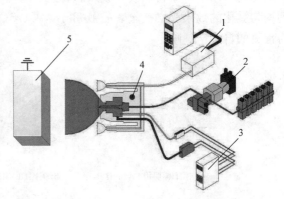

图 8-10　高速旋杯式静电喷枪工作原理
1—供气系统　2—供漆系统　3—高压静电发生系统
4—旋杯　5—工件

温度过高，就会引起大火甚至爆炸，所以防爆吹扫系统是涂装机器人系统极其重要的一部分。防爆吹扫系统主要由危险区域之外的吹扫单元、操作机内的吹扫传感器、控制柜内的吹

扫控制单元三部分组成。其防爆工作原理如图 8-11 所示，吹扫单元通过柔性软管向包含有电气元件的操作机内部施加压力，阻止爆燃性气体进入操作机内；同时由吹扫控制单元监视操作机内压和喷房气压，当异常状况发生时立即切断操作机伺服电源。

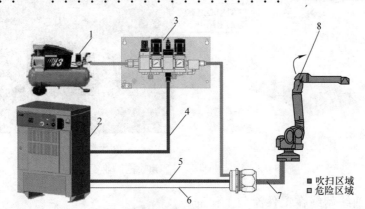

图 8-11　防爆吹扫系统工作原理

1—空气接口　2—控制柜　3—吹扫单元　4—吹扫单元控制电缆　5—操作机控制电缆
6—吹扫传感器控制电缆　7—软管　8—吹扫传感器

　　综上所述，涂装机器人主要包括机器人和自动涂装设备两部分。机器人由防爆机器人本体及完成涂装工艺控制的控制柜组成。而自动涂装设备主要由供漆系统及自动喷枪/旋杯组成。

8.3　涂装机器人的任务示教

　　前文就典型涂装机器人的系统组成及其工作原理进行了简单阐述，接下来对涂装机器人的示教编程进行介绍。目前对于中小型、涂装面形式较为简单的工件的编程方法还是以在线示教方式为主，由于各大机器人厂商对示教盒及控制系统进行了优化，目前的示教盒具有更直观友好的涂装用户界面，同时集成了涂装工艺系统，可令用户方便地进行机器人运动与编程、涂装工艺设备的试验与校准、涂装程序的测试。

　　涂装是一种较为常用的表面防腐、装饰、防污的表面处理方法，其规则之一是需要喷枪在工件表面做往复运动。目前，工业机器人四巨头都有相应的涂装机器人产品（ABB 的 IRB52、IRB5400、IRB5500 和 IRB580 系列，FANUC 的 P－50iA、P－250iA 和 P－500，YASKAWA 的 EPX 系列，Midea－KUKA 的 KR16），且都有相应的专用的控制器及商业化应用软件，例如 ABB 的 IRC5P 和 RobotWare Paint、FANUC 的 R－J3 和 Paint Tool Software，这些针对涂装应用开发的专业软件提供了强大而易用的涂装指令，可以方便地实现涂装参数及涂装过程的全面控制，也可缩短示教的时间、降低涂料消耗。涂装机器人示教的一个重点是运动轨迹示教，即确定各程序点处 TCP 的位姿。对于涂装机器人而言，其 TCP 一般设置在喷枪的末端中心点，且在涂装作业中，高速旋杯喷枪的端面要相对于工件涂装工作面走蛇形轨迹并保持一定的距离，如图 8-12 所示。为达到工件涂层的质量要求，必须保证以下几点：

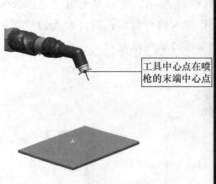

| a) 工具中心点的确定 | b) 喷枪作业姿态 |

图 8-12 涂装机器人 TCP 和喷枪作业姿态

1）旋杯的轴线始终在工件涂装工作面的法线方向。

2）旋杯端面到工件涂装工作面的距离要保持稳定，一般保持在 0.2m 左右。

3）旋杯涂装范围要部分重叠，并保持适当的间距。

4）涂装机器人应能同步跟踪工件传送装置上工件的运动。

5）在进行示教编程时，若前臂及手腕有外露的管线，应避免与工件发生干涉。

下面以图 8-13 所示的工件涂装为例，采用在线示教的方式为机器人输入钢制箱体的

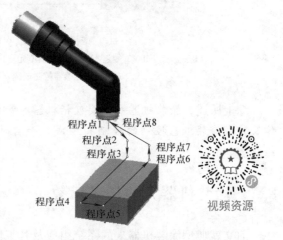

图 8-13 涂装机器人运动轨迹

表面涂装任务程序。此程序由编号 1～8 的 8 个程序点组成，各程序点的用途说明见表 8-1。本例中使用的喷枪为高速旋杯式自动静电喷枪，配合换色阀及涂料混合器完成旋杯打开、关闭，以进行涂装作业。具体任务编程可参照图 8-14 所示流程开展。

表 8-1 程序点说明（涂装作业）

程序点	说明	程序点	说明	程序点	说明
程序点 1	机器人原点	程序点 4	涂装作业中间点	程序点 7	作业规避点
程序点 2	作业临近点	程序点 5	涂装作业中间点	程序点 8	机器人原点
程序点 3	涂装作业开始点	程序点 6	涂装作业结束点		

（1）示教前的准备 开始示教前，请做如下准备：

1）工件表面清理。使用物理或化学方法将工件表面的铁锈、油污等杂质清理干净，一般可采用擦拭除尘、静电除尘及酸洗等方法。

2）工件装夹。利用夹具将钢制箱体固定。

3）安全确认。确认自己和机器人之间保持安全距离。

4）机器人原点确认。通过机器人机械臂各关节处的标记或调用原点程序复位机器人。

（2）新建任务程序 点按示教盒的相关菜单或按钮，新建一个任务程序，如"Paint_

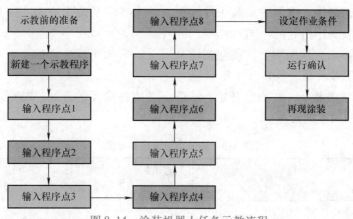

图 8-14　涂装机器人任务示教流程

box"。

（3）程序点的输入　手动操纵机器人分别移动到程序点 1～8 位置。处于待机位置的程序点 1 和程序点 8，要求机器人末端工具处于与工件、夹具互不干涉的位置；机器人末端工具轴线在程序点 3～6 位置要与涂装工作面的法线共线，且必须保证机器人手臂及其外露管线不与涂装工作面接触。另外，机器人在各程序点间移动时，不可与工件、夹具发生干涉。具体示教方法请参照表 8-2。

表 8-2　涂装机器人任务示教

程序点	示教方法
程序点 1 （机器人原点）	❶ 按第 3 章手动操纵机器人要领移动机器人到原点 ❷ 将程序点动作类型选为 "PTP" ❸ 确认并保存程序点 1 为机器人原点
程序点 2 （作业临近点）	❶ 手动操纵机器人移动到作业临近点，调整喷枪姿态 ❷ 将程序点动作类型选为 "PTP" ❸ 确认并保存程序点 2 为作业临近点
程序点 3 （涂装作业开始点）	❶ 保持喷枪姿态不变，手动操纵机器人移动到涂装作业开始点 ❷ 将程序点动作类型选为 "直线插补" ❸ 确认并保存程序点 3 为涂装作业开始点 ❹ 如有需要，手动插入涂装开始指令
程序点 4、5 （涂装作业中间点）	❶ 保持喷枪姿态不变，手动操纵机器人依次移动到各涂装作业中间点 ❷ 将程序点动作类型选为 "直线插补" ❸ 确认并保存程序点 4、5 为作业中间点
程序点 6 （涂装作业结束点）	❶ 保持喷枪姿态不变，手动操纵机器人移动到涂装作业结束点 ❷ 将程序点动作类型选为 "直线插补" ❸ 确认并保存程序点 6 为作业结束点 ❹ 如有需要，手动插入涂装结束指令
程序点 7 （作业规避点）	❶ 手动操纵机器人移动到作业规避点 ❷ 将程序点动作类型选为 "PTP" ❸ 确认并保存程序点 7 为作业规避点
程序点 8 （机器人原点）	❶ 手动操纵机器人移动到机器人原点 ❷ 将程序点动作类型选为 "PTP" ❸ 确认保存程序点 8 为机器人原点

（4）设定工艺条件 本例中涂装条件的输入，主要涉及两个方面：一是设定涂装参数（文件）；二是涂装次序指令的添加。

◇ 设定涂装参数 涂装参数主要包括涂装流量、雾化气压、喷幅（调扇幅）气压、静电电压以及颜色设置表等，可参考表8-3。

◇ 添加涂装次序指令 在涂装开始、结束点（或各路径的开始、结束点）手动添加涂装次序指令，控制喷枪的开关。

表 8-3 涂装参数设定参考值

参数	搭接宽度	喷幅/mm	枪速/mm·s^{-1}	吐出量/mL·min^{-1}	旋杯转速/kr·min^{-1}	$U_{静电}$/kV	空气压力/MPa
参考值	喷雾幅度的 2/3 ~ 3/4	300 ~ 400	600 ~ 800	0 ~ 500	20 ~ 40	60 ~ 90	0.15

（5）检查试运行 确认机器人周边安全后，按以下步骤跟踪测试任务程序。

1）打开要测试的程序文件。

2）移动光标到程序开头。

3）持续按住示教盒上的有关【跟踪功能键】，实现机器人的单步或连续运转。

（6）再现涂装 跟踪测试无误后，即可进行再现涂装。

1）打开要再现的任务程序，并移动光标到程序开头。

2）切换【模式旋钮】至"再现/自动"状态。

3）按示教盒上的【伺服 ON 按钮】，接通伺服电源。

4）按【启动按钮】，机器人开始再现涂装。

至此，涂装机器人的简单任务示教操作完毕。

综上所述，涂装机器人的示教与搬运、码垛、焊接机器人示教相似，也是通过示教方式获取运动轨迹上的关键点，然后存入程序的运动指令中。这对于大型、复杂曲面工件来说，必须花费大量的时间示教，不但大大降低了生产效率，提高了生产成本，而且涂装质量也得不到有效的保障。因此，对于大型、复杂曲面工件的示教更多地采用离线编程，各大机器人厂商对于涂装作业的离线编程均有相应的商业化软件推出，比如 ABB 的 RobotStudio Paint 和 ShopFloor Editor，这些离线编程软件工具可以在无需中断生产的前提下，进一步简化示教操作和工艺调整。

8.4 涂装机器人的周边设备与布局

完整的涂装机器人生产线及柔性涂装单元除了上文所提及的机器人和自动涂装设备两部分外，还包括一些周边辅助设备。下面将重点介绍几类典型周边辅助设备。同时，为了保证生产空间、能源和原料的高效利用，灵活性高、结构紧凑的涂装车间布局显得非常重要。

8.4.1 周边设备

目前，常见的涂装机器人辅助装置有机器人行走单元、工件传送（旋转）单元、空气过滤系统、输调漆系统、喷枪清理装置和涂装生产线控制盘等。

(1) 机器人行走单元与工件传送 (旋转) 单元 如同第 7 章介绍的焊接机器人变位机和滑移平台，涂装机器人也有类似的装置，主要包括完成工件的传送及旋转动作的伺服转台、伺服穿梭机及输送系统，以及完成机器人上下左右滑移的行走单元，但是涂装机器人对所配备的行走单元与工件传送 (旋转) 单元的防爆性能有着较高的要求。一般来讲，配备机器人行走单元和工件传送 (旋转) 单元的涂装机器人生产线及柔性涂装单元的工作方式有三种：动/静模式、流动模式及跟踪模式。

◇ **动/静模式** 在动/静模式下，工件先由伺服穿梭机或输送系统传送到涂装室中，由伺服转台完成工件旋转，之后由涂装机器人单体或者配备行走单元的机器人对其完成涂装作业。在涂装过程中工件可以是静止地做独立运动，也可与机器人做协调运动，如图 8-15 所示。

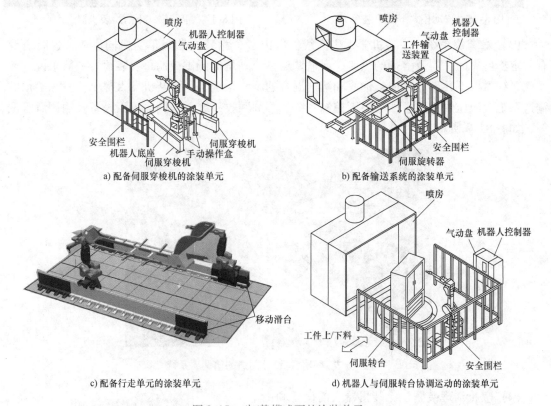

a) 配备伺服穿梭机的涂装单元   b) 配备输送系统的涂装单元

c) 配备行走单元的涂装单元   d) 机器人与伺服转台协调运动的涂装单元

图 8-15 动/静模式下的涂装单元

◇ **流动模式** 在流动模式下，工件由输送链承载匀速通过涂装室，由固定不动的涂装机器人对工件完成涂装作业，如图 8-16 所示。

◇ **跟踪模式** 在跟踪模式下，工件由输送链承载匀速通过涂装室，机器人不仅要跟踪随输送链运动的涂装物，还要根据涂装面而改变喷枪的方向和角度，如图 8-17 所示。

(2) 空气过滤系统 在涂装作业过程中，当大于或者等于 $10\mu m$ 的粉尘混入漆层时，用肉眼就可以明显看到由粉尘造成的瑕点。为了保证涂装作业的表面质量，涂装线所处的环境及空气涂装所使用的压缩空气应尽可能保持清洁，这是通过采用空气过滤系统以及保持涂装车间正压来实现的。喷房内的空气纯净度要求最高，一般来说要求经过三道过滤。

图 8-16　流动模式下的涂装单元

图 8-17　跟踪模式下的涂装机器人生产线

（3）输调漆系统　涂装机器人生产线一般由多个涂装机器人单元协同作业，这时需要有稳定、可靠的涂料及溶剂的供应，而输调漆系统则是保证供应的重要装置。一般来说，输调漆系统由以下几部分组成：油漆和溶剂混合的调漆系统、为涂装机器人提供油漆和溶剂的输送系统，液压泵系统、油漆温度控制系统、溶剂回收系统、辅助输调漆设备及输调漆管网等，如图 8-18 所示。

图 8-18　艾森曼公司设计制造的输调漆系统

（4）喷枪清理装置　涂装机器人的设备利用率高达 90% ~ 95%，在进行涂装作业中难免发生污物堵塞喷枪气路的情况，同时在对不同工件进行涂装时也需要进行换色作业，此时需要对喷枪进行清理。自动化的喷枪清洗装置能够快速、干净、安全地完成喷枪的清洗和颜色更换，彻底清除喷枪通道内及喷枪上飞溅的涂料残渣，同时对喷枪完成干燥，减少喷枪清理所耗用的时间、溶剂及空气，如图 8-19 所示。喷枪清洗装置在对喷枪清理时一般经过四个步骤：空气自动冲洗、自动清洗、自动溶剂冲洗和自动通风排气，其编程实现与第 7 章焊枪自动清枪站喷油阶段类似，需要 5 ~ 7 个程序点，

图 8-19　Uni – ram UG4000 自动喷枪清理机

见表 8-4。

表 8-4　程序点说明（喷枪清理）

程序点	说　明	程序点	说　明	程序点	说　明
程序点 1	移向清枪位置	程序点 3	清枪位置	程序点 5	移出清枪位置
程序点 2	清枪前一点	程序点 4	喷枪抬起		

（5）涂装生产线控制盘　对于采用两套或者两套以上涂装机器人单元同时工作的涂装作业系统，一般需配置生产线控制盘对生产线进行监控和管理。图 8-20 所示为川崎公司的 KO-SMOS 涂装生产线控制盘界面，其功能如下：

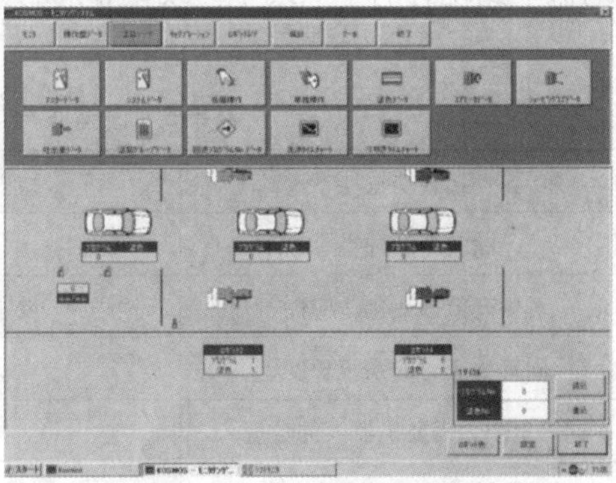

1）生产线监控功能。通过管理界面可以监控整个涂装作业系统的状态，例如工件类型、颜色、涂装机器人和周边装置的操作、涂装条件和系统故障信息等。

2）可以方便设置和更改涂装条件和涂料单

图 8-20　KOSMOS 涂装生产线控制盘界面

元的控制盘，即对涂料流量、雾化气压、喷幅（调扇幅）气压、静电电压进行设置，并可设置颜色切换的时序图、喷枪清洗及各类工件类型和颜色的程序编号。

3）可以管理统计生产线各类生产数据，包括产量统计、故障统计和涂料消耗率等。

8.4.2　工位布局

涂装机器人具有涂装质量稳定，涂料利用率高，可以连续大批量生产等优点，涂装机器人工作站或生产线的布局是否合理直接影响到企业的产能及能源和原料利用率。对于由涂装机器人与周边设备组成的涂装机器人工作站的工位布局形式，与之前介绍的焊接机器人工作站的布局形式相仿，常见由工作台或工件传送（旋转）单元配合涂装机器人构成并排、A 型、H 型与转台型双工位工作站。汽车及机械制造等行业往往需要结构紧凑灵活、自动化程度高的涂装生产线，涂装生产线在型式上一般有两种，即线型布局和并行盒子布局，如图 8-21 所示。

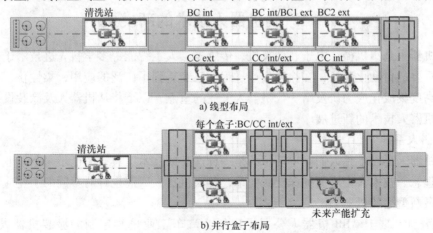

a) 线型布局

b) 并行盒子布局

图 8-21　涂装机器人生产线布局

图 8-21a 所示的采取线型布局的涂装生产线在进行涂装作业时，产品依次通过各工作站完成清洗、中涂、底漆、清漆和烘干等工序，负责不同工序的各工作站间采用停走运行方式。对于图 8-21b 所示的并行盒子布局，在进行涂装作业时，产品进入清洗站完成清洗作业，接着为其外表面进行中涂，之后被分送到不同的盒子中完成内部和表面的底漆和清漆涂装，不同盒子间可同时以不同周期时间运行，同时日后如需扩充生产能力，可以轻易地整合新的盒子到现有的生产线中。线型布局与并行盒子布局的生产线特点与适用范围对比详见表 8-5。

表 8-5　线型布局与并行盒子布局生产线比较

比较项目	线型布局生产线	并行盒子布局生产线
涂装产品种类	单一	多品种
对生产节拍变化适应性	要求尽可能稳定	可适应各异的生产节拍
同等生产力的系统长度	长	远远短于线型布局
同等生产力需要机器人的数量	多	较少
设计建造难易程度	简单	相对较为复杂
生产线运行能耗	高	低
作业期间换色时涂料的损失量	多	较少
未来生产能力扩充难易度	较为困难	灵活简单

综上所述，在涂装生产线的设计过程中不仅要考虑产品种类需求以及额定生产能力，还需要考虑所需涂装产品的类型、各产品的生产批量及涂装工作量等因素。对于产品单一、生产节拍稳定、生产工艺中有特殊工序的可采取线型布局。当产品类型及尺寸、工艺流程、产品批量各异，灵活的并行盒子布局的生产线则是比较合适的选择。同时采取并行盒子布局不仅可以减少投资，还可以降低后续运行成本，但在建造并行盒子布局的生产线时需要额外承担产品处理方式及中转区域设备等的投资。

知 识 拓 展
——涂装机器人技术的新发展

涂装机器人是集机械、电子、计算机、传感器、人工智能等多学科先进技术于一体的现代制造业重要的自动化装备，在涂装生产过程中已经得到了广泛的应用，柔性化、节省投资和能耗、高度集成化成为研发新一代机器人关注的重点，以下将从机器人及涂装设备两方面介绍涂装机器人技术的新进展。

1. 机器人系统

涂装机器人早已不是人们简单理解的是一种产品或技术工具，其已带来制造业在涂装生产模式、理念、技术多个层面的深层次变革，各大机器人厂商也针对不同的工业应用推出深度定制的最新型涂装机器人。

◇ 操作机　瑞士 ABB 机器人公司推出的为汽车工业量身定制的涂装机器人——Flex Painter IRB5500（图 8-22），在涂装范围、涂装效率、集成性和综合性价比等方面具有较为

突出的优势。IRB5500 型涂装机器人凭借其独特的设计和
结构，依托 QuickMove 和 TrueMove 功能，可以实现高加速
度的运动和灵活精准快速的涂装作业。其中，QuickMove
功能可以确保机器人能够快速从静止加速到设定速度，最
大加速度可达 24m/s^2，而 TrueMove 功能则可以确保机器
人在不同速度下，运动轨迹与编程设计轨迹保持一致，如
图 8-23 所示。

图 8-22　ABB Flex Painter IRB5500
涂装机器人

　　◇ 控制器　在环保意识日益增强的今天，为了营造环
保效果好的"绿色工厂"，同时也为了降低运营成本，
ABB 公司推出了融合集成过程系统（IPS）技术、连续涂
装 StayOn 功能和无堆积 NoPatch 功能，为涂装车间应用量
身定制了新一代涂装机器人控制系统——IRC5P。ABB 独有的 IPS 技术可实现高速度和高精
度的闭环过程控制，最大限度消除了过喷现象，显著提高了涂装品质。连续涂装 StayOn 功
能如图 8-24 所示，它在涂装作业过程中采取一致的涂装条件连续完成作业，不需要通过频
繁开关来减少涂料的消耗，同时能保证高的涂装质量。无堆积 NoPatch 功能配合 IRB5500 机
器人可以平行于纵向和横向车身表面自如移动手臂，可以一次涂装无需重叠拼接（图
8-25）。这些技术的应用可显著节省循环时间和涂装材料。

209

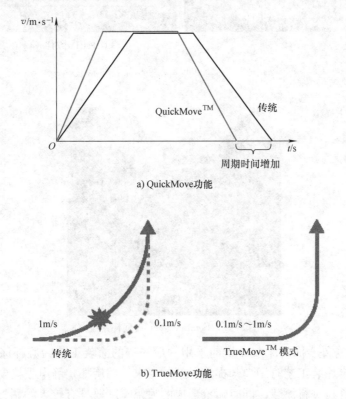

a) QuickMove功能

b) TrueMove功能

图 8-23　QuickMove 和 TrueMove 功能示意图

◇ **示教盒** 示教盒作为人机交互的桥梁，其新型产品不但具有防爆功能，而且多集成了一体化的工艺控制模块，辅以人性化设计的示教界面，使得示教越来越简单快速。加之各大厂商对离线编程软件不断深入开发，使其可以完成与实际机器人相同的运动规划，进一步简化了示教。

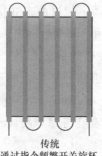

传统
通过指令频繁开关旋杯

StayOn™
连续涂装

图 8-24 StayOn 连续涂装功能

2. 涂装设备

针对小批量涂装和多色涂装，ABB 推出了 FlexBell 弹匣式旋杯系统（CBS），该系统可对直接施于水性涂料的高压电提供有效绝缘；同时确保每只弹匣精确填充必要用量的涂料，从而将换色过程中的涂料损耗降低至近乎为零。图 8-26 所示为 CBS 系统在阿斯顿·马丁汽车面漆涂装线中的应用。

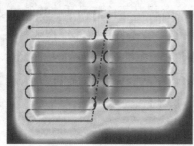

传统

NoPatch™功能

图 8-25 NoPatch 无堆积涂装功能

图 8-26 FlexBell 弹匣式旋杯系统

对于汽车车身外表面的涂装，目前采用的最先进的涂装工艺为旋杯涂装，但当车身内表面采用旋杯静电涂装工艺时用户却提出了新的要求，即旋杯式静电喷枪要结构紧凑，以保证对内表面边角部位进行涂装，同时喷枪形成的喷幅宽度要具有较大的调整范围。针对这一情况，杜尔公司开发出了 EcoBell3 旋杯式静电喷枪。EcoBell3 喷枪在工作时，雾化器在旋杯周围形成两种相互独立的成形空气，能非常灵活地调整漆雾扇面的宽度，同时利用外加电方案将喷枪尺寸进一步缩小。EcoBell3 喷枪不但结构更加简单，而且效率超过了普通的旋杯式静电喷枪，也明显减少了涂料换色的损失，更重要的是可以配合并行盒子生产线灵活地改变生产能力。图 8-27 所示为 EcoBell3 喷枪用于保险杠的涂装，充分体现出其工作的灵活性。

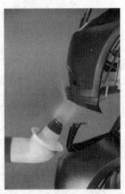

a) 宽的漆雾涂装大面积表面　　b) 窄柱状漆雾涂装细小表面　　c) 在狭窄空间内工作

图 8-27　EcoBell3 旋杯式静电喷枪用于保险杠的涂装

211

本 章 小 结

涂装机器人是具有五个或五个以上可自由编程的轴，手臂具有较大的运动空间，手腕一般有 2 ~3 个自由度，能将自动喷枪按要求送到预定空间位置，并按要求轨迹及速度做往复运动的工业机器人。

涂装机器人主要包括机器人和自动涂装设备两部分。机器人由机器人本体和控制柜组成，而自动涂装设备一般由供漆系统、自动喷枪/旋杯、喷房、防爆吹扫系统等部分组成。为满足实际作业需求，通常将涂装机器人与周边设备（如机器人行走单元、工件传送及旋转单元、喷枪清理装置、涂喷生产线控制盘等）集合成涂装机器人工作站，并将多个工作站按照生产工序要求布置成涂装生产线。涂装生产线在结构上一般有线型布局和并行盒子布局两种。

涂装机器人的任务编程无外乎运动轨迹、工艺条件和动作次序的示教。涂装机器人控制点（TCP）一般设在喷枪末端中心处，在涂装作业中，自动喷枪的端面要垂直于工件涂装工作面并相对于工作面保持一定的距离以完成蛇形轨迹，其任务示教即为多条直线轨迹的往复示教。

思 考 练 习

1. 填空

（1）涂装机器人一般具有＿＿＿＿个可自由编程的轴；＿＿＿＿具有较大的运动空间，进行涂装作业时可以灵活避障；手腕一般有＿＿＿＿个自由度，适合内部、狭窄的空间及复杂工件的涂装。

（2）目前工业生产应用中较为普遍的涂装机器人按照手腕结构分主要有两种：＿＿＿＿

涂装机器人和_____涂装机器人，其中_____手腕机器人更适合用于涂装作业。

（3）图 8-28 所示为涂装机器人系统组成示意图。其中，编号 1 表示_____，编号 2 表示_____，编号 5 表示_____，编号 6 表示_____。

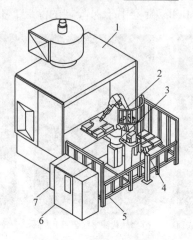

图 8-28　题 1（3）图

2. 选择

（1）涂装条件的设定一般包括（　　）。

①涂装流量；②雾化气压；③喷幅（调扇幅）气压；④静电电压；⑤颜色设置表

A.①②⑤　　　　　B.①②③⑤　　　　　C.①③　　　　　D.①②③④⑤

（2）柔性涂装单元的工作方式有（　　）。

①跟踪模式；②非协调模式；③动/静模式；④流动模式

A.①②④　　　　　B.①②③　　　　　C.①③④　　　　　D.①②③④

（3）涂装机器人的常见周边辅助设备主要有（　　）。

①机器人行走单元；②工件传送（旋转）单元；③涂装生产线控制盘；④喷枪清理装置；⑤防爆吹扫系统

A.①②⑤　　　　　B.①②③　　　　　C.①③⑤　　　　　D.①②③④

3. 判断

（1）空气涂装更适用于金属表面或导电性良好且结构复杂的表面，或是球面、圆柱面涂装。　　　　　　　　　　　　　　　　　　　　　　　　　　　　　　　（　　）

（2）某汽车生产厂，车型单一，生产节拍稳定，其生产线布局最好选取并行盒子布局以减少投资成本。　　　　　　　　　　　　　　　　　　　　　　　　　　　　（　　）

（3）涂装机器人的工具中心点（TCP）通常设在喷枪的末端中心处。　　（　　）

4. 综合应用

用机器人完成图 8-29 所示汽车顶盖的涂装作业，回答如下问题：

①结合具体示教过程，填写表 8-6（请在相应选项下打"√"）。

②涂装工艺条件的设定主要涉及哪些？分别需要在哪些程序点进行设置。

③程序点 2 至程序点 24 自动喷枪应当处于何种位姿？

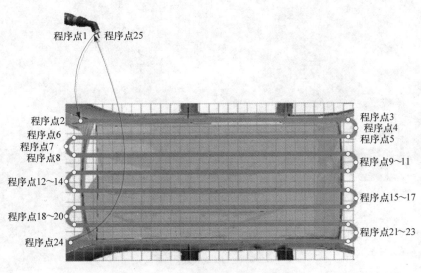

图 8-29　题 4 图

表 8-6　汽车顶盖轨迹任务示教

程序点	涂装作业点/空走点		动作类型		
	作业点	空走点	PTP	直线插补	圆弧插补
程序点 1					
程序点 2					
程序点 3					
程序点 4					
程序点 5					
程序点 6					
程序点 7					
程序点 8					
程序点 24					
程序点 25					

第 **9** 章

Chapter

装配机器人认知与应用

随着技术的不断发展，影响生产制造的瓶颈日益凸显，为解放生产力、提高生产率、解决"用工荒"以及谋求更好的发展，各大生产制造企业绞尽脑汁。装配机器人的出现，可大幅度提高生产效率，保证装配精度，减轻劳动强度，目前装配机器人在工业机器人应用领域占有量相对较少，其主要原因是装配机器人本体要比搬运、涂装、焊接机器人更复杂，且机器人装配技术仍有一些亟待解决的问题，如缺乏感知和自适应控制能力，难以完成变动环境中的复杂装配等。尽管装配机器人存在一定局限，但是对装配企业升级意义重要，装配领域成为机器人的难点，也成为未来机器人技术发展的焦点之一。

本章着重对装配机器人的特点、基本系统组成、周边设备和工位布局进行介绍，并结合实例说明装配任务示教的基本要领和注意事项，旨在加深大家对装配机器人及其任务示教的认知。

 【学习目标】

知识目标

1. 了解装配机器人的分类及特点。
2. 掌握装配机器人的系统组成及其功能。
3. 熟悉装配机器人任务示教的基本流程。
4. 熟悉装配机器人典型周边设备与布局。

能力目标

1. 能够识别装配机器人工作站的基本构成。
2. 能够完成简单的机器人装配任务示教。

情感目标

1. 增长见识、激发兴趣。
2. 遵守行规、细致操作。

【导入案例】

协作机器人开启汽车制造"未来之钥"

在汽车零部件以及汽车整车制造过程中，由于生产环境的局限和生产工序的复杂性，制造商希望通过投入工业机器人以达到提高生产效率、完善产品质量和降低生产成本等目的。然而，鉴于市场的发展演变和顾客对所购商品的高度个性化需求，人类创造性的重新加入势在必行。传统工业机器人因环境安全限制，已无法在产品制造中找回人性化元素，这加剧了新一代协作机器人的面世及飞速发展。现如今，越来越多的协作机器人出现在汽车生产线上，帮助厂商实现更智能、灵活的制造流程，为员工打造健康、安全的工作环境，同时有效提高生产系统整体柔性，人机协作势必开启汽车制造"未来之钥"。

汽车制造集团大众汽车（Volkswagen）早在 2013 年已将丹麦 UR 机器人整合投入其萨尔茨吉特发动机生产工厂的大规模生产线中。轻巧的 UR5 机器人被部署在汽缸盖装配线上，负责处理精细的电热塞工序，帮助了那些以前在生产线上负责把电热塞装配到缸盖上的合作员工。此前，他们必须弯着腰，把电热塞插进几乎看不见的缸盖钻孔中。而现在，

这一任务被 UR5 机器人接管了，员工只需要负责固定电热塞并对缸盖进行隔热处理，为下一道工序做好准备。通过与 UR 机器人紧密合作，员工现在能够以直立、健康的姿势完成这些工作。此外，在全球知名汽车零部件供应商李尔公司（Lear Corporation）的生产线中，UR 机器人同样扮演着至关重要的角色，轻巧的协作机器人通过定位、测量以及拧紧车座螺丝等作业组装汽车座椅，实现了更短的生产吞吐周期，并提高了工艺可靠性。

针对汽车前挡风玻璃涂胶过程，日本 FANUC 推出小型协作机器人 CR－7iA/L（腕部额定负载为 7kg，工作半径达 911mm），采用倒挂式安装，机器人可在无安全围栏情况下从工件上方进行人机协同作业，覆盖范围广，节省地面空间。同时，集成式的涂胶系统（无需独立的涂胶控制系统）可以通过伺

服电动机实现对流量闭环控制，结构更为紧凑，涂胶量控制精确。另外，在汽车车门装配应用中，中型协作机器人 CR-35iA 抓取车门送到安装位置，由人工固定车门。通过内置力传感器，机器人可感知环境力变化做出相应规避动作。CR-35iA 良好的安全性能和同类协作机器人中最大的负载能力（腕部额定负载为 35kg，工作半径达 1813mm）使其能够广泛地应用于人机协作场合，让人工摆脱繁重的工作，提高整体工作效率。

——资料来源：汽车零部件、中国锻压网、上海发那科机器人网

9.1 装配机器人的分类及特点

装配机器人是工业生产中用于装配生产线上对零件或部件进行装配的一类工业机器人。作为柔性自动化装配的核心设备，具有精度高、工作稳定、柔性好、动作迅速等优点。归纳起来，装配机器人的主要优点如下：

1）操作速度快，加速性能好，缩短工作循环时间。
2）精度高，具有极高的重复定位精度，保证装配精度。
3）提高生产效率，减轻工人劳动强度。
4）改善工人劳作条件，摆脱有毒、有辐射装配环境。
5）可靠性好、适应性强，稳定性高。

装配机器人在不同装配生产线上发挥着强大的装配作用，装配机器人大多由 4~6 轴组成，目前市场上常见的装配机器人，按臂部运动形式可分为直角式装配机器人和关节式装配机器人，关节式装配机器人又可分为水平串联关节式、垂直串联关节式和并联关节式机器人，如图 9-1 所示。

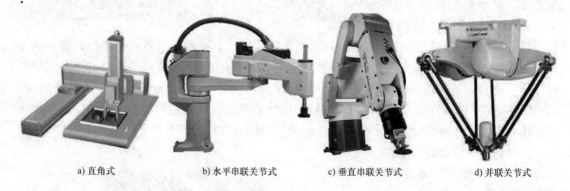

| a) 直角式 | b) 水平串联关节式 | c) 垂直串联关节式 | d) 并联关节式 |

图 9-1 装配机器人分类

◇ 直角式装配机器人 直角式装配机器人又称单轴机械手，以 XYZ 直角坐标系统为基本数学模型，整体结构模块化设计。直角式是目前工业机器人中最简单的一类，具有操作、编程简单等优点，可用于零部件移送、简单插入、旋拧等作业，机构上多装备球形螺钉和伺服电动机，具有速度快、精度高等特点，装配机器人多为龙门式和悬臂式（可参考搬运机器人相应部分）。现已广泛应用于节能灯装配、电子类产品装配和液晶屏装配等场合，如图 9-2 所示。

◇ 关节式装配机器人 关节式装配机器人是目前装配生产线上应用最广泛的一类机器

人，具有结构紧凑、占地空间小、相对工作空间大、自由度高，适合几乎任何轨迹或角度工作，编程自由，动作灵活，易实现自动化生产等特点。

1）水平串联关节式装配机器人。也称为平面关节型装配机器人或 SCARA 机器人，是目前装配生产线上应用数量最多的一类装配机器人，它属于精密型装配机器人，具有速度快、精度高、柔性好等特点，驱动多为交流伺服电动机，保证其较高的重复定位精度，可广泛应用于电子、机械和轻工业等产品的装配，适合工厂柔性化生产需求，如图9-3所示。

图9-2 直角式装配机器人装配缸体

2）垂直串联关节式装配机器人。垂直串联关节式装配机器人多为6个自由度，可在空间任意位置确定任意位姿，面向对象多为三维空间的任意位置和姿势的作业。图9-4所示是采用 FANUC LR Mate200iC 垂直串联关节式装配机器人进行读卡器的装配作业。

图9-3 水平串联关节式装配机器人拾放超薄硅片

图9-4 垂直串联关节式装配机器人组装读卡器

3）并联关节式装配机器人。也称拳头机器人、蜘蛛机器人或 Delta 机器人，是一种轻型、结构紧凑的高速装配机器人，可安装在任意倾斜角度上，独特的并联机构可实现快速、敏捷动作且减小了非累积定位误差。目前在装配领域，并联关节式装配机器人有两种形式可供选择，即三轴手腕（合计六轴）和一轴手腕（合计四轴），具有小巧高效、安装方便、精准灵敏等优点，广泛应用于IT、电子装配等领域。图9-5所示是采用两套 FANUC M－1iA 并联关节式装配机器人进行键盘装配作业的场景。

图9-5 并联关节式装配机器人组装键盘

通常装配机器人本体与搬运、码垛、焊接、涂装机器人在本体制造精度上有一定的差别，原因在于机器人在完成焊接、涂装作业时，没有与作业对象接触，只需示教机器人运动轨迹即可，而装配机器人需与作业对象直接接触，并进行相应动作；搬运、码垛机器人在移动物料时运动轨迹多为开放性，而装配作业是一种约束运动类操作，即装配机器人精度要高于搬运、码垛、焊接和涂装机器人。尽管装配机器人在本体上与其他类型机器人有所区别，

217

但在实际应用中无论是直角式装配机器人还是关节式装配机器人都有如下特性：

1）能够实时调节生产节拍和末端执行器动作状态。

2）可更换不同末端执行器以适应装配任务的变化，方便、快捷。

3）能够与零件供给器、输送装置等辅助设备集成，实现柔性化生产。

4）多带有传感器，如视觉传感器、触觉传感器、力传感器等，以保证装配任务的精准性。

9.2 装配机器人的系统组成

装配机器人的装配系统主要由操作机、控制系统、装配系统（手爪、气体发生装置、真空发生装置或电动装置）、传感系统和安全保护装置组成，如图9-6所示。操作者可通过示教盒和操作面板进行装配机器人运动位置和动作程序的示教，设定运动速度、装配动作及参数等。

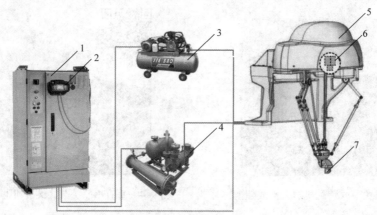

图 9-6　装配机器人系统组成

1—机器人控制柜　2—示教盒　3—气体发生装置　4—真空发生装置　5—机器人本体
6—视觉传感器　7—气动手爪

目前市场上的装配生产线多以关节式装配机器人中的 SCARA 机器人和并联机器人为主，在小型、精密、垂直装配上，SCARA 机器人具有很大优势。随着社会需求增大和技术的进步，装配机器人行业也得到迅速发展，多品种、小批量生产方式和为提高产品质量及生产效率的生产工艺需求，成为推动装配机器人发展的直接动力，各个机器人生产厂家也不断推出新机型以适合装配生产线的"自动化"和"柔性化"，图9-7所示为 Midea – KUKA、FANUC、ABB、YASKAWA 四巨头所生产的主流装配机器人本体。

装配机器人的末端执行器是夹持工件移动的一种夹具，类似于搬运、码垛机器人的末端执行器，常见的末端执行器形式有吸附式、夹钳式、专用式和组合式。

◇ 吸附式　吸附式末端执行器在装配中仅占一小部分，广泛应用于电视、录音机、鼠标等轻小工件的装配场合。此部分原理、特点可参考搬运机器人章节相关部分，不再赘述。

◇ 夹钳式　夹钳式手爪是装配过程中最常用的一类手爪，多采用气动或伺服电动机驱动，闭环控制配备传感器可实现准确控制手爪起动、停止及其转速，并对外部信号做出准确

a) KUKA KR 10 SCARA R600　　b) FANUC M-2iA　　　c) ABB IRB 360　　　d) YASKAWA MYS850L

图 9-7　"四巨头"装配机器人本体

反映。夹钳式装配手爪具有重量轻、出力大、速度高、惯性小、灵敏度高、转动平滑、力矩稳定等特点,其结构类似于搬运作业夹钳式手爪,但又比搬运作业夹钳式手爪精度高、柔顺性高,如图 9-8 所示。

◇ 专用式　专用式手爪是在装配中针对某一类装配场合单独设计的末端执行器,且部分带有磁力,常见的主要是螺钉、螺栓的装配,同样也多采用气动或伺服电动机驱动,如图 9-9 所示。

◇ 组合式　组合式末端执行器在装配作业中是通过组合获得各单组手爪优势的一类手爪,灵活性较好,多用于机器人需要相互配合装配的场合,可节约时间、提高效率,如图 9-10 所示。

图 9-8　夹钳式手爪　　　　图 9-9　专用式手爪　　　　图 9-10　组合式手爪

带有传感系统的装配机器人可更好地完成销、轴、螺钉、螺栓等柔性化装配作业,在其作业中常用到的传感系统有视觉传感系统、触觉传感系统等。

◇ 视觉传感系统　配备视觉传感系统的装配机器人可依据需要选择合适的装配零件,并进行粗定位和位置补偿,完成零件平面测量、形状识别等检测,其视觉传感系统原理如图 9-11 所示。

◇ 触觉传感系统　装配机器人的触觉传感系统主要是实时检测机器人与被装配物件之间的配合,机器人触觉传感器可分为接触觉、接近觉、压觉、滑觉和力觉五种传感器。在装配机器人进行简单工作过程中常用到的有接触觉、接近觉和力觉等传感器,下面简单介绍。

1) 接触觉传感器。接触觉传感器一般固定在末端执行器的顶端,顾名思义,只有末端

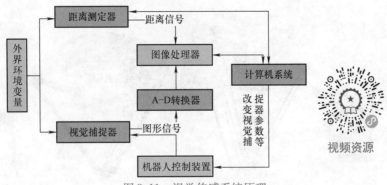

图 9-11 视觉传感系统原理

执行器与被装配物件相互接触时才起作用。接触觉传感器由微动开关组成,如图 9-12 所示。其用途不同配置也不同,可用于探测物体位置、路径和安全保护,属于分散装置,即需要将传感器单个安装到末端执行器敏感部位。

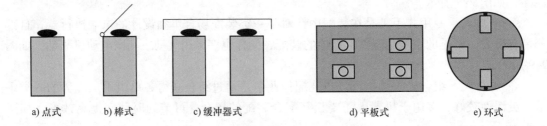

图 9-12 接触觉传感器

2)接近觉传感器。接近觉传感器同样固定在末端执行器的顶端,其在末端执行器与被装配物件接触前起作用,能测出执行器与被装配物件之间的距离、相对角度甚至表面性质等,属于非接触式传感,常见接近觉传感器如图 9-13 所示。

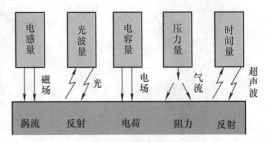

图 9-13 接近觉传感器

3)力觉传感器。力觉传感器普遍用于各类机器人中,在装配机器人中力觉传感器不仅用于末端执行器与环境作用过程中的力测量,还用于装配机器人自身运动控制和末端执行器夹持物体的夹持力测量。常见装配机器人力觉传感器分为如下几类:

① 关节力传感器,即安装在机器人关节驱动器的力觉传感器,主要测量驱动器本身的输出力和力矩。

② 腕力传感器,即安装在末端执行器和机器人最后一个关节间的力觉传感器,主要测量作用在末端执行器各个方向上的力和力矩。

③ 指力传感器,即安装在手爪指关节上的传感器,主要测量夹持物件时的受力状况。

关节力传感器测量关节受力,信息量单一,结构也相对简单;指力传感器的测量范围相对较窄,也受到手爪尺寸和重量的限制;而腕力传感器是一种相对较复杂的传感器,能获得手爪三个方向的受力,信息量较多,安装部位特别,故容易产业化,图9-14所示为几种常见的腕力传感器。

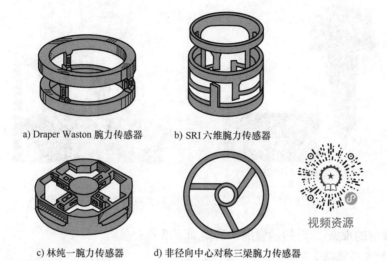

a) Draper Waston 腕力传感器　　b) SRI 六维腕力传感器

c) 林纯一腕力传感器　　d) 非径向中心对称三梁腕力传感器

视频资源

图 9-14　腕力传感器

综上所述，装配机器人主要包括机器人、装配系统及传感系统。机器人由装配机器人本体及控制装配过程的控制柜组成。装配系统中末端执行器的形式主要有吸附式、夹钳式、专用式和组合式。传感系统主要有视觉传感系统、触觉传感系统等。

9.3　装配机器人的任务示教

装配是生产制造业的重要环节，而随着生产制造结构复杂程度的提高，传统装配已逐渐满足不了日益增长的产量要求。装配机器人代替传统人工装配成为新装配生产线上的主力军，可胜任大批量、重复性强的工作。目前，工业机器人四巨头都已经抓住机遇成功研制出相应的装配机器人产品（ABB 的 IRB360 和 IRB140 系列、Midea – KUKA 的 KR 5 SCARA R350、KR 10 SCARA R600 系列、FANUC 的 M、LR、R 系列、YASKAWA 的 MH、SIA、SDA、MPP3 系列）。装配机器人与其他工业机器人任务示教一样，需确定运动轨迹，即确定各程序点处工具中心点（TCP）的位姿。对于装配机器人，末端执行器结构不同，TCP 点设置也不同，吸附式、夹钳式可参考搬运机器人 TCP 点设定；专用式末端执行器（拧螺栓）TCP 一般设在法兰中心线与手爪前端平面交点处，如图 9-15a 所示，生产再现如图 9-15b 所示。组合式 TCP 设定点需依据起主要作用的单组手爪确定。

9.3.1　螺栓紧固作业

装配机器人在装配生产线中可为直角式、关节式，具体的选择需依据生产需求及企业实际确定，末端执行器也需依据产品等相关参数进行灵活选择。现以图 9-16 所示工件装配为例，选择直角式（或 SCARA 机器人）装配机器人，末端执行器为专用式螺栓手爪。采用在线示教方式为机器人输入装配任务程序，以 A 螺纹孔紧固为例，阐述装配任务编程，B、C、D 螺纹孔紧固可按照 A 螺纹孔操作进行扩展。此程序由编号 1~9 的 9 个程序点组成，每个程序点的用途说明见表 9-1。具体任务编程可参照图 9-17 所示流程开展。

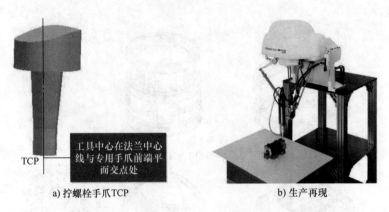

a) 拧螺栓手爪TCP

b) 生产再现

图9-15 专用式末端执行器 TCP 点及生产再现

(1) 示教前的准备 开始示教前,请做如下准备:

1)给料器准备就绪。

2)确认自己和机器人之间保持安全距离。

3)机器人原点确认。

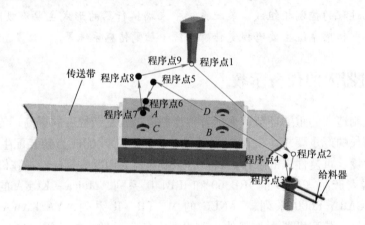

图9-16 螺栓紧固机器人运动轨迹

表9-1 程序点说明(螺栓紧固)

程序点	说明	手爪状态	程序点	说明	手爪状态
程序点1	机器人原点		程序点6	装配临近点	夹持
程序点2	取料临近点		程序点7	装配作业点	放置
程序点3	取料作业点	夹持	程序点8	装配规避点	
程序点4	取料规避点	夹持	程序点9	机器人原点	
程序点5	移动中间点	夹持			

(2) 新建任务程序 点按示教盒的相关菜单或按钮,新建一个任务程序,如 "Assembly_bolt"。

(3) 程序点的输入 在示教模式下,手动操作直角式(或 SCARA)装配机器人按图

9-16所示轨迹设定程序点1~9移动，为提高机器人运行效率，程序点1和程序点9需设置在同一点，且程序点1至程序点9处的机器人末端工具需处于与工件、夹具互不干涉位置，具体示教方法可参照表9-2。

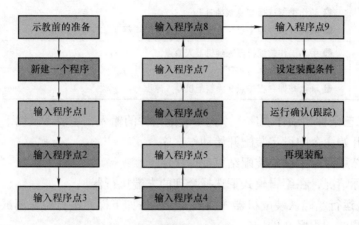

图 9-17 螺栓紧固机器人任务示教流程

表 9-2 螺栓紧固机器人任务示教

程序点	示教方法
程序点 1 （机器人原点）	❶ 按第 3 章手动操作机器人要领移动机器人到装配原点 ❷ 动作类型选择"PTP" ❸ 确认并保存程序点 1 为装配机器人原点
程序点 2 （取料临近点）	❶ 手动操作装配机器人到取料作业临近点，并调整末端执行器姿态 ❷ 动作类型选择"PTP" ❸ 确认并保存程序点 2 为装配机器人取料临近点
程序点 3 （取料作业点）	❶ 手动操作装配机器人移动到取料作业点且保持末端执行器位姿不变 ❷ 动作类型选择"直线插补" ❸ 再次确认程序点 3，保证其为取料作业点
程序点 4 （取料规避点）	❶ 手动操作装配机器人到取料规避点 ❷ 动作类型选择"直线插补" ❸ 确认并保存程序点 4 为装配机器人取料规避点
程序点 5 （移动中间点）	❶ 手动操作装配机器人到移动中间点，并适度调整末端执行器姿态 ❷ 动作类型选择"PTP" ❸ 确认并保存程序点 5 为装配机器人移动中间点
程序点 6 （装配临近点）	❶ 手动操作装配机器人移动到装配临近点且调整手爪位姿以适合安放螺栓 ❷ 动作类型选择"直线插补" ❸ 再次确认程序点 6，保证其为装配临近点
程序点 7 （装配作业点）	❶ 手动操作装配机器人到装配作业点 ❷ 动作类型选择"直线插补" ❸ 确认并保存程序点 7 为装配机器人装配作业点 ❶ 若有需要可直接输入装配指令

223

（续）

程序点	示教方法
程序点8 （装配规避点）	❶ 手动操作装配机器人到装配规避点 ❷ 动作类型选择"直线插补" ❸ 确认并保存程序点8为装配机器人装配规避点
程序点9 （机器人原点）	❶ 手动操作装配机器人到机器人原点 ❷ 动作类型选择"PTP" ❸ 确认并保存程序点9为装配机器人原点

（4）设定工艺条件和动作次序 本例中装配条件的输入，主要涉及以下几个方面：

1）在作业开始命令中设定装配开始动作次序。

2）在作业结束命令中设定装配结束动作次序。

3）依据实际情况，在编辑模式下选择合理的末端执行器。

（5）检查试运行 确认装配机器人周围安全，按如下操作进行跟踪测试任务程序。

1）打开要测试的程序文件。

2）移动光标到程序开头位置。

3）按住示教盒上的有关【跟踪功能键】，实现装配机器人单步或连续运转。

（6）再现装配

1）打开要再现的任务程序，并将光标移动到程序的开始位置，将示教盒上的【模式开关】设定到"再现/自动"状态。

2）按示教盒上【伺服ON按钮】，接通伺服电源。

3）按【启动按钮】，装配机器人开始运行。

9.3.2 鼠标装配作业

在垂直方向上的装配作业，采用直角式和水平串联式装配机器人具有较大的优势，但在装配行业中，垂直串联式和并联式装配机器人仍具有重要的地位。现以简化后的鼠标装配为例，采用移动关节式装配机器人示范装配作业方法，末端执行器选择组合式，如图9-18所示。

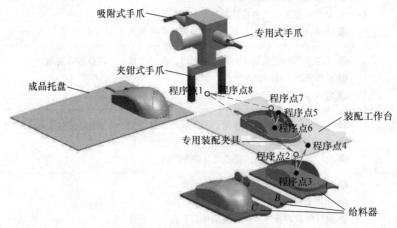

图9-18 鼠标装配机器人运动轨迹

本例采用在线示教方式为机器人输入装配任务程序，图中 A、B、C 位置为鼠标零件给料器，以 A 位置给料器上零件装配为例进行讲解，B、C 位置给料器零件装配可类比展开。此程序由编号 1~8 的 8 个程序点组成，每个程序点的用途说明见表 9-3。具体任务编程可参照图 9-19 所示流程开展。

（1）示教前的准备 开始示教前，请做如下准备：

1）给料器准备就绪。

2）确认自己和机器人之间保持安全距离。

3）机器人原点确认。

表 9-3 程序点说明（鼠标装配）

程序点	说明	手爪状态	程序点	说明	手爪状态
程序点 1	机器人原点		程序点 5	装配临近点	夹持
程序点 2	取料临近点		程序点 6	装配作业点	放置
程序点 3	取料作业点	夹持	程序点 7	装配规避点	
程序点 4	取料规避点	夹持	程序点 8	机器人原点	

（2）新建任务程序 点按示教盒的相关菜单或按钮，新建一个任务程序，如 "Assembly_ mouse"。

（3）程序点的输入 在示教模式下，手动操作移动关节式装配机器人按图 9-18 所示轨迹设定程序点 1 至程序点 8（程序点 1 和程序点 8 设置在同一点可提高作业效率），此外程序点 1 至程序点 8 需处于与工件、夹具互不干涉位置，具体示教方法可参照表 9-4。

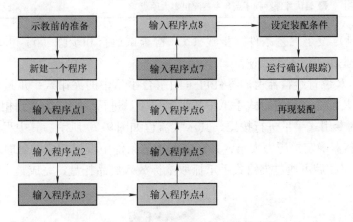

图 9-19 鼠标装配机器人任务示教流程

表 9-4 鼠标装配机器人任务示教

程序点	示教方法
程序点 1 （机器人原点）	❶ 按第 3 章手动操作机器人要领移动机器人到装配原点 ❷ 动作类型选择 "PTP" ❸ 确认并保存程序点 1 为装配机器人原点
程序点 2 （取料临近点）	❶ 手动操作装配机器人到取料临近点，并调整手爪姿态。 ❷ 动作类型选择 "PTP" ❸ 确认并保存程序点 2 为装配机器人取料作业临近点

（续）

程序点	示教方法
程序点 3 （取料作业点）	❶ 手动操作装配机器人移动到取料作业点 ❷ 动作类型选择"直线插补" ❸ 再次确认程序点，保证其为取料作业点
程序点 4 （取料规避点）	❶ 手动操作装配机器人到取料规避点，并适度调整手爪姿态 ❷ 动作类型选择"直线插补" ❸ 确认并保存程序点 4 为装配机器人取料规避点
程序点 5 （装配临近点）	❶ 手动操作装配机器人到装配临近点，并适度调整手爪姿态以适合安放零部件 ❷ 动作类型选择"PTP" ❸ 确认并保存程序点 5 为装配机器人装配临近点
程序点 6 （装配作业点）	❶ 手动操作装配机器人移动到装配作业点 ❷ 动作类型选择"直线插补" ❸ 再次确认程序点，保证其装配作业点 ❹ 若有需要可直接输入装配作业命令
程序点 7 （装配规避点）	❶ 手动操作装配机器人到装配规避点 ❷ 动作类型选择"直线插补" ❸ 确认并保存程序点 7 为装配机器人装配规避点
程序点 8 （机器人原点）	❶ 手动操作装配机器人到机器人原点 ❷ 动作类型选择"PTP" ❸ 确认并保存程序点 8 为装配机器人原点

关于步骤（4）设定工艺条件、步骤（5）检查试运行和步骤（6）再现装配，操作与前面螺栓紧固作业相似，不再赘述。

本例中，A、B 位置给料器上的零件可采用组合手爪中的夹钳式手爪进行装配，C 位置给料器上的零件装配需采用组合式手爪中的吸附式手爪进行装配，为达到相应装配要求，需用图 9-18 所示的专用式手爪进行按压，其示教流程如图 9-20 所示。其中程序点 3 到程序点 4 需通过力觉传感器确定按压力大小，并在装配工艺条件中设定相应的延时时间，确保装配完成效果。装配完成后可通过夹钳式手爪抓取鼠标放入成品托盘，完成整个装配生产过程。

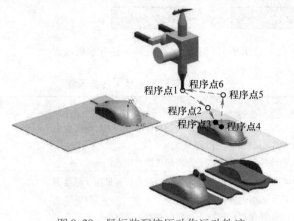

图 9-20 鼠标装配按压动作运动轨迹

综上所述，装配机器人任务示教编程，采用"PTP"和"直线插补"方式即可满足基本装配要求。对于复杂装配操作，可通过传感系统辅助实现精准装配，使机器人的动作随着传感器的反馈信号不断做出调整，以减小零件卡死和损坏的风险。当然，也可采用离线编程系统进行"虚拟示教"，以减少示教时间并降低编程者的劳动强度，提高编程效率和机器运作时间。

9.4　装配机器人的周边设备与工位布局

装配机器人工作站是一种融合计算机技术、微电子技术、网络技术等多种技术的集成化系统，其可与生产系统相连接形成一个完整的集成化装配生产线。装配机器人完成一项装配工作，除需要装配机器人（机器人和装配设备）以外，还需要一些辅助周边设备，而这些辅助设备比机器人主体占地面积大。因此，为了节约生产空间、提高装配效率，合理的装配机器人工位布局可实现生产效益最大化。

9.4.1　周边设备

目前，常见的装配机器人辅助装置有零件供给器、输送装置等，下面简单介绍。

◇ 零件供给器　零件供给器的主要作用是提供机器人装配作业所需零部件，确保装配作业正常进行。目前应用最多的零件供给器主要是给料器和托盘，可通过控制器编程控制。

1）给料器。用振动或回转机构将零件排齐，并逐个送到指定位置，通常给料器以输送小零件为主，如图 9-21 所示。

2）托盘。装配结束后，大零件或易损坏划伤零件应放入托盘中进行运输。托盘能按一定精度要求将零件送到指定位置，由于托盘容纳量有限，故在实际生产装配中往往带有托盘自动更换机构，满足生产需求，托盘如图 9-22 所示。

图 9-21　振动式给料器

图 9-22　托盘

◇ 输送装置　在机器人装配生产线上，输送装置将工件输送到各作业点，通常以传送带为主，零件随传送带一起运动，借助传感器或限位开关实现传送带和托盘同步运行，方便装配。

9.4.2　工位布局

由装配机器人组成的柔性化装配单元，可实现物料自动装配，其合理的工位布局将直接影响到生产效率。在实际生产中，常见的装配工作站可采用回转式和线式布局。

◇ 回转式布局 回转式装配工作站可将装配机器人聚集在一起进行配合装配，也可进行单工位装配，灵活性较大，可针对一条或两条生产线，具有较小的输送线成本，减小占地面积，广泛应用于大、中型装配作业，如图9-23所示。

◇ 线式布局 线式装配工作站依附于生产线，排布于生产线的一侧或两侧，具有生产效率高、节省装配资源、减少人员维护，一人便可监视全线装配等优点，广泛应用于小物件装配场合，如图9-24所示。

图 9-23 回转式布局

图 9-24 线式布局

知 识 拓 展
——装配机器人技术的新发展

装配机器人同搬运、码垛、焊接、涂装等工业机器人一样融合了多种技术，在国内外高水准自动化生产装配线上，已处处可见装配机器人的身影。经过长时间的发展，装配机器人逐步实现柔性化、无人化、一体化装配工作，现从机器人系统、传感技术方面介绍装配机器人技术的新进展。

1. 机器人系统

尽管某些场合的装配难以用装配机器人实现"自动化"，但是装配机器人的出现大幅度提升了装配生产线吞吐量，使得整个装配生产线逐渐向"无人化"方向发展，各大机器人生产厂家不断研发创新，推出新型、多功能的装配机器人。

◇ 操作机 日本川田工业株式会社推出的 NEXTAGE 装配机器人，打破机器人定点安装的局限，在底部配有移动导向轮，可适应装配不同结构形式生产线，如图9-25所示。NEXTAGE 装配机器人具有15个轴，每个手臂6轴、颈部2轴、腰部1轴，且"头部"类似于人头部配有2个立体视觉传感器，每只手爪也配有立体视觉传感器，极大程度地保证装配任务的顺利进行；YASKAWA 机器人公司也推出双臂机器人 SDA10F，如图9-26所示。该系列机器人有两个手臂和一个旋转躯干，每个手臂负载10kg并具有7个旋转轴，整体机器人具有15个轴，具有较高灵活性，并配备 VGA CCD 摄像头，极大地保证了装配准确性。

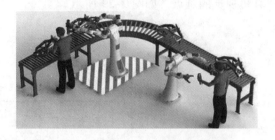

图 9-25　NEXTAGE 装配机器人　　　　图 9-26　YASKAWA SDA10F 装配机器人

◇ 控制器　随着装配生产线产品结构的不断升级，新型机器人不断涌现，控制器处理能力不断增强。2013 年安川机器人正式推出更加适合取放动作的控制器 FS100L，如图 9-27 所示。该控制器主要针对负载在 20kg 以上的中大型取放机器人，控制器内部单元与基板均高密度实装，节省空间，与之前同容量机种相比体积减小近 22%；处理能力提高，具有 4 倍高速生产能力，缩短 I/O 应答时间。

2. 传感技术

作为装配机器人重要组成部分，传感技术也不断改革更新，从自然信源准确获取信息，并对之进行处理（变换）和识别成为各类装配机器人的"眼睛"和"皮肤"。

图 9-27　FS100L 控制器

◇ 视觉伺服技术　工业机器人在世界制造业中起到越来越重要的作用，为使机器人胜任更复杂的生产制造环境，视觉伺服系统以信息量大、信息完整成为机器人最重要的感知功能。机器人视觉伺服系统是机器人视觉与机器人控制的有机结合，为非线性、强耦合的复杂系统，涉及图像处理、机器人运动学、动力学等多学科知识。现仅对位置视觉伺服系统和图像视觉伺服系统做简单介绍。

1）位置视觉伺服系统。基于位置的视觉伺服系统，对图像进行处理后，计算出目标相对于摄像机和机器人的位姿，故要求对摄像机、目标和机器人的模型进行校准，校准精度直接影响控制精度，位姿的变化大小会实时转化为关节转动角度，进而控制机器人关节转动，如图 9-28 所示。

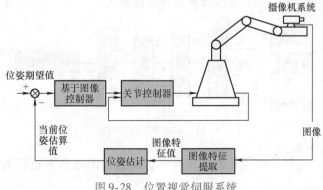

图 9-28　位置视觉伺服系统

2）图像视觉伺服系统。基于图像视觉伺服系统，控制误差信息主要来自目标图像特征与期望图像特征之间的差异，且采集图像是二维图像，计算图像需三维信息，估算深度是计算机视觉的难点，如图9-29所示。

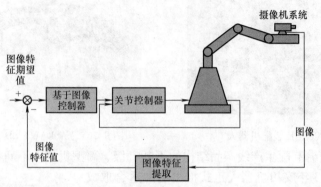

图9-29　图像视觉伺服系统

◇ 多传感器融合技术　多传感器融合技术是将分布在机器人不同位置的多个同类或不同类传感器所提供的信息数据进行综合和分析，消除各传感器之间可能存在的冗余和矛盾，加以互补，降低其不确定性，获得被操作对象的一致性解释与描述，获得比各组成部分更充分信息的一项实践性较强的应用技术。与单传感系统相比，多传感器融合技术可使机器人独立完成跟踪、目标识别，甚至在某些场合取代人工示教。目前，多传感器融合技术有数据层融合、特征层融合和决策层融合。

1）数据层融合。数据层融合是对未经太多加工的传感器观测数据进行综合和分析，此层融合是最低层次融合，如通过模糊图像进行图像处理和模式识别，但可以保存较多的现场环境信息，能提供其他融合层次不能提供的细微信息，图9-30所示为其融合过程简图。

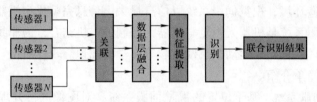

图9-30　数据层融合过程

2）特征层融合。特征层融合是将传感器获得的原始数据进行提取的表征量和统计量作为特征信息，并对它们进行分类和综合。特征层融合属于融合技术中的中间层次，主要用于多传感器目标跟踪领域，图9-31所示为其融合过程简图。

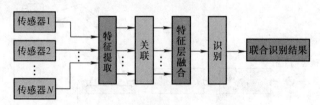

图9-31　特征层融合过程

3）决策层融合。决策层融合是利用来自各种传感器的信息对目标属性进行独立决策，并对各自得到的决策结果进行融合，以得到整体一致的决策。决策层融合属于融合技术中的最高层次，具有较高的灵活性、实时性和抗干扰能力，图 9-32 所示为其融合过程简图。

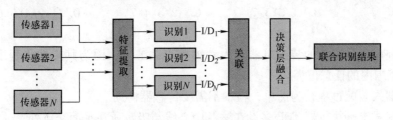

图 9-32 决策层融合过程

本 章 小 结

装配机器人属于工业机器人，但其应用并没有其他类型机器人广泛，本体结构精度要求较为严格。通过示教编程或离线编程可控制轴将末端执行器准确移动到预定空间位置，实现物件的抓取、放置、装配动作，以臂部运动形式不同分直角式装配机器人和关节式装配机器人，关节式装配机器人又分水平串联关节式、垂直串联关节式和并联关节式机器人。

装配机器人多依附于生产线进行装配，形成相应装配工作站，常见的有回转式和线式。工作站中需要相应的辅助设备进行辅助装配，如零件供给器、输送装置等。末端执行器因抓取物料的不同而有不同的结构形式，常见的有吸附式、夹钳式、专用式和组合式，为实现准确无误的装配作业，装配机器人需配备多种传感系统，以保证装配作业顺利进行，在简单示教型装配机器人中多为视觉传感器和触觉传感器，触觉传感器又包含接触觉、接近觉、压觉、滑觉和力觉五种传感器，各个传感器相互配合、作用，可完成相应装配动作。

装配机器人任务示教简单，运动轨迹、工艺条件、动作次序依旧为重点。特别注意，装配示教之前要输入相应物料指标参数，示教中需配合传感器进行操作，设定装配过程中力矩大小等。装配机器人控制点（TCP）可依据实际条件进行设置，吸附式手爪的 TCP 多设在法兰中心线与吸盘所在平面交点处，夹钳式手爪其 TCP 一般设在法兰中心线与手爪前端面交点处，专用式末端执行器（拧螺栓）TCP 一般设在法兰中心线与手爪前端平面交点处，组合式需依据实际情况进行 TCP 设定。

思 考 练 习

1. 填空

（1）按臂部运动形式分，装配机器人可分为＿＿＿＿＿＿＿、＿＿＿＿＿＿＿。

（2）装配机器人常见的末端执行器主要有＿＿＿＿＿＿、＿＿＿＿＿＿、专用式和＿＿＿＿＿＿。

（3）装配机器人系统主要由＿＿＿＿＿＿、＿＿＿＿＿＿、＿＿＿＿＿＿、＿＿＿＿＿＿和安全保护装置组成。

2. 选择

（1）装配工作站可分为（　　　）。

①全面式装配 ；②回转式装配；③一进一出式装配；④线式装配

A. ①② 　　　　　 B. ②③ 　　　　　 C. ②④ 　　　　　 D. ①②③④

（2）对装配机器人而言，通常可采用的传感器有（　　　）。

①视觉传感器 ；②力觉传感器；③听觉传感器；④滑觉传感器；

⑤接近觉传感器；⑥接触觉传感器；⑦压觉传感器

A. ①②③⑦   B. ①③⑤⑦   C. ②③④⑦   D. ①②④⑤⑥⑦

3. 判断

（1）目前应用最广泛的装配机器人为六轴垂直关节型，因为其柔性化程度最高，可精确到达动作范围内的任意位姿。   （ ）

（2）机器人装配过程较为简单，根本不需要传感器协助。   （ ）

（3）吸附式末端执行器 TCP 多设在法兰中心线与吸盘所在平面交点处。   （ ）

4. 综合应用

（1）简述装配机器人本体与焊接、涂装机器人本体不同之处。

（2）依据图 9-33 画出Ⅰ、Ⅱ托盘上零件装配机器人运动轨迹示意图。

（3）依图 9-33 并结合Ⅰ、Ⅱ托盘上零件进行示教完成表 9-5（请在相应选项下打"√"或选择序号）。

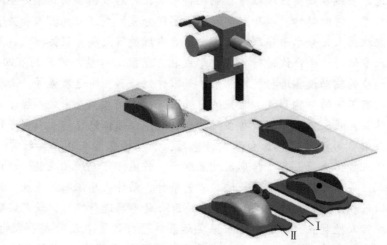

图 9-33　题 4（2）（3）图

表 9-5　装配任务示教

程序点	装配作业		动作类型		末端执行器	程序点	装配作业		动作类型		末端执行器
	作业点	①原点；②中间点；③规避点；④临近点	PTP	直线插补	①吸附式；②夹钳式；③专用式		作业点	①原点；②中间点；③规避点；④临近点	PTP	直线插补	①吸附式；②夹钳式；③专用式

国家虚拟仿真实验教学课程共享平台

大型钢结构多机器人协同焊接控制虚拟仿真实验网址：http://www.ilab-x.com/details/2020？id=5670&isView=true

大型钢结构多机器人协同焊接控制虚拟仿真实验是面向工业机器人及应用、工业机器人制造系统集成等课程的综合性设计实验，主要培养学生的高端装备数字化车间智能制造系统集成技术和创新应用能力。

本平台针对大型起重机箱梁构件尺寸大（80m×3m×3m）、质量重（60t），焊接高危、高污染和系统参数调控复杂等问题，聚焦大型钢结构多机器人协同焊接运动控制、安全控制和质量控制等共性关键技术，与港机行业龙头企业上海振华重工深度合作，设计单、双、多机器人协同焊接三层递进模块架构，打造了大型起重机箱梁多机器人协同焊接孪生版，并构建以学生中心的多元评价与持续改进机制，着力提升学生的工程意识、创新思维及综合应用专业知识解决复杂工程问题的能力。

本平台已正式开放，欢迎广大高校师生学习使用（实验报告在机工教育网下载 www.cmpedu.com）。

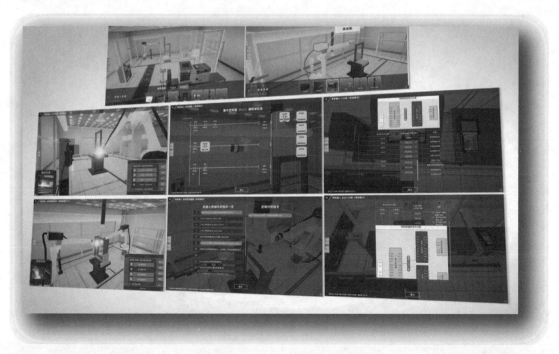

参 考 文 献

[1] 张培艳. 工业机器人操作与应用实践教程[M]. 上海：上海交通大学出版社，2009.

[2] 兰虎. 焊接机器人编程及应用[M]. 北京：机械工业出版社，2017.

[3] 郭洪红. 工业机器人技术[M]. 3版. 西安：西安电子科技大学出版社，2016.

[4] 兰虎，陶祖伟，段宏伟. 弧焊机器人示教编程技术[J]. 实验室研究与探索，2011，30（9）：46-49.

[5] 杨跃. 典型焊接接头电弧焊实作[M]. 2版. 北京：机械工业出版社，2016.

[6] 李荣雪. 弧焊机器人操作与编程[M]. 北京：机械工业出版社，2015.

[7] 兰虎，陶祖伟，菅晓霞. 工程机械典型接头的弧焊机器人焊接技术[J]. 实验室研究与探索，2012，31（2）：15-18.

[8] 韩建海. 工业机器人[M]. 3版. 武汉：华中科技大学出版社，2018.

[9] 孙树栋. 工业机器人技术基础[M]. 西安：西北工业大学出版社，2006.

[10] 叶晖. 工业机器人实操与应用技巧[M]. 2版. 北京：机械工业出版社，2017.

[11] 宋金虎. 我国焊接机器人的应用与研究现状[J]. 电焊机，2009，39（4）：18-20.

[12] 谭一炯，周方明，王江超，等. 焊接机器人技术现状与发展趋势[J]. 电焊机，2006，36（3）：6-10.

[13] 林尚扬，陈善本，李成桐. 焊接机器人及其应用[M]. 北京：机械工业出版社，2000.

[14] 张爱红，张秋菊. 机器人示教编程方法[J]. 组合机床与自动化加工技术，2003，（4）：47-49.

[15] 毕晓峰. 机器人原理与弧焊机器人示教编程[J]. 电焊机，2009，39（4）：83-86.

[16] 王战中，张大卫，安艳松，等. 非球型手腕6R串联型喷涂机器人逆运动学分析[J]. 天津大学学报，2007，40（6）：665-670.

[17] 刘宽信，朱小兰，陈云阁，等. 机器人自动涂装应用工程研究[J]. 现代涂料与涂装，1995，（2）：15-19.

[18] 郭磊，曲银燕. 悬挂轨道式旋杯涂装机器人[J]. 自动化博览，2013，（7）68-71.

[19] 德国杜尔系统公司. 模块化喷涂工厂概念提高灵活性，降低投入成本[J]. 汽车与配件，2013，（2）：30-31.

[20] 德国杜尔系统公司. 静电喷涂新概念[J]. 汽车与配件，2012，（2）：26-27.

[21] 陈俊风. 多传感器信息融合及其在机器人中的应用[D]. 哈尔滨：哈尔滨理工大学，2004.